LEBEN mit CHINCHILLAS

Tatjana Jonca

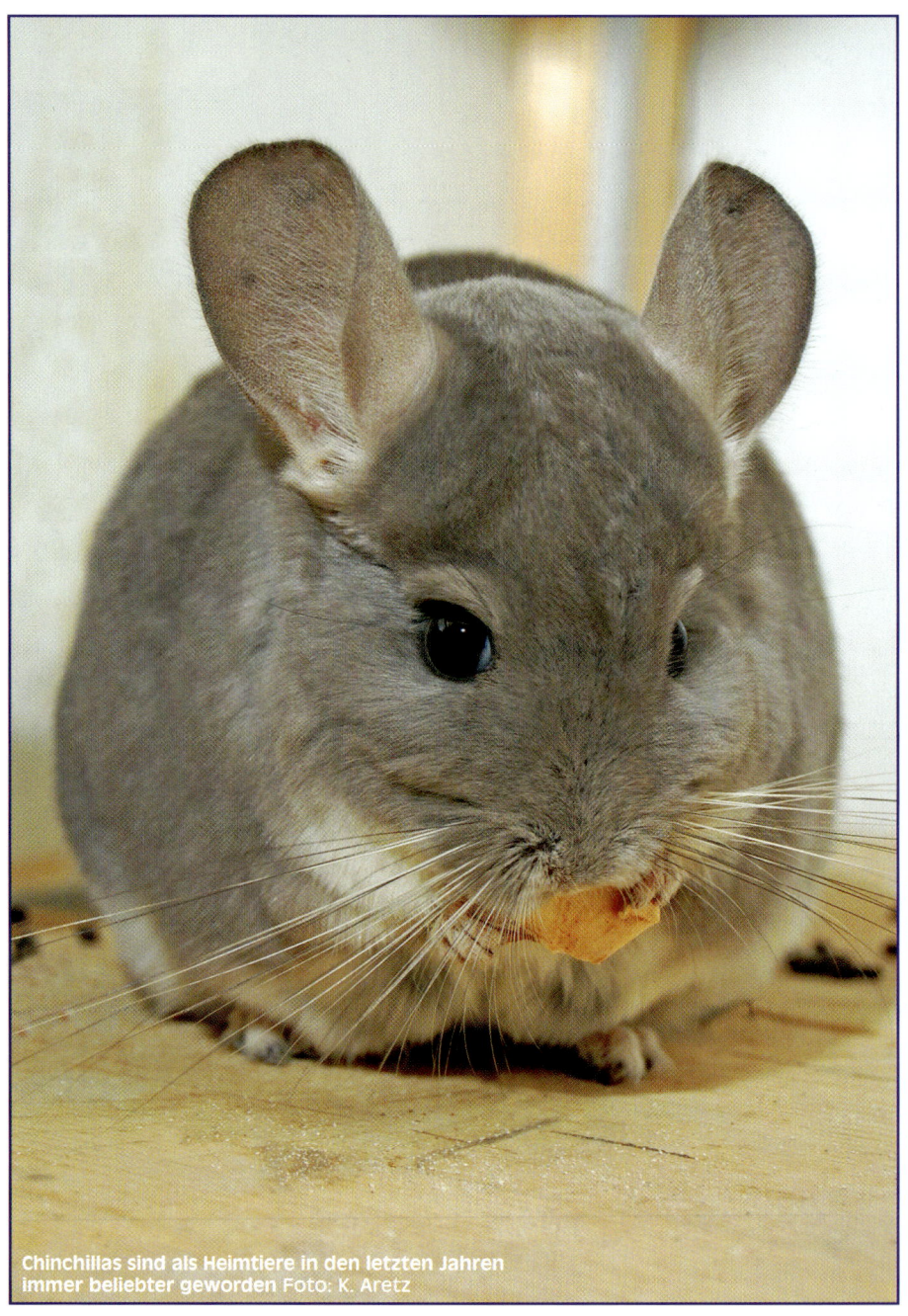
Chinchillas sind als Heimtiere in den letzten Jahren immer beliebter geworden Foto: K. Aretz

Inhalt

Vorwort	4
Systematik	6
Geschichte	8
Lebensraum	12
Vor der Anschaffung	14
Erwerb	36
Haltung	43
Ernährung	54
Das Chinchilla zieht ein	84
Vergesellschaftung	86
Chinchillas verstehen	103
Freilauf	116
Pflege	121
Gesunderhaltung und Krankheiten	128
Zucht	164
Farben	176
Genetik	204
Zuchtverlauf	232
Abschließende Worte	253
Danksagung	253
Literatur	254

Die in diesem Buch enthaltenen Angaben, Ergebnisse, Dosierungsanleitungen etc. wurden von der Autorin nach bestem Wissen erstellt und sorgfältig überprüft. Da inhaltliche Fehler trotzdem nicht völlig auszuschließen sind, erfolgen diese Angaben ohne jegliche Verpflichtung des Verlages oder der Autorin. Beide übernehmen daher keine Haftung für etwaige inhaltliche Unrichtigkeiten.

Alle Rechte, insbesondere das Recht der Vervielfältigung und Verbreitung sowie der Übersetzung, vorbehalten. Kein Teil des Werkes darf in irgendeiner Form (Druck, Fotokopie, Mikrofilm oder andere Verfahren) ohne schriftliche Genehmigung des Verlages reproduziert oder unter Verwendung elektronischer Systeme verarbeitet, gespeichert oder vervielfältigt werden.

ISBN: 978-3-86659-095-3

© 2011 Natur und Tier - Verlag GmbH
An der Kleimannbrücke 39/41, 48157 Münster
Tel. 0251/13339-0, Fax 13339-33
www.ms-verlag.de
Verleger: Matthias Schmidt
Lektorat: Kathrin Aretz & Mike Zawadzki & Ralf Sistermann
Layout: Ludger Hogeback - hohe birken
Druck: Alföldi, Debrecen

Vorwort

Viele Jahre lang galt das Chinchilla als reines Pelztier, und es hat recht lange gebraucht, bis es sich auch als Heimtier einen Namen gemacht hat. Erst in den letzten fünfzehn Jahren haben Chinchillas sich als Haustiere immer mehr und mehr eingefügt, und seit ca. zehn Jahren sind sie nun häufiger anzutreffen. Begegneten mir damals, als bei mir die ersten Chinchillas einzogen, noch massenhaft Menschen, die gar nicht wussten, was ein Chinchilla war, sind es heute nicht mehr ganz so viele, die diese Tiere für eine Hasen- oder Katzenart halten.

Bis zum heutigen Tag herrscht bei vielen Haltern Unklarheit hinsichtlich der Haltung und Ernährung sowie über das Verhalten und die Zucht von Chinchillas. Gerade als Neuling in der Chinchillahaltung wird man oft mit den verschiedensten Ansichten über Haltungs- und Ernährungsformen konfrontiert, teilweise auch komplett falsch beraten, sodass man schließlich aufgrund des Wirrwarrs unterschiedlichster Informationen nicht weiß, was nun richtig und was falsch ist. Zu viele Chinchillas sterben deswegen jung. Ältere Literatur richtet sich in erster Linie rein an Pelztierzüchter und bietet somit Heimtierhaltern nicht das, was sie sich vorstellen. Zudem ist sie schwer zu erhalten. Neue Literatur befasst sich meist mit rein medizinischen Aspekten oder ist nicht selten deutlich zu oberflächlich, sodass viele Fragen offen bleiben.

Zu Beginn meiner Chinchillahaltung habe ich viele der bis heute bei der Pflege der Tiere auftretenden Probleme selbst erleben müssen, und viele meiner eigenen Anfangsfragen habe ich zum Teil mit der traurigen Erfahrung des Versterbens der Chinchillas beantwortet bekommen. Mein Wissensdurst brachte mich allerdings recht schnell dazu, Kontakt zu Pelztierzüchtern aufzunehmen – ein Weg, vor dem nicht wenige Halter zurückschrecken. Von einigen Pelztierzüchtern konnte ich allerdings sehr viel lernen. Eine Reihe guter Bücher über die Ernährung und Zucht sind von Pelztierzüchtern für Pelztierzüchter geschrieben worden und damit leider für viele Halter abschreckend. So erhielten nicht wenige dieser Werke zu wenig Beachtung und gerieten in Vergessenheit. Inzwischen sind diese Bücher meist nur noch mit viel Glück zu finden. Durch den von mir intensiv gesuchten Austausch mit anderen Haltern und Züchtern wurde deutlich, dass allgemein eine große Unzufriedenheit über die heutzutage nur spärlich vorhandene Literatur herrscht. Das Internet als Informationsquelle ist häufig verwirrend, da man hier auf die verschiedensten Ansichten trifft.

Mit Erschrecken habe ich die Entwicklung der Heimtierhaltung von Chinchillas verfolgt. Innerhalb weniger Jahre wurde aus dem Pelzlieferanten eine Tierart, die die Tierheime füllt. Dafür dürften zum Teil falsche Haltungsinformationen und die daraus resultierenden falschen Vorstellungen verantwortlich sein. Somit ist es

Vorwort

Vor der Anschaffung von Chinchillas sollte man sich über deren Haltungsansprüche informieren Foto: K. Aretz

mein Bestreben, mit diesem Buch gleichzeitig Aufklärung zu betreiben, damit nicht weiterhin so viele Menschen sich einen Mitbewohner ins Haus holen, mit dem sie auf lange Sicht nicht glücklich werden können. Das Buch richtet sich in erster Linie an Neueinsteiger und soll zudem Zuchtanfängern helfen, sich mit den Grundlagen der Chinchillazucht vertraut zu machen. Für all jene, die sich noch intensiver mit bestimmten Themen befassen möchten, habe ich zahlreiche Hintergrundinformationen aufgeführt, die ich im Laufe meiner Chinchillahaltung sammeln konnte. Sie sollen helfen eigene Wege und Gedankengänge zur Haltung so umzusetzen, dass man nicht Gefahr läuft, den Tieren zu schaden. Mir ist durchaus bewusst, dass sich nicht alle meine Erfahrungen mit den Erfahrungswerten anderer Halter oder Züchter decken. Allerdings sehe ich im Zusammenleben mit meinen Tieren durchweg die positiven Entwicklungen und hoffe, dass es bald noch viel mehr Menschen und ihren Chinchillas ebenso ergeht.

Tatjana Jonca,
Hamburg, im Frühjahr 2011

Systematik

Chinchillas werden innerhalb der Ordnung Rodentia (Nagetiere) zur Familie Chinchillidae gerechnet. Diese Familie wird in drei Gattungen unterteilt:

1. *Lagostomus* (Viscachas)
2. *Lagidium* (Hasenmäuse oder Großchinchillas)
3. *Chinchilla* (Eigentliche Chinchillas oder Kleinchinchillas)

Innerhalb der Gattung der Eigentlichen Chinchillas unterscheidet man wiederum zwischen zwei Arten: dem Kurzschwanz-Chinchilla und dem Langschwanz-Chinchilla. Hinsichtlich der Benennung der Arten sowie ihrer möglichen Unterarten gab es viele unterschiedliche Ansichten, die sich vor allem in dem unterschiedlichen Gebrauch der Namen in älterer Literatur widerspiegeln. Ich folge hier der aktuellen Ansicht von WOODS & KILPATRICK (2005), die auch in der „IUCN Red List of Threatened Species" Anwendung findet (IUCN 2009). Demnach wird das Langschwanz-Chinchilla als *Chinchilla lanigera* (MOLINA, 1782) und das Kurzschwanz-Chinchilla als *Chinchilla chinchilla* (LICHTENSTEIN, 1829) bezeichnet. Bisher wurde das Kurzschwanz-Chinchilla auch als *Chinchilla brevicaudata* (WATERHOUSE, 1849) geführt (z. B. NOWAK 1999), heute ist dieser Name jedoch als Synonym von *Chinchilla chinchilla* anzusehen. Das Kurzschwanz-Chinchilla bezeichnete man auch als Bergchinchilla, Bolivianisches Chinchilla, La Plata Chinchilla, Argentinisches Chinchilla, Kordilleren Chinchilla, La Chinchilla cordillerana, La Chinchilla del Altiplano, La Chinchilla boliviana und La Chinchilla de la Plata. Es besitzt eine ungefähre Körperlänge von 32 cm. Sein Kopf ist rundlich, die Ohren sind recht klein, der Schwanz ist mit ca. 13 cm Länge relativ kurz. Das Langschwanz-Chinchilla (*Chinchilla lanigera*), zu dem unsere als Haustiere gehaltenen Chinchillas gehören, wurde auch als Küstenchinchilla, Kleines Chinchilla, Chilenisches Chinchilla, La Chinchilla costina, La Chinchilla chilena und La Chinchilla bastarda bezeichnet. In älterer Literatur tauchen auch noch die Synonyme *Chinchilla laniger* (GRAY, 1830) und *Chinchilla velligera* (PRELL, 1934) auf. Das inzwischen als ausgestorben geltende Königschinchilla war eine Unterart des Kurzschwanz-Chinchillas. Es wurde auch als Echtes Chinchilla, Edelchinchilla,

> **Wussten Sie eigentlich?**
> Das heute als ausgestorben geltende Königschinchilla hatte eine Körperlänge von ungefähr 38 cm und eine Schwanzlänge von ca. 7 cm. Wilde *Chinchilla lanigera* hatten eine Körperlänge von ungefähr 26 cm und eine Schwanzlänge von ca. 14 cm. Durch Zucht erreicht *Chinchilla lanigera* heute teilweise eine Körperlänge bis zu 32 cm, die Schwanzlänge beträgt zwischen 10 und teilweise 18 cm.

Peruanisches Chinchilla, *Chinchilla brevicaudata chinchilla*, La Chinchilla real und La Chinchilla indiana bezeichnet. Es hatte eine Körperlänge von ca. 38 cm. Die Ohren und der Schwanz waren im Verhältnis recht klein. Bis heute ist der Status des Königschinchillas aber fraglich. Möglicherweise handelt es sich um einen Übersetzungsfehler, da man „Chinchilla real" mit Königschinchilla übersetzte, „real" aber auch die Bedeutung „echt" haben kann.

Die in der Heimtierhaltung vorkommenden *Chinchilla lanigera* sind eine Mischform aus den drei Typen Costina (Körpergewicht meist über 500 g) und La-Plata (Körpergewicht zwischen 350–400 g) sowie Raton (ca. halb so groß wie Costina), in die *Chinchilla lanigera* von DeChant 1956 unterteilt wurde. Der La Plata-Typ ist von den drei Typen der größte und kompakteste, wohingegen der Raton-Typ der kleinste gewesen sein soll. Die heutigen *Chinchilla lanigera* sind in verschiedenen Größen zu finden, da man über die Jahre hinweg bemüht war, die Art *Chinchilla lanigera* hinsichtlich Größe, Fellbeschaffenheit und Körperform ähnlich *Chinchilla chinchilla* zu züchten und die Kompaktheit und Größe des La-Plata-Typs mit den Felleigenschaften des Costina-Typs zu vereinen. Der Raton-Typ hingegen ist in der Zucht untergegangen und heute nicht mehr vertreten.

Gelegentlich gibt es Verwirrungen, da bei den Chinchillas sowohl von „die Chinchilla" als auch von „das Chinchilla" gesprochen wird. Richtig ist beides. Im Spanischen wird von „la chinchilla" gesprochen, daraus wird das „die" abgeleitet. Das „das" wird laut Duden eher dem Chinchilla-Kaninchen zugesprochen und bezog sich zudem in der ersten Zeit auf die Felle. Die deutsche Sprache benutzt für aus anderen Sprachen übersetzte Nomen häufig den sächlichen Artikel „das", vor allem wenn damit zweierlei Geschlecht erfasst wird. Trotzdem hat sich es über die Jahre durchgesetzt und wird auch im Folgenden von mir genutzt.

Der Name Chinchilla wird im Spanischen „Tschintschija" ausgesprochen, im Deutschen wird das „j" allerdings in „ll" umgewandelt, und somit wird hier „Tschintschilla" gesagt.

Chinchillas zählen zur Ordnung der Nagetiere (Rodentia)
Foto: K. Aretz

Geschichte

Chinchillas haben Menschen von Beginn an durch ihre herausragenden Felleigenschaften begeistert, was ihnen letztendlich auch zum Verhängnis wurde. Die Chincha-Indianer, die in den Küstengebieten Perus heimisch waren, nutzten die Haare der Tiere für Gewänder und Schmuck, aus dem Fell wurden Schlafunterlagen hergestellt, und das Fleisch wurde wohl ebenfalls sehr gerne gegessen. Der Eingriff der Chincha-Indianer gefährdete aber in keiner Weise den Bestand der Chinchillas. Die Inkas sollen nach ihrem Sieg über die Chincha-Indianer das Fell zum Königsschmuck erhoben und das Tragen nur bei Staatsgewändern zugelassen haben. Im 16. Jahrhundert eroberten die Spanier das Reich der Inkas und stießen hierbei auch auf die Stoffe, die man aus den Haaren der Chinchillas gefertigt hatte. Die spanischen Eroberer gaben dem Chinchilla auch seinen Namen – ob dieser von den Chincha-Indianern oder von einer Stadt in Spanien namens Chinchilla del Monte Aragón abgeleitet ist, ist nicht ganz geklärt. In dieser Stadt gab es damals Tuchwebereien, und es wird angenommen, dass die Spanier aufgrund der Ähnlichkeiten der Gewebe mit den weichen Haaren der Tiere eine Verbindung hergestellt hatten.

Seit Mitte der 1990er-Jahre nimmt die Anzahl der als Heimtiere gehaltenen Chinchillas immer mehr zu
Foto: K. Aretz

Die ersten bis heute bekannten Aufzeichnungen über die Tiere stammen von dem spanischen Pater Joseph DE ACOSTA (1540–1599). Er erwähnte sie in seinem Buch „Historia Natural y Moral de los Indios", das 1591 in Sevilla erschien. Hierin beschrieb er die Verwendung der Felle als Schmuck und Gebrauchsgegenstände durch die Inkas. Seinen Angaben nach haben die Inkas mit den feinen Haaren der Chinchillas gesponnen und sie verwoben. Der Jesuitenpater Giovanni Ignazio MOLINA (1740–1829) deutete als Erster an, dass es ein wirtschaftlicher Nutzen sein könnte, die

Tiere zu züchten. Auch er beschrieb die Verarbeitung des Haares. Zudem bezeichnete er die Tiere als zahm, gelehrig und sehr reinlich. Im geschichtlichen Verlauf wurde unter anderem angedeutet, dass MOLINA eine andere Tierart bezeichnet hat (PRELL 1934), doch er gilt weiterhin als einer der Ersten, der Aufzeichnungen über Chinchillas geführt hat.

Ihres weichen Felles wegen wurden die Chinchillas nun künftig gejagt. Als Haus- und Spieltier sind sie wohl vereinzelt ebenfalls gehalten worden. 1829 wurde das erste lebende Chinchilla in den Londoner Zoo gebracht. Edward TURNER BENNETT (1797–1836) hat sich den Tieren gewidmet und sie beschrieben. 1874 soll Sir John MURRAY (1841–1914), der als Wissenschaftler von 1872–1876 Mitglied der berühmten Challenger-Expedition gewesen war, in Vallenar, Chile, ein Gelände eingezäunt und dort Chinchillas gehalten haben. Es handelte sich hierbei scheinbar um *Chinchilla chinchilla* (ehemals *Chinchilla brevicaudata*). Die Tiere wurden Berichten zufolge allerdings von eingedrungenen Raubtieren getötet. Erste Zuchterfolge wurden 1895 verzeichnet: Francisco IRARRAZAVAL hatte aus Coquimbo, einer chilenischen Region, ein Paar Chinchillas erhalten, und am 16.10.1895 wurde das erste Baby geboren. 1898 brach jedoch eine Seuche unter den damals 13 Tieren aus und vernichtete sie innerhalb von zwei Monaten.

Um 1900 wurden jährlich rund 500.000 Felle exportiert, was deutlich macht, wie beliebt die Jagd auf die Tiere gewesen ist.

Erst 1910 hatten die Regierungen von Argentinien, Bolivien, Chile und Peru strenge Schutzmaßnahmen eingeführt. In England wurden 1911 oder 1912 erste Zuchtversuche unternommen. Mrs. Johnstone, die in der Grafschaft Kent, in Tonbridge, lebte, soll im Besitz von einem Dutzend *Chinchilla-lanigera*-Paaren gewesen sein. Aufgrund des feuchten Klimas der Insel gestaltete sich die Haltung jedoch schwierig. Mit dem Ausbruch des ersten Weltkrieges soll sie sich gezwungen gesehen haben, die Tiere an verschiedene Tiergärten abzugeben, wo sie dann verstarben. 1912 brachte der damals in Leipzig lebende Richard Gloeck (1862–1946) nach einer sehr anstrengenden Reise den Chinchilla-Bock „Hans" nach Deutschland, der hier im Laufe seines Lebens den Status einer kleinen Berühmtheit erlangte. Er hatte den Bock in La Serena, der Hauptstadt der chilenischen Region Coquimbo, von einer italienischen Familie erworben. Die Reise wird als sehr abenteuerlich beschrieben, sie ging kreuz und quer durch Chile, Bolivien und Peru. Von La Serena aus wurde Hans zur Hafenstadt Coquimbo gebracht. Von dort aus ging es weiter mit dem Dampfer nach Mollendo, einer Hafenstadt in Arequipa, Peru, und von dort aus weiter mit dem Zug nach Arequipa, der gleichnamigen Hauptstadt der Region. Hierbei musste ein Höhenunterschied von ca. 2.000 m überwunden werden, was einige Tage

> **Wussten Sie eigentlich?**
> Die letzten wildlebenden Chinchillas sind bis heute stark vom Aussterben bedroht. Ihre Rettung wäre nur möglich, wenn sie den nötigen Schutz bekämen und ihre Arterhaltung größere Priorität gewinnen würde.

beanspruchte. Im Anschluss soll es weiter nach La Paz in Bolivien gegangen sein, wobei der Titicacasee überquert wurde. Nach einem einwöchigen Aufenthalt reiste Richard Gloeck nach Callao, einer peruanischen Hafenstadt in der Nähe von Lima, und von dort aus weiter nach Panama. Da es keinen direkten Anschluss gab und er in Jamaika eine Woche hätte warten müssen, reiste er weiter nach New York, um den heißen Temperaturen zu entgehen. Von hier ging es dann nach Hamburg und schlussendlich nach Leipzig. Trotz massiver Temperatur- und Höhenunterschiede hat der Chinchillabock Hans die Reise gut überstanden, sodass Gloeck sich schließlich noch ein Weibchen bringen ließ, welches auch in Leipzig unbeschadet ankam, aber recht früh verstarb, sodass es nicht zu Nachwuchs kam. Hans lebte bis 1923.

1918 wurde ein Ausfuhrverbot für Chinchillas von den südamerikanischen Regierungen verhängt. Mathias Ferrel Chapman erwarb 1919 elf Chinchillas, die er nach Kalifornien brachte und mit denen er 1923 eine Zucht startete. Er gilt als Begründer erster großzügig eingerichteter Zuchtfarmen, und der Großteil der heutigen Chinchillas stammt von dieser Zucht ab. Chapman starb 1934, seine Zucht ging über an seinen Sohn Reginald F. Chapman, wurde aber 1955 verkauft. 1927 bekam der Schwede Martin Nilson die Genehmigung der Regierung von Argentinien, eine *Chinchilla-chinchilla*-Zucht (ehemals *Chinchilla brevicaudata*) aufzubauen, die er in Abra Pampa startete. Abra Pampa ist die Hauptstadt des Departamento Cochinoca, einer Provinz in Jujuy. Diese Zucht soll später von der Regierung übernommen worden sein.

1934 gab es Zuchtversuche in Norwegen. Frederik Holst brachte 16 *Chinchilla chinchilla* zu sich nach Hause, mit denen er eine Zucht aufbaute. Anfangs lief diese Zucht auch gut, doch dann verstarben die Tiere alle. 1936 wurde die erste Chinchilla-Organisation „National Chinchilla Breeders of Amerika", kurz NCBA genannt, gegründet. 1947 folgte die „National Chinchilla Breeders of Canada". Nach und nach entstanden weitere Vereine, Organisationen und Verbände, die alle bis heute in erster Linie der Fellvermarktung dienen. 1953 starteten Joseph Zettl aus Österreich und Albert Münzing in Stuttgart fast gleichzeitig die Zucht mit importierten Tieren aus den USA und dürften damit den Grundstamm unserer heutigen Haustiere gebildet haben, wobei allerdings noch weitere Tiere nach und nach aus den USA importiert wurden.

1948 wurde von Fritz Ferger und bolivianischen Beamten eine Suche nach dem Königschinchilla gestartet, da man inzwischen vermutete, dass die Art ausgestorben war. Nach 18 Monaten wurde man fündig, allerdings sollen Berichten zufolge die gefundenen Tiere aus Neid um diese Entdeckung von den begleitenden Beamten getötet worden sein. 1953 wurde von Fritz Ferger ein ca. drei Monate altes totes Jungtier dieser Art gefunden, das vermutlich durch eine Rauchvergiftung nach einem Steppengrasbrand verstorben war. Seitdem wurde kein Exemplar mehr gesichtet.

Geschichte

Die Zucht von *Chinchilla chinchilla* (früher *Chinchilla brevicaudata*) wurde in Chile, Argentinien, Bolivien und Peru über einige Jahre verfolgt. 1956 sollen sich insgesamt 4.047 Tiere in 38 Farmen befunden haben. Auch in Deutschland gab es einige Zuchtversuche mit *Chinchilla chinchilla*, die aber alle recht früh zum Erliegen kamen. Ob *Chinchilla chinchilla* heute noch gezüchtet wird, ist nicht bekannt, auch wenn es einige diesbezügliche Spekulationen gibt. *Chinchilla lanigera* hingegen wurde weltweit erfolgreich gezüchtet und hat über die Pelztierzüchter auch Einzug in unsere Wohnzimmer genommen. Als Heimtier tauchte das Chinchilla allerdings erst ab ca. 1970 häufiger auf. Seit Mitte der 1990er-Jahre nimmt die Anzahl der Heimtiere immer mehr zu.

1984 wurde in Chile ein Schutzreservat für Chinchillas (*Chinchilla lanigera*) eingerichtet, wobei dies eventuell zu spät geschah. In Auco, nahe Illapel, befindet sich das „Las Chinchillas National Reserve", das ein 4.229 Hektar großes Gebiet umfasst. Die „Corporación Nacional Forestal", kurz CONAF genannt, überwacht das Reservat. Das Gebiet ist eingezäunt, und es wird versucht, die dortigen Pflanzenbestände aufzuforsten, damit die Tiere sich wieder vermehren können. Die wenigen Kolonien, die man finden konnte, sind weit verstreut, was die Fortpflanzung erschwert. Auch zwei Frauen haben sich dem Schutz der letzten wildlebenden Chinchillas verschrieben: Amy Deane, mit dem Projekt „Save the Wild Chinchillas", und aus Deutschland Sabine Cremer, mit dem „Projekt ChinChorro".

Mittlerweile werden Chinchillas in zahlreichen Farbvarianten gezüchtet
Foto: K. Aretz

Lebensraum

Die ursprüngliche Heimat der Chinchillas waren die Andenstaaten Argentinien, Bolivien, Chile und Peru. Das Königschinchilla lebte in den höheren Regionen der Anden. Es bewohnte die Westseite der Küstenkordillere Perus und Nordchiles in Höhen von 3.000–6.000 m. *Chinchilla chinchilla* lebte in den westargentinischen und bolivianischen Anden in Höhen von 2.500–4.000 m. *Chinchilla lanigera* hat sich das Gebiet wohl ursprünglich zum Teil mit *Chinchilla chinchilla* geteilt, allerdings fand man sie auch zahlreich in den tieferen Gebieten. Ihre hauptsächliche Heimat waren die Gebirgsbereiche in Chile zwischen 25° und 32° südlicher Breite. Hier lebten sie bis in 3.000 m Höhe, in erster Linie weit oberhalb der Baumgrenzen. Früheren Berichten zufolge waren Chinchillas sehr zahlreich. Es wurden riesige Kolonien erwähnt, die mehrere hundert Tiere umfassten.

Heimat des Chinchillas
- Königschinchilla
- C. brevicaudata
- C. lanigera

Der Lebensraum von *Chinchilla lanigera* ist, bedingt durch den Humboldtstrom, sehr trocken. Der Strom führt entlang der Pazifikküste kühles Wasser aus der Antarktis in die Küstenregionen und sorgt damit für eine verringerte Wasserverdunstung. Dadurch gibt es kaum Wolkenbildung und damit einhergehend auch kaum Regen. Zugleich sorgt der Humboldtstrom gemeinsam mit Westwinden im gesamten Gebiet der Westkordillere für eine Temperaturabsenkung, womit es in diesem Bereich kühler ist als z. B. in Brasilien. Wasserläufe finden sich im chilenischen Bereich der Anden nur wenige. Demzufolge gibt es gerade in den höheren Lagen nur spärlichen Pflanzenwuchs, der allgemein aus sehr widerstandsfähigen Arten besteht, die mit wenig Wasser auskommen und sich den harten Bedingungen angepasst haben. Die westlichen chilenischen Anden sind stark geprägt von Kakteenwüsten und Pampasgräsern, in den oberen Gebieten finden sich aber auch diese nur sehr selten. Auch verschiedene robuste Sträucher, die je nach Art teilweise bis zu 2 m hoch werden können, sind in einzelnen Bereichen verbreitet. Die Temperaturen schwanken zwischen Tag und Nacht recht stark. So wird es bei starker Sonneneinstrahlung durchaus am Tage bis zu 35 °C warm, und nachts kühlt es bis auf den Gefrierpunkt ab. In den höheren Lagen steigen die Temperaturen tagsüber sogar bis auf 40 °C an, nachts fallen sie in den Minusbereich ab. Die kühlsten Phasen finden sich zwischen April und September. In diesem Zeitraum gibt es wenig und meist nur regionalen Niederschlag, der aber für die Pflanzen von großer Bedeutung ist. Von Dezember bis März ist es am wärmsten, und es regnet so gut wie nie, wobei die Klimaveränderungen auch dort inzwischen ihre Auswirkungen zeigen. Viele Bereiche wurden durch das Anlegen von Feldern zerstört, wodurch der Lebensraum der Chinchillas drastisch verkleinert wurde.

Als Unterschlupf nutzen Chinchillas Felsspalten, in denen sie der Hitze und den tagaktiven Raubvögeln entfliehen können. Teilweise nutzen Chinchillas auch die unterirdischen Bauten der dort ebenfalls heimischen Degus, die in den tieferen Regionen der Anden leben.

Wussten Sie eigentlich?
Der gesamte Organismus der Chinchillas hat sich auf die harten Lebensbedingungen in dem teilweise wüstenähnlichen Klima angepasst. Lange Zeit wurde wegen der vorherrschenden Bedingungen in ihrer Heimat sogar angenommen, dass Chinchillas nicht trinken müssten. Inzwischen weiß man, dass dies nicht richtig ist und sie auf Wasser angewiesen sind.

Typisches Landschaftsbild der Anden: An den wenigen Wasserläufen findet sich das Grün, in den angrenzenden Bereichen ist die Vegetation karg Foto: W. Fischer

Vor der Anschaffung

Vor der Anschaffung

Chinchillas sind Tiere, die durch ihr plüschiges und weiches Fell sehr viele Menschen ansprechen. Nicht wenige Menschen, die ihnen begegnen und sie einmal gestreichelt haben, sind fasziniert von dem weichen Fell, den großen Knopfaugen und der neugierigen Art der Tiere. Wer sich beim ersten Anblick in sie verliebt, neigt dazu, sich vorschnell Chinchillas ins Haus zu holen, ohne über die Folgen nachzudenken. Teilweise verständlich, denn so etwas Weiches und Plüschiges wie ein Chinchilla ist eine süße Verführung. Trotzdem sollte darauf verzichtet werden, übereilte Entscheidungen zu treffen.

Aufgrund meiner eigenen Erfahrung kann ich nur anraten, sich die Anschaffung von Chinchillas reiflich zu überlegen. Geduld vor dem Kauf ist sehr wichtig, denn Chinchillas sind trotz ihrer Anspruchslosigkeit und ihrer eigentlichen Robustheit nicht so einfach zu halten, wie manch einer denkt, und sie brauchen viel Aufmerksamkeit. Deswegen sollte man sich möglichst vor der Anschaffung eines Chinchillas ausreichend informieren und bei anderen Haltern nachfragen, um durch diesen Austausch herauszufinden, ob Chinchillas

Wussten sie eigentlich...?
Chinchillas können über 20 Jahre alt werden und gelten als robuste und anspruchslose Haustiere. Oft wird unterschätzt, wie lange man die Verantwortung übernehmen muss und wie empfindlich die Tiere in ihrem Wesen sind.

Mutter und Tochter – ein harmonisches Pärchen Foto: T. Jonca

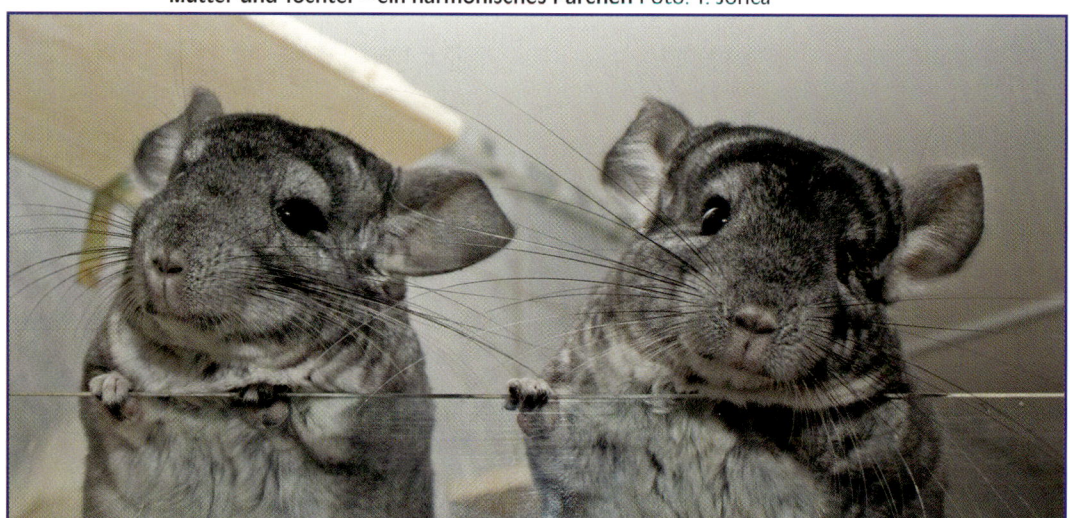

Vor der Anschaffung

Chinchillas kuscheln gerne miteinander Foto: T. Jonca

wirklich in das eigene Leben passen. Nur dadurch lassen sich zudem einige eventuell vermeidbare Stresssituationen beim Einzug des neuen Haustieres umgehen, und man kann es dem Chinchilla so angenehm wie möglich gestalten, damit es sich schnell und sanft eingewöhnen kann. Spontankäufe laufen selten von Beginn an optimal für Mensch und Chinchilla. Ein Chinchilla, das zu uns kommt, hat zuerst Angst und ist unsicher und sollte daher eine stabile Umgebung vorfinden, in der es sich einleben kann, genauso wie einen entspannten Halter, der schon ein wenig über die Bedürfnisse des Tieres Bescheid weiß und nicht zu nervös ist. Die Möglichkeit, über eine Urlaubsbetreuung von Chinchillas Erfahrungen im Umgang mit den Tieren zu sammeln, wäre empfehlenswert, denn erst im Kontakt wird man auf vieles aufmerksam, was die Entscheidung der Haltung beeinflusst.

Da Chinchillas auch sehr alt werden können, sollte man sich mit eventuell auftretenden Veränderungen, die das Leben für einen mitbringen kann, vorher beschäftigen. Nicht selten werden Chinchillas aufgrund veränderter Lebensumstände abgegeben. Wer viel umzieht, noch bei seinen Eltern wohnt, noch in der Ausbildung ist, einen Berufswechsel vor sich hat usw., der sollte überlegen, ob er wirklich auf lange Sicht für die Tiere da sein kann. Chinchillas können das Leben sehr bereichern, bieten einem sehr viel und haben es verdient, jemanden zu haben, der immer für sie da sein möchte.

Vor der Anschaffung

Ein paar grundlegende Dinge, auf die noch genauer in diesem Buch eingegangen wird, sollten beachtet werden, damit man genau abwägen kann, ob zwei oder mehr Chinchillas auch wirklich zu einem passen:

- Die Haltung von Nagetieren in Mietswohnungen ist zulässig, wenn die Anzahl das übliche Maß nicht übersteigt. Im Fall von Schäden an der Mietsache ist der Mieter allerdings schadensersatzpflichtig.
- Chinchillas sind keine Einzelgänger, die alleine gehalten werden dürfen. Sie benötigen einen Partner zum Kommunizieren, Kuscheln und für das Alltagsleben. Der Mensch kann diesen Part nicht ersetzen. Somit sollte man sich schon vorher gedanklich an mindestens zwei neue Hausbewohner gewöhnen.
- Chinchillas sind nachtaktiv und benötigen tagsüber ihre Ruhe. Wenn sie diese nicht bekommen, verkürzt es unter Umständen ihre Lebenserwartung. Am Abend möchte ein Chinchilla aber gerne am Leben seines Menschen teilhaben und beschäftigt werden.
- Chinchillas brauchen Beständigkeit. Sie reagiere auf Umstellungen relativ empfindlich, und es gibt unter ihnen kleine Sensibelchen, die z. B. bei einem Käfigwechsel oder einem Umzug rapide an Gewicht verlieren (teilweise bis zu 70 g).
- Chinchillas sind keine Streichel- oder Kuscheltiere! Es finden sich durchaus ein paar Tiere, die sich gern mal kraulen lassen, aber da dies nicht die Regel ist, darf man es nicht voraussetzen. Man sollte also froh sein, wenn man ein Chinchilla erwischt, das Streicheleinheiten genießt.
- Chinchillas sind für Kinder aufgrund ihrer Lebensweise und der Aktivitätszeiten nur bedingt geeignet. Kinder sollten schon sicher im Umgang mit Tieren sein und deren Bedürfnisse verstehen können. Es sollte immer klar sein, dass die Eltern die Verantwortung für die Tiere tragen, auch bei älteren Kindern.
- Chinchillas werden mitunter nachts recht laut (Nage- und Springgeräusche).
- Die lebenswichtige Benutzung eines Sandbades führt zu einer erhöhten Staubbildung, die man in Kauf nehmen muss.
- Chinchillas benötigen aufgrund ihres hohen Bewegungsdranges regelmäßigen abendlichen Freilauf.
- Chinchillas sind in der Anschaffung teilweise sehr teuer. Im Verhältnis zu ihrem möglichen erreichbaren Alter von ca. 20 Jahren, sollte man sich hiervon allerdings nicht abschrecken lassen.
- Der benötigte, geräumige Käfig und die Einrichtung verursachen einige Kosten und sollten vor dem Einzug vorhanden sein.
- Chinchillas sind Nagetiere und brauchen Nagematerial. Wenn man nicht aufpasst, zerstören sie allerdings auch gerne Gegenstände, die einem lieb und teuer sind, oder knabbern Dinge an, die für sie schädlich sein können.

Vor der Anschaffung

- In den Unterhaltskosten unterbieten Chinchillas viele andere Haustiere, trotzdem können Tierarztkosten und Ähnliches schnell sehr viel Geld verschlingen.
- Chinchillas benötigen eine karge, rohfaserreiche Kost. Wer seine Haustiere gerne mit Leckerli verwöhnt, sollte von dem Kauf eines Chinchillas absehen. Chinchillas betteln gerne, und ein Halter, der dann schwach wird, schadet seinen Tieren.
- Chinchillas verlieren überall und ständig kleine Kotbällchen. Sie sind diesbezüglich nicht zur Stubenreinheit zu erziehen. Auch dies muss man berücksichtigen und damit leben können.
- Die Haltung von Chinchillas kann Allergien auslösen. Dies sollte vorher bedacht werden. Auf Chinchillahaare selber reagieren nur wenige Menschen allergisch, aber die Einstreu, der Badesand und das Heu können Ursache für Atembeschwerden, Hautausschlag und Ähnliches sein. Auch hier sollte man sich vorher absichern und mögliche Allergien ausschließen lassen.
- Chinchillas gelten bis heute noch als Exoten. Somit ist es nicht immer einfach, einen Tierarzt zu finden, der sich mit ihnen auskennt. Es wäre vorteilhaft, im Vorwege schon diesbezüglich eine Anlaufstelle zu suchen.

Erst wenn man sich sicher ist, all diesen Punkten gerecht werden zu können, sollte man sich näher mit der Haltung und einem eventuellen Kauf befassen.

Chinchillas sollten mindestens paarweise gehalten werden Foto: T. Jonca

Anschaffungs- und Unterhaltskosten

Handelsübliche Chinchillakäfige kosten um die 80–150 Euro, sind aber im Normalfall nicht groß genug. Vogelvolieren, die meist eher den Bedürfnissen entsprechen, sind einiges teurer und kosten zwischen 150 und 1.000 Euro, je nach Größe und Bauart. Spezialkäfige, die man sich auf Bestellung anfertigen lassen kann, sind meist ebenfalls recht teuer, sind allerdings gerade für Halter, die handwerklich nicht so geschickt sind, eine Alternative. Ein Selbstbau ist meist billiger und hat den Vorteil, dass das Gehege perfekt der Wohnung und den individuellen Bedürfnissen angepasst werden kann. Hier hängen die Kosten davon ab, wie aufwendig der Eigenbau gestaltet wird und was für Materialien man nutzen möchte. Je nach gewünschter Inneneinrichtung sind auch hier Ausgaben von bis zu 250 Euro oder mehr einzuplanen.

> **Wichtig!**
> Der Preis für ein Chinchilla schwankt stark. Er ist oft je Region unterschiedlich und hängt auch davon ab, um welche Farben und Zuchtlinien es sich handelt. Erwerben kann man Chinchillas schon für ca. 20 Euro, der Durchschnittspreis liegt bei ca. 70 Euro, kann aber je nach Zuchttier und -linie durchaus bis zu 300 Euro und mehr betragen.

Futter und Einstreu sind meist sehr günstig zu bekommen. Für die monatlichen Futter- und Haltungskosten ist mit 20–40 Euro zu rechnen. 25-Kilo-Säcke Pellet-Futter sind für 12–20 Euro erhältlich (bitte beachten Sie beim Kauf von großen Mengen, dass das Futter innerhalb des Mindesthaltbarkeitsdatums aufgebraucht wird). Tütenheu kostet je nach Größe um die 5 Euro, Heu im Ballen ist oftmals günstiger und je nach Händler für etwa 4–10 Euro zu bekommen. Auch weitere Extras in der Ernährung sind nicht teuer. Im Unterhalt sind Chinchillas somit preisgünstig, allerdings sollten Kosten für eventuell notwendige Tierarztbesuche eingeplant werden. Wird ein Chinchilla krank, können schnell Ausgaben von 200 Euro und mehr zusammenkommen, und da die Tiere auch nachts oder am Wochenende erkranken können, kommen in solchen Fällen noch Notdienstgebühren beim Tierarzt hinzu.

Der Kaufpreis für ein Chinchilla variiert je nach Tier, Abstammung und Farbe stark Foto: K. Aretz

Wie viele Chinchillas und welche?

Die Frage, wie viele Chinchillas man halten sollte, ist gar nicht leicht zu beantworten, da man sich hierfür gleich mit einer ganzen Reihe möglicher Verhaltensweisen befassen sollte. Diese können sehr entscheidend sein für die Überlegung, welche Tiere für einen geeignet sind. Gerade in Bezug auf die unterschiedlichen Haltungsformen, sind die Verhaltensweisen bei bestimmten Konstellationen sehr von Bedeutung, und deswegen ist es mir wichtig, recht ausführlich darauf einzugehen. Vor der Anschaffung ist es hilfreich, sich die Frage zu stellen, was man von der Haltung erwartet. Nachwuchs oder keinen Nachwuchs? Eher Böcke oder Weibchen?

> **Wichtig!**
> Chinchillas blühen in Gruppenhaltung erst richtig auf. Der Mensch sollte bestrebt sein, ihnen die vollen Entfaltungsmöglichkeiten ihrer Charaktere und ihrer natürlichen Verhaltensweisen zu bieten.

Möchte man Chinchillanachwuchs haben, bedarf es sehr viel tiefer gehender Kenntnisse und gründlicherer Auswahlüberlegungen als bei der Haltung ohne Nachwuchsplanung. Möchte man keinen Nachwuchs, ist die Haltung gleichgeschlechtlicher Tiere vorzuziehen, doch auch sie erfordert ein wenig Vorwissen über das Zusammenspiel der Tiere.

Grundsätzlich ist die Haltung mehrerer Männchen, mehrerer Weibchen, eines Männchens und eines oder mehrerer Weibchen möglich. Bei diesen Haltungsformen sind am wenigsten Probleme zu erwarten. Welche von diesen Konstellationen am besten ist, ist Ansichts- und Erfahrungssache. Jeder Halter bildet irgendwann seine eigene Meinung, und jeder Mensch hat natürlich seine persönlichen Vorlieben, die sich mit der Zeit auch ändern können. Es kann aber, wie bei jeder Gruppentierhaltung, immer zu Problemen kommen, da Tier nicht gleich Tier ist und der Charakter eines jeden Chinchillas sehr viel Einfluss auf die Gruppenkonstellationen ausübt. Somit sind die Eigenarten eines jeden Chinchillas vorher zu berücksichtigen und für jede Haltungsform individuell einzuplanen.

Chinchillas brauchen mindestens einen artgleichen Partner Foto: T. Jonca

Einzelhaltung

Man kann ganz eindeutig sagen: Einzelhaltung ist für ein Chinchilla Quälerei! Natürlich gibt es unter den einzeln gehaltenen Chinchillas Exemplare, die sich an den Menschen klammern und die deswegen den Eindruck erwecken, nicht einsam zu sein. Sie suchen Nähe und Geborgenheit, und diese finden sie dann nur bei uns. Aber wir sind nur ein schlechter Ersatz und können die Bedürfnisse keinesfalls auf längere Zeit stillen. Einzelhaft-Chinchillas leiden. Sie drücken dies auch aus, doch man muss es erkennen können, was einem Neuling in der Chinchillahaltung meist gar nicht gelingt, da der nötige Vergleich und die Erfahrung fehlen. Deswegen haben nicht wenige Halter von allein gehaltenen Chinchillas den Eindruck, ihrem Tier fehle es an nichts. Das Gefühl, dass ein Chinchilla auf der Suche nach Partnerschaft und Zuneigung versucht, einen Menschen als Artgenossen anzunehmen, ist natürlich für den betreffenden Menschen schön, doch unter diesen Umständen unnatürlich und für das Chinchilla auf keinen Fall befriedigend. Wer aus der Angst heraus, ein Chinchilla würde nicht zahm und zutraulich, das Tier anfangs alleine hält, verursacht damit Verhaltensstörungen und schadet dem Tier. Die Angst vor fehlender Zutraulichkeit bei der Haltung von

Eine Einzelhaltung von Chinchillas ist nicht tiergerecht! Foto: K. Aretz

mehreren Tieren ist unbegründet. Das Vertrauen zum Menschen kommt ebenso zustande, wenn man mehr als ein Chinchilla pflegt. Es dauert bei mehreren Tieren zwar mitunter ein wenig länger, aber dafür ist es ein viel gesünderes Vertrauensverhältnis, und man hat „echte" Chinchillas und kein verhaltensgestörtes Tier, welches die eigene Sprache verlernt hat. Und genau das sollte das Ziel sein: Ein aufgewecktes, sehr neugieriges und verspieltes Haustier, dessen Zuneigung nicht erzwungen wurde. Wer einmal gesehen hat, wie komplex und wunderbar das Leben von zwei oder mehr Tieren miteinander verläuft, der wird auch nie wieder auf den Anblick der miteinander kuschelnden und sich gegenseitig putzenden Tiere verzichten wollen. Auch ist es einfach wunderschön anzusehen, wie sie sich untereinander etwas beibringen und miteinander spielen. Wird der Mensch dann mit einbezogen, ist es viel inniger, als wenn das Chinchilla die Nähe des Menschen aus lauter Einsamkeit heraus sucht.

Besonderheiten bei der Tierauswahl

Der Charakter eines Chinchillas an sich hängt sehr vom einzelnen Tier und seinen bisherigen Erlebnissen ab und ist weder farb- noch geschlechtsspezifisch. Trotzdem erkennt man bei genauem Beobachten ein paar feine Unterschiede, die typisch sind. So sind Männchen oft sanftmütiger und verschmuster, die Weibchen dafür ein wenig frecher. Wenn man sich umhört, erfährt man außerdem, dass ein paar Chinchillas bestimmter Farben nicht selten scheuer und unruhiger wirken – obwohl eigentlich fest steht, dass die Farbe keine Auswirkungen auf den Charakter haben soll –, allen voran der Farbschlag Saphir, der bei vielen Züchtern als nervös gilt und deswegen in Deutschland recht selten gezüchtet wird. Hauptgrund für diese Nervosität ist allerdings nicht die Farbe, sondern die Zuchtart. Bei vielen Farben wurde versucht, sie möglichst schnell zu vermehren, um die Nachfrage zu decken, und hierbei blieben viele positive Eigenschaften auf der Strecke. Da solche bestimmten Charaktereigenschaften nicht auf alle Chinchillas zutreffen, ist hierbei keine Regel festzulegen. Es finden sich auch immer wieder Chinchillas, die sich genau gegenteilig verhalten. Durch das gezielte Beobachten in der Aktivitätszeit der Chinchillas lässt sich das Verhalten schnell erkennen. Gerade Neulinge in der Chinchillahaltung sollten sich nicht für nervöse oder unruhige Tiere entscheiden, da die hierbei auftretenden Probleme sie überfordern könnten.

Chinchillas sind sehr wählerisch hinsichtlich ihres Partner und haben natürliche Instinkte, die dafür sorgen, dass eine Partnerwahl nicht ganz unkompliziert abläuft.

> **Wussten Sie eigentlich...?**
> Das Wesen der Chinchillas und ihr eigentliches Leben in großen Gruppen gewinnen erst in den letzten Jahren an wirklicher Bedeutung. Deswegen sind viele Verhaltensweisen im Gruppenleben noch nicht ausreichend beachtet worden, was zu offenen Fragen in der Heimtierhaltung führt.

Besonderheiten bei der Tierauswahl

In der Natur stellen fremde Tiere eine Bedrohung dar: fremde Böckchen für den Chef einer Gruppe, fremde Weibchen für die Jungtiere. Man kann sich deswegen nicht einfach zwei Tiere aussuchen und darauf vertrauen, dass sie sich verstehen. Sie müssen zusammenpassen und sich mögen. Ist dies nicht der Fall, ist es nicht sinnvoll, sie zu zwingen zusammenzuleben. Sollten sie dennoch schon zusammengehalten werden, wäre es ratsam, sie bei heftigen oder häufigeren Streitigkeiten zu trennen. Die süßen Fellkugeln können sich in regelrechte Monster verwandeln, wenn es darum geht, ein anderes Chinchilla zu vertreiben. Nicht wenige Halter sind sehr erschrocken beim Anblick von beißenden Chinchillas und sehen dann die bis dato nur als niedlich angesehenen Tiere plötzlich mit anderen Augen. Da Chinchillas, im Gegensatz zur freien Natur, in einem Käfig bei Gefahr nicht fliehen können, beißen sie sich unter Umständen so lange, bis eines stirbt, und dies kann durchaus sehr schnell passieren. Dieses Verhalten ist nicht untypisch, kennt man allerdings die Ursachen, lassen sich solche Probleme vermeiden oder lösen. Deswegen ist es aber ebenfalls wichtig, sich vorher gut umzusehen, die Tiere zu betrachten und nicht etwa spontan ein Chinchilla zu kaufen.

Gelegentlich resultieren Schwierigkeiten einer Zusammenführung aus einem Zuchtfehler (Aggressionen und Überängstlichkeit können vererbt werden), und derartige Chinchillas reagieren dann teilweise problematisch bei einer Vergesellschaftung. Mit Geduld sind auch solche Tiere einzugewöhnen, ein

Bei der Tierauswahl sollte besonders auf den Charakter der Chinchillas geachtet werden
Foto: K. Aretz

Besonderheiten bei der Tierauswahl

Neuhalter wäre aber besser beraten, sich nicht gleich solche Problemfälle ins Haus zu holen. Da die betreffenden Chinchillas auch oft Verhaltensauffälligkeiten den Haltern gegenüber zeigen, indem sie auch bei vertrauten Personen mit extremer Angst und starkem Abwehrverhalten reagieren und sich sehr hektisch bewegen, sind sie eigentlich ganz gut zu erkennen.

Ebenso können negative Erfahrungen mit Artgenossen zu Überreaktionen und zuerst heftigem Aggressionsverhalten

Jungtiere können erst ab einem Lebensalter von 10–14 Wochen von der Mutter getrennt werden Foto: K. Aretz

führen. Hier ist es schon schwieriger zu erkennen, ob ein Tier zu einem solchen Verhalten neigt, da es von den auslösenden Situationen abhängig ist. Auch solche Chinchillas sind wahrscheinlich bei einem erfahrenen Halter besser aufgehoben als bei einem Neueinsteiger. Somit ist die Herkunft eines Chinchillas recht entscheidend. Die häufigste Ursache der Streitigkeiten zu Beginn der Haltung liegt jedoch im Versuch, die Tiere zusammenzubringen. Einfach die Chinchillas in einen Käfig oder einen neutralen Freilauf zu setzen und zu denken: „Das klappt schon", ist falsch. In der Regel beginnt eine wilde Beißerei, und nur in Ausnahmefällen funktioniert es auf diesem Weg. Chinchillas sind sehr schnell, und es ist für den Halter nicht ganz ungefährlich, die Nager zu trennen, da die Tiere in ihrem Wutrausch alles beißen, was ihnen in die Quere kommt. So ein Biss in die Hand oder einen Finger tut verdammt weh! Es ist gut, wenn man diese Situation gar nicht erst erleben muss. Mit ein paar Tricks kann man die Zusammenführung erleichtern, worauf später in dem Kapitel „Vergesellschaftung" noch eingegangen wird. Ein neuer Halter sollte sich dementsprechend Tiere aussuchen, die zusammenpassen und vielleicht schon zusammenleben. Ansonsten sollte er sich ausgibig über die einzelnen Verhaltensweisen eines Tieres informieren lassen und den Tieren die Auswahl ihres Partners überlassen. Es ist sehr wichtig, diese Punkte zu beachten, denn so wird man vor Enttäuschungen bewahrt und vermeidet Situationen, denen man als Neuling in der Chinchillahaltung möglicherweise nicht gewachsen ist. Weitere Probleme, die durch falsche Tierauswahl auftreten können, resultieren meist aus mangelnder Kenntnis über die Formen der Gruppenhaltung und den dafür notwendigen Voraussetzungen.

Weibchen-Gruppen

Chinchillaweibchen können sehr harmonisch und in Eintracht miteinander leben. Nicht wenige Halter bevorzugen diese Haltungsform und sind begeistert. Aber es gibt ein paar Dinge, die einen unerfahrenen Halter verunsichern können. Bei Chinchillaweibchen kriselt es z. B. durchaus mal in der Zeit der Hitze, selbst wenn sie sich ansonsten sehr gut verstehen und gemeinschaftlich miteinander leben. Hitzige Weibchen sind manchmal launisch, empfindlich und meckern häufiger. Im Gegensatz zu manch anderen Tierarten sind bei Chinchillas oft nicht nur die Männchen, sondern auch die Weibchen diejenigen, die einen starken Sexualtrieb haben und diesem nachgehen wollen. Hieraus ergibt sich mitunter eine Form von Unzufriedenheit, wenn dieses Bedürfnis nicht gestillt werden kann, vor allen Dingen, wenn Chinchillaböckchen in der Nähe des Käfigs, aber für die Weibchen nicht erreichbar sind. Weibchen, die schon Nachwuchs hatten oder bei denen dieser Trieb recht ausgeprägt ist, neigen sogar dazu, während der Hitze richtig biestig gegenüber Artgenossen zu werden. Vorteilhaft ist, dass Weibchen, die diese Neigung haben, meist zeitgleich

> **Wichtig!**
> Die richtige Partnerwahl ist sowohl für die Paarhaltung als auch für die Gruppenhaltung von entscheidender Bedeutung. In der Natur können sich die Tiere aus dem Wege gehen, in der Heimtierhaltung müssen sie miteinander auskommen. Das kann bei falscher Wahl zu starken Beißereien mit Todesfolge führen.

Weibliche Chinchillas können für gewöhnlich sehr gut paarweise gehalten werden Foto: K. Aretz

mit ihren Partnerinnen hitzig werden. Das schaffen nicht alle, aber viele spielen sich innerhalb eines dreiviertel Jahres aufeinander ein, streiten dann in dieser Zeit gemeinsam herum oder gehen sich aus dem Weg, sodass die Phasen harmlos verlaufen.

Die richtige Partnerwahl ist für Weibchen sehr entscheidend. Nur wenn Weibchen miteinander harmonieren, laufen diese kritischen Phasen ruhig ab, wobei kleinere Streitereien einfach auch zum Alltag gehören können. Allgemein scheinen Chinchillaweibchen ein wenig mehr Ansprüche an ihre Partner zu stellen als Chinchillaböckchen. Trotzdem ergeben sich unter ihnen wunderbare Gemeinschaften, die ein schönes Zusammenleben führen, wenn man die zueinander passenden Tiere gefunden hat. Auch die geeignete Tieranzahl einer Gruppe hängt von dem Verhalten der einzelnen Chinchillaweibchen ab. Erfahrene Halter erkennen anhand dessen recht schnell, ob es sich um Chinchillas handelt, die mit mehreren Tieren auskommen, oder ob es Weibchen sind, die lieber kleinere Gruppen bevorzugen. Haltungseinsteiger sind gut beraten, wenn sie bei der Tierauswahl einen erfahrenen Chinchillahalter an der Seite haben oder sich zuerst für Geschwister eines Wurfes, Mutter und Tochter oder schon gemeinsam lebende Weibchen entscheiden, die nicht erst zusammengeführt werden müssen.

Männchen-Gruppen

Reine Männchen-Gruppen sind ebenfalls sehr beliebt. Zwei oder mehr Männchen verstehen sich häufig sehr gut, und wegen des friedlichen Wesens der meisten Böckchen kommt es seltener zu Streitereien als bei den eher zickigen Weibchen – sofern kein Weibchen in der Nähe ist. Es gibt sehr liebe Böckchen, die sich nicht darum scheren, ob ein Weibchen zu sehen oder zu riechen ist, aber der Großteil von ihnen wird recht streitsüchtig, wenn es nach einer „heißen Braut" riecht. Daher ist es ratsam, solche Situationen zu vermeiden. Ein Weibchen in einem Raum voller Böcke kann für reichlichen Ärger sorgen; ein Weibchen im selben Käfig einzuquartieren, ist auf gar keinen Fall ratsam. Wenn zwei Chinchillaböckchen sich wegen eines Weibchens in die Haare bekommen – und die Wahrscheinlichkeit, dass sie dies tun, ist extrem hoch –, kann es sehr schnell passieren, dass einer den anderen totbeißt. Es gibt nicht selten Berichte von Chinchillahaltern, die besagen, dass eine Haltung mit Böckchen- und Weibchen-Gruppen in einem Raum funktioniert. Auch ich habe solche Konstellationen erlebt. Aber dazu ist es erforderlich, die Böckchen sehr gut zu kennen und Veränderungen im Verhalten schnell zu bemerken, was nur mit viel Erfahrung klappen kann. Sollte man es darauf ankommen lassen, muss man einplanen, die Böckchen notfalls in einem anderen Zimmer unterbringen zu können, und man muss auch damit rechnen, dass von jetzt auf gleich ein wilder Streit beginnt, der eben nur selten ohne

Männchen-Gruppen

Sofern kein hitziges Weibchen in der Nähe ist, verstehen Böcke sich normalerweise sehr gut miteinander Foto: K. Aretz

schwerwiegende Folgen verläuft und auch zum kompletten Zusammenbruch einer solchen Männchen-Gruppe führen kann. Wem die nötige Erfahrung fehlt, dem ist dringend davon abzuraten. Mit der Zeit wird jeder seine Böckchen kennen lernen, und erst dann ist auch eine Haltungsform im selben Raum eventuell in Betracht zu ziehen. Ratsamer und auch schöner für die Böckchen wäre es allerdings ohne Weibchen in der Nähe, da der verlockende Duft für die Männchen zu verführerisch ist. Die Haltung von mehreren geschlechtsreifen Böckchen mit Weibchen gemeinsam in einem Käfig wäre verantwortungslos, da das Risiko einfach zu groß ist, dass ein Tier durch eine mögliche Eskalation der Situation an den Folgen einer Beißerei stirbt.

Natürlich sind nicht alle Chinchillaböckchen gemütlich und verschmust. Auch unter ihnen gibt es unruhige Gemüter, die sich in Gruppen schlecht einfügen. Dies gilt insbesondere für die, die in einer Gruppe automatisch die Chefposition übernehmen, obwohl sie dafür nicht geschaffen sind. Dadurch kann es zu vermehrter Unruhe kommen und infolgedessen auch zu Streitereien.

Besonderheiten der Gruppenhaltung

Obwohl Chinchillas Tiere sind, die in freier Wildbahn in Kolonien leben, sind Gruppenhaltungen von mehr als zwei Tieren durchaus komplizierter als die Haltung von Paaren. Eine ungerade Anzahl von Tieren bei der Gruppenhaltung kann zu Komplikationen führen, allerdings nicht zwangsweise, und so können auch Dreier- und Fünfergruppen harmonieren. Allerdings kommt es gelegentlich vor, dass in solchen Gruppen ein Chinchilla ausgegrenzt wird. Wenn die Tiere z. B. überwiegend alle auf einem Haufen gekuschelt schlafen, kann dieses Ausgrenzen Streit auslösen. Schöner und unkomplizierter ist es, bei der Wahl von mehreren Tieren gleich auf eine gerade Anzahl zu achten. Aber es gilt auch: Je mehr Tiere in einem Käfig leben, desto größer ist die Wahrscheinlichkeit von Streitereien. Vereinzelte Berichte von Großgruppenhaltungen sollten nicht darüber hinwegtäuschen, dass das Zusammenleben der Tiere sehr vielschichtig abläuft, eine genaue Rangordnung verlangt und jedes Tier seinen eigenen Willen hat, den es auch zeigt. Hieraus ergeben sich bei der Haltung vieler Tiere häufiger „Diskussionspunkte" als bei kleineren Gruppen. Mehrere dominante Tiere in einer Gruppe kommen nur schwer miteinander klar. Es zeigt sich in der Regel sehr schnell, wer die Gruppe anführt, und zwei gleich starke, führungsstrebende Chinchillas sollten sich nicht in einer Gruppe befinden. Es kann für einen neuen Halter auch hier hilfreich sein, sich beim Kauf über das Verhalten beraten zu lassen, damit solch eine Situation vermieden wird.

Chinchillas können auch in größeren Gruppen von mehr als zwei Tieren gehalten werden
Foto: K. Aretz

Eine Gruppenhaltung an sich ist für die Tiere trotzdem sehr vorteilhaft, weil sich bei mehreren Tieren in jeder Gemütslage immer jemand findet, der bereit ist die Stimmungen zu teilen. Es ist unbedingt anzuraten, sich bereits vor (!) der Bildung einer Gruppe Gedanken zu machen, wie viele Chinchillas später in dieser zusammen leben sollen. Denn jedes neue Tier, welches in eine bestehende Gruppe kommt, stellt die Rangordnung grundsätzlich in Frage. Dies kann zum kompletten Zerbrechen einer Gruppe führen. Es ist für die Tiere schöner, von Anfang an eine klare Gemeinschaft zu haben, die sich im Laufe der gemeinsamen Jahre noch mehr stärkt. Sollte man später unbedingt ein neues Tier mit dazusetzen wollen, muss dessen Charakter gut eingeschätzt werden, und man sollte sich bewusst sein, dass die Zusammenführung unter Umständen so schief gehen kann, dass nachher alle Tiere vorerst einzeln sitzen müssen, weil sie sich zerstritten haben. Ebenfalls entscheidend ist das Platzangebot. Je größer die Gruppe, desto größer muss der Käfig sein, um den Tieren ausreichend Rückzugsmöglichkeiten zu bieten.

Besonderheiten bei tragenden Weibchen

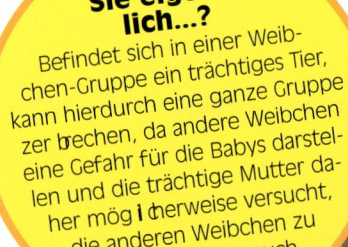

Wussten Sie eigentlich…?
Befindet sich in einer Weibchen-Gruppe ein trächtiges Tier, kann hierdurch eine ganze Gruppe zerbrechen, da andere Weibchen eine Gefahr für die Babys darstellen und die trächtige Mutter daher möglicherweise versucht, die anderen Weibchen zu vertreiben oder auch zu töten.

Auf keinen Fall sollte man sich bei einem Kauf für ein trächtiges oder säugendes Chinchillaweibchen entscheiden. Leider werden auch gelegentlich solche Tiere abgegeben. Wenn solche Chinchillas abgegeben werden

Muttertiere und deren Nachwuchs sollten zur Vermeidung von Stress erst abgegeben werden, wenn die Jungtiere mindestens 10–14 Wochen alt sind Foto: K. Aretz

und umziehen müssen, entsteht für sie eine starke Angstsituation, die zum Verwerfen der Babys und zum Ausbleiben der Milch führen kann. Trächtige oder säugende Chinchillaweibchen neigen dazu, andere Weibchen anzugreifen, selbst wenn sie mit diesen bisher glücklich und zufrieden zusammengelebt haben. Dieser Umstand sollte immer bedacht werden.

Streiten sich zwei Weibchen, werden hiervon auch andere Weibchen angesteckt und gehen in Verteidigungsstellung. Auch die neugeborenen Babys können unter Umständen verletzt oder getötet werden. Natürlich gibt es auch Weibchen, die friedlich und harmonisch gemeinsam ihre Jungen aufziehen. Derartige Gruppierungen sind also möglich, bedürfen allerdings einer beinahe ständigen Aufmerksamkeit seitens des Pflegers. Außerdem muss die Möglichkeit bestehen, das trächtige Weibchen bzw. das säugende Muttertier von der Gruppe separieren zu können, falls es zu Problemen kommt. Erfahrene Halter können dies oft abschätzen, Anfänger sollten auf solche Konstellationen verzichten.

Besonderheiten der Pärchenhaltung

Eine Pärchenhaltung ist eigentlich optimal für Chinchillas, da ein Böckchen und ein Weibchen sich fast durchweg harmonisch aufeinander einstimmen und der Partner bei auftretenden Streitpunkten viel nachsichtiger ist als ein gleichgeschlechtlicher Mitbewohner. Da Weibchen gerne mal zickig sind, ist es sehr von Vorteil, wenn ihr Partner nachgibt. Bei der Pärchenhaltung gibt es aber das Problem mit dem Nachwuchs. Chinchillaweibchen können aufgrund ihrer Tragezeit von 111 Tagen durchaus bis zu drei Mal im Jahr Nachwuchs bekommen. Jeder Wurf besteht im Schnitt aus 2–4 Jungtieren. Babys sind niedlich, und kaum jemand würde nicht gerne zumindest ein Mal eine Geburt und Aufzucht miterleben, aber zu all dem gehört eine ganze Menge Vorwissen. Je nach Nachfrage kann das Abgeben des Nachwuchses zudem große Schwierigkeiten bereiten. Auch sind nicht alle Chinchillaweibchen geeignet, Nachwuchs zu bekommen, wenn man das Risiko von Komplikationen während einer Trächtigkeit und Aufzucht so gering wie möglich halten möchte. Die Vermittlung von Jungtieren wird von Jahr zu Jahr schwieriger, und möglicherweise sammeln sich dann immer mehr kleine Chinchillas bei einem an, die keiner haben möchte. Daher ist es bei einer Pärchenhaltung von Vorteil, sich vorab Gedanken über eine Kastration des Männchens zu machen. Diese birgt natürlich, wie jede Operation,

> **Wussten Sie eigentlich...?**
> Bis heute wird Einsteigern in die Chinchillahaltung nicht selten angeraten, sich zwei gegengeschlechtliche Tiere anzuschaffen, da aufgrund mangelndem Hintergrundwissen immer noch das Vorurteil besteht, dass gleichgeschlechtliche Tiere sich nicht verstünden. Wie wunderbar gleichgeschlechtliche Partnerschaften funktionieren, zeigen viele Chinchillahaltungen jedoch täglich aufs Neue.

Besonderheiten bei der Pärchenhaltung

auch ein gewisses Risiko, und man sollte sich im Vorwege einen erfahrenen Tierarzt suchen.

Bei einer Pärchenhaltung sollten die Tiere möglichst gleich alt sein, d. h. Jungtier (bis acht Monate) zu Jungtier und Alttier (über acht Monate) zu Alttier. Ist der Altersunterschied zu groß, kann es bei der Klärung der Rangordnung und beim Liebesspiel Beißereien geben, die recht übel ausgehen können. Die Empfehlung, die Tiere zur Vermeidung von Nachwuchs während der Hitze zu trennen, bringt eine ganze Reihe Probleme mit sich. Die Zusammenführung beider Tiere nach der Empfängniszeit kann unter Umständen jedes Mal extremen Stress auslösen, weil die Tiere sich nicht unbedingt wieder akzeptieren. Auch ist dies keine Dauerlösung, weil es je nach Chinchilla durchaus dazu führen kann, dass man die Tiere immer neu vergesellschaften muss, was die Tiere auf Dauer so schädigt, dass sie kaum noch einen Partner akzeptieren. Hinzu kommt, dass die Tiere natürlich während dieser Zeit leiden und sich nach ihrem Partner sehnen. Es ist also nur als Notlösung denkbar. Bei der Haltung von Gruppen (z. B. zwei Weibchen und ein Bock) ist diese Art von Trennung gar nicht zu empfehlen, weil hier das Zusammenleben in festeren Bahnen verläuft, eine feste Rangordnung verlangt und bei einer Trennung die ganze Gruppe zerbrechen kann. Wer keinen Nachwuchs wünscht, sollte versuchen, möglichst gleich alte, gleichgeschlechtliche Partnertiere zu finden oder aber das männliche Tier kastrieren lassen.

Wird ein Chinchillaweibchen zusammen mit einem unkastrierten Böckchen gehalten, muss mit regelmäßigem Nachwuchs gerechnet werden Foto: K. Aretz

Besonderheiten von Chinchillafamilien

Geschwistertiere harmonieren normalerweise sehr gut miteinander Foto: K. Aretz

Gleichgeschlechtliche Familienmitglieder leben oft rundum harmonisch miteinander. In einer Konstellation von einem Böckchen mit mehreren Weibchen und dem Nachwuchs leben Chinchillas nach bisherigem Wissensstand auch in der Natur. Familienmitglieder scheinen untereinander eine spezielle Form von Verständnis zu haben. So akzeptieren Väter ihre Söhne teilweise recht lang neben sich und sehen sie auch nicht so schnell als Konkurrenten an, selbst wenn Weibchen in der Nähe sind. Trotzdem werden die kleinen Böcke mit Einsetzen der Geschlechtsreife oder bei Erreichen der Körpergröße des Vaters nicht selten vom Vater vertrieben, wenn noch Weibchen in der Gruppe leben. Mitunter vertreiben die jungen Böckchen aber auch ihren Vater.

Das Verhalten der Familienmitglieder untereinander ist vor allem vorteilhaft, wenn man sich entschließt, sich mit dem Thema Zucht zu befassen, dabei allerdings nur ein Mal Nachwuchs haben möchte. Zur Phase des Abstillens kann die Familie aufgeteilt werden in Vater mit Söhnen und Mutter mit Töchtern. Die Wahrscheinlichkeit, dass sich dann Vater und Söhne oder Mutter und Töchter verstehen, ist deutlich höher als bei familienfremden Tieren. Auch ist zu beobachten, dass Chinchillaweibchen während der Trächtigkeit eher ihre weiblichen Familienmitglieder akzeptieren als Weibchen aus einer anderen Familie. Berücksichtigt man die Harmonie von Familien im Allgemeinen, ist es bei dem Entschluss, eine größere Gruppe zu halten, durchaus sinnvoll, sich gleichgeschlechtliche Tiere aus einer Familie auszusuchen. Eine ganze Familie mit mehreren Böckchen und Weibchen sollte man allerdings trotzdem nicht zusammen halten, da es unter den Männchen, bei aller Harmonie, im Falle eines hitzigen Weibchens ebenso in üblen Beißereien ausarten kann wie bei anderen Chinchillaböckchen und zudem die Gefahr der unkontrollierten Inzucht besteht. Es gibt keine Hemmschwelle bei Chinchillas, was Paarungen unter Familienmitgliedern angeht: Väter besteigen ihre Töchter, Söhne ihre Schwestern und auch die Mutter.

Besonderheiten von Kastraten

Möchte man ein Pärchen oder eine Familie mit einem Böckchen darin zusammen halten, ist eine Kastration ein guter Weg, um Nachwuchs zu verhindern. Irrtümlicherweise wird oft angenommen, dass zwei streitende Chinchillaböckchen besser harmonieren, wenn sie kastriert werden. Dies stimmt nicht. Am Sexualtrieb ändert eine Kastration nichts, und daraus resultierende Unverträglichkeiten lassen sich nicht unterbinden. Trotz des noch vorhandenen Sexualtriebes unterscheiden sich Kastraten teilweise von ihren potenten Artgenossen, denn es gibt durchaus Chinchillaweibchen, die einen Kastraten nicht neben sich akzeptieren. Es gibt aber auch dominante Chinchillaweibchen, die sehr gut mit einem devoten Kastraten harmonieren.

Umstritten sind Frühkastrationen, die vor dem Eintreten der Geschlechtsreife durchgeführt werden. Hierbei kann das typisch männliche Verhalten teilweise durchaus unterbunden werden, allerdings ist die Operation nicht risikolos, da dafür ein Teil des Bauchraumes aufgeschnitten werden muss, um an die Hoden zu gelangen, und es gibt keine Garantien dafür, dass das betroffene Tier tatsächlich ein verändertes Verhalten zeigt.

Wussten Sie eigentlich...?
Obwohl im Verhalten eines kastrierten Chinchillaböckchens im Regelfall keine Veränderungen festzustellen sind, reagieren Chinchillaweibchen auf Kastraten teilweise mit Ablehnung. Der Grund dieses Verhalten ist bis heute nicht geklärt.

Die Kastration eines Böckchens führt erfahrungsgemäß nicht zu einer Charakteränderung oder besseren Verträglichkeit Foto: K. Aretz

Besonderheiten in der Geschlechtsreife und beim Erwachsenwerden

Werden Chinchillas geschlechtsreif, beginnt die Zeit des Aufbegehrens. Die noch verspielten Jungtiere testen wie kleine Kinder ihre Grenzen aus, und mit zunehmender Größe nehmen auch ihre Versuche zu, ihre Plätze in der Rangordnung zu verbessern. In diesen Phasen, die meist schubweise auftreten, sind Gruppen nicht selten sehr belastet. Kleinigkeiten lösen nun teilweise richtige Machtkämpfe aus. Die Rangordnung kann durchaus in einer kurzen Zeitspanne geklärt werden und die Streitereien können nach ein bis zwei Nächten überstanden sein. Aber wenn zwei Tiere sich nicht ganz einig sind, wer den oberen Platz in der Rangfolge bekommen soll, zieht sich der Machtkampf über ein paar Wochen hin und kann unter Umständen dazu führen, dass eine Zusammenführung neuer Tiere sehr schwer wird oder die Gruppe getrennt werden muss. Hier sollten Halter die Tiere gut beobachten. Beginnen die kleinen Streitereien heftiger zu werden, können sie auch in eine richtige Beißerei ausarten. Ruhe und ein geregelter Tages- bzw. Nachtablauf helfen durch diese Zeit hindurch, auch Ablenkungen in Form von Spielzeug und entsprechendem Knabberangebot kann eine Eskalation verhindern. Je nach Tier kann es nötig sein, in dieser Zeit getrennten Freilauf anzubieten oder den Freilauf während der Streitphasen zu streichen, da das Platz- und Raumangebot neue Möglichkeiten für Auseinandersetzungen bieten kann. In der Regel gehen sie sich bei mehr Platz allerdings eher aus dem Weg – das Problem ist die Konfrontation hinterher im Käfig, wenn das Platzangebot wieder minimiert ist. Mit einem Ende dieser Flegelphase ist zu rechnen, wenn die Jungtiere ausgewachsen sind, also irgendwann zwischen dem 12. und 18. Lebensmonat. Dies variiert allerdings von Tier zu Tier, sodass einige mit sechs Monaten schon ihre Position innehaben, andere dagegen erst zum Ende der Wachstumsphase.

Werden Chinchillas geschlechtsreif, wird die Rangordnung unter den Tieren häufig neu ausgemacht Foto: K. Aretz

Jung- und Alttiere

Mitunter wird der Ratschlag gegeben, zu einem älteren Chinchilla ein jüngeres dazuzusetzen, um die Zusammenführung zu erleichtern. Das Zusetzen eines Babys zu einem Alttier ist nicht unbedingt die einfachste Möglichkeit, da Erfahrungen gezeigt haben, dass die anfangs umgangenen Probleme später auftreten. Fehlt dem Alttier vorerst das Bedürfnis, den Kleinen in der Rangordnung zu unterweisen, und dem Jungtier das Bedürfnis, dem Alttier gegenüber aufzumucken, kommt dies mit Beginn der Geschlechtsreife zum Tragen und hierbei nicht selten viel heftiger, als wenn man zu Beginn zwei ungefähr gleich alte Tiere zusammenbringt. Eine bis dahin bestehende Verbindung kann in der Zeit, in der das junge Chinchilla die Geschlechtsreife erlebt, zerbrechen. Eine Zusammenführung funktioniert auch mit gleich alten Chinchillas, und nur in Ausnahmefällen lassen sie sich nicht zusammenbringen. Alte Tiere sterben zumeist auch eher, und so bleibt in solch einer Situation wieder ein Einzeltier, welches alleine gelassen sehr trauert. „Junge Hüpfer" können auch für ein Alttier einfach zu wild sein, es nerven und stressen, was ebenfalls zu Streit führen kann. Sehr riskant kann solch eine Konstellation in Bezug auf die Zucht werden, was aber im entsprechenden Kapitel noch genauer erläutert wird.

Jungtiere sollten nicht mit fremden adulten Tieren vergesellschaftet werden
Foto: K. Aretz

Geschlechtsbestimmung

Es ist sehr wichtig, das Geschlecht eines Chinchillas selbst bestimmen zu können. Dies gilt insbesondere, wenn man die Tiere aus Zoohandlungen erwerben möchte, da es hier nicht selten zu Fehlbestimmungen kommt. Da Chinchillaweibchen einen Harnröhrenzapfen haben, der außerhalb des Körpers liegt und damit dem Geschlecht des Chinchillaböckchens ähnelt, kommt es hier gelegentlich zu Verwechslungen. Gerade bei jungen Tieren ist das Geschlecht nicht immer ganz klar zu unterscheiden, weil alles noch viel zierlicher ist. Aber auch bei älteren Tieren kommt es vor, dass man

Geschlechtsbestimmung

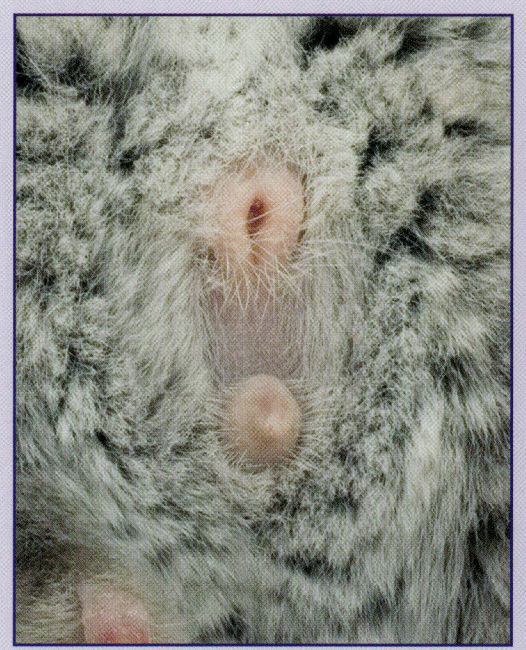
Männchen ...

... und Weibchen Fotos: T. Jonca

die Geschlechter durch fehlende Vergleichsmöglichkeiten verwechselt. Hat man beide Geschlechter nebeneinander, ist es eindeutig zu unterscheiden, selbst für Ungeübte. Der deutlich sichtbare Unterschied zwischen einem Böckchen und einem Weibchen liegt in dem Abstand von After und Harnröhrenzapfen bzw. After und Penis. Bei den Weibchen ist dieser Abstand nur minimal vorhanden, da die Scheide nur während der Hitze geöffnet ist, sodass sie in den anderen Zeiten lediglich durch einen kleinen Spalt zu erkennen ist. Bei Böckchen ist der Abstand relativ groß. Bei Jungtieren ist er ebenfalls vorhanden, für Ungeübte allerdings gerade in den ersten Lebenstagen eines Chinchillababys nicht immer gleich zu erkennen. Um die Geschlechter zu kontrollieren, braucht man lediglich den Schwanz ein wenig anzuheben und kann dann drunter schauen. Beim Kauf eines Chinchillas sollte man sich unbedingt entweder das Geschlecht zeigen lassen oder selber nachsehen, da solche Verwechslungen zu großen Problemen führen können. Verantwortungsbewusste Züchter zeigen das Geschlecht der Tiere automatisch.

Wichtig! Nur dann, wenn man sich die Geschlechter der Tiere zeigen lässt oder diese selbst kontrolliert, lassen sich unerwünschte Überraschungen in dieser Hinsicht vermeiden.

Erwerb

Es gibt verschiedene Möglichkeiten, Chinchillas zu erwerben, und unter allen Anlaufstellen gibt es schwarze Schafe. Deshalb sollte man sich bei der Entscheidung für ein Chinchilla immer viel Zeit nehmen. Häufig werden Chinchillas heute im Zoofachhandel erworben. Hierbei ist zu beachten, dass man über die Herkunft der Tiere nur selten informiert wird, es durchaus auch vorkommt, dass das genaue Alter unbekannt ist und es hinsichtlich der Geschlechter zu Fehlinformationen kommen kann. Die Tiere haben dort tagsüber selten ihre Ruhe und sind deswegen teilweise massiv gestresst und ängstlich, was die Einschätzungen der Charaktere erschwert. Auch haben viele Chinchillas aus Zoohandlungen nur vereinzelt ihre volle Säugezeit genossen, da ein Absetzen von der Mutter hier oft im Alter von 6–8 Wochen geschieht, obwohl sie eigentlich 10–12 Wochen gesäugt werden. Da die Babys sehr viel von den Eltern lernen, es aber in solchen Fällen nicht können, fehlt ihnen häufig ein ausgeprägtes Sozialverhalten. Man sollte sich vor Augen halten, dass jemand, der seine Chinchillababys liebt, sie ungern in unbekannte Hände gibt und die Tiere in Zoohandlungen dementsprechend nur in Ausnahmefällen aus Zuchten stammen, in denen sie liebevoll von Menschenhand betreut aufwachsen konnten. Wenn man sich für diesen Weg entscheidet, ist es ratsam, sich die Zoohandlung gründlich anzusehen und viele Fragen zu stellen, um so viel wie möglich über die Tiere herauszufinden. Die Vorgeschichte eines Tieres kann viel Aufschluss über sein Verhalten, seine Ängste und seine Vorlieben

Chinchillas können z. B. in Tierheimen, bei Züchtern oder in Zoohandlungen erworben werden Foto: K. Aretz

Erwerb

geben. Sollte ein Chinchilla in einer Zoohandlung schlecht gehalten, falsch ernährt werden oder offensichtlich krank sein, ist von einem Mitleidskauf abzuraten, da es durchaus Zoohandlungen gibt, die genau darauf spekulieren und sofort Tiere nachbestellen. Nur wenn man davon überzeugt ist, dass es den Tieren in der ausgesuchten Zoohandlung gut geht, sie sorgsam gehalten und ernährt werden und die Beratung entsprechend verläuft, sollte man sich hier für einen Kauf entscheiden. Ebenfalls erhalten kann man Chinchillas bei Pelztierzüchtern. Hier sind die Tiere zwar oft in Augen vieler Halter beengt aufgewachsen, aber durch die teilweise sehr strengen Zuchtkriterien, dem diese Tiere entsprechen müssen, bekommt man überwiegend sehr kräftige und gesunde Tiere. Gerade für einen möglichen Zuchtbeginn kann dies eine sehr gute Anlaufstelle sein, da viele Pelztierzüchter ihre Zuchten schon mehr als 40 Jahre betreiben und die Linien der Tiere häufig sehr genau kennen. Andererseits halten Pelztierzüchter sich sehr bedeckt, und sie zu finden, ist nicht immer ganz einfach. Regional stattfindende Ausstellungen können helfen, Kontakte zu knüpfen.

> **Wichtig!**
> Traut man sich selber nicht zu, ein Tier alleine zu beurteilen, ist es ratsam, beim Kauf jemanden mit Erfahrung mitzunehmen. Auf diese Weise lässt sich späteren Enttäuschungen vorbeugen und den Tieren eine dadurch eventuell notwendige Weitervermittlung ersparen.

Jungtiere dürfen nicht zu früh von der Mutter und den Geschwistern getrennt werden Foto: K. Aretz

Auch bei einem Pelztierzüchter sollte man sich selbstverständlich Zeit nehmen, die Tiere genau zu beobachten, um abschätzen zu können, dass es die Tiere bis dahin gut hatten und keine Folgeschäden mitbringen. Wie bei allen Tierzüchtern gibt es auch unter den Pelztierzüchtern welche, die eher auf Masse achten, und andere, denen das Wohl der Tiere sehr am Herzen liegt. Diesen Unterschied erkennt man in der Regel sehr schnell. Viele dieser Züchter geben bereitwillig Auskunft über die einzelnen Tiere und teilweise sogar über die gesamten Linien, aus denen die Chinchillas stammen, und ihre Eigenschaften. Sie beraten, können meist sehr gut die Charaktere der Tiere beschreiben und einem helfen, ein passendes Chinchilla auszusuchen. Es gilt auch hier, seinen Gefühlen zu trauen und nur von den Pelztierzüchtern Tiere zu erwerben, mit deren Haltung und Einstellungen man klarkommt. Da auch Pelztierzüchter oftmals Jungtiere mit ca. acht Wochen von der Mutter trennen, ist es mitunter ratsam anzufragen, ob das ausgesuchte Chinchilla nicht zumindest zehn Wochen bei der Mutter verbleiben kann.

Der Erwerb der Tiere sollte nur über seriöse Züchter und Tierschutzorganisationen erfolgen
Foto: K. Aretz

Viele Züchter gehen darauf ein, sofern bestimmte Umstände ein frühes Absetzen nicht erfordern.

Fündig wird man bei der Suche nach einem Chinchilla auch bei kleinen Hobbyzuchten. Verantwortungsbewusste Hobbyzüchter halten in der Regel nur wenige Paare, legen sehr viel Wert auf einen liebevollen Umgang mit den Tieren und können oft selbst über kleine Eigenheiten eines Tieres genauestens berichten. Auch hat man hier meist die Möglichkeit, sein Tier mitzunehmen, um zu schauen, ob es sich mit dem eventuell neuen Partnertier versteht. Die meisten guten Hobbyzüchter stellen Ansprüche an die künftigen Besitzer der neuen Tiere und erwarten eine Auskunft über die künftigen Haltungsbedingungen, bieten im Gegenzug aber eine kompetente Beratung und die Möglichkeit, sich auch später noch mit eventuellen Fragen oder Problemen an sie zu wenden. Auch helfen sie gerne bei einer eventuell notwendigen Vergesellschaftung der Tiere. Da ein guter Hobbyzüchter in der Regel keine Werbung für sich macht, ist das Herausfinden einer Adresse durchaus mit Komplikationen verbunden, und oftmals laufen Kontakte über Empfehlungen. Auch über das Internet findet man Kontakte. Allgemein gilt: Der Kauf bei einem guten Züchter bietet die größte Wahrscheinlichkeit, unbelastete und gesunde Tiere zu bekommen. Ein guter Züchter beantwortet gerne und bereitwillig alle Fragen, hat Zeit, kennt seine Tiere und führt Buch über seine Zucht. Auch nimmt er im Regelfall seine Nachzuchten wieder zurück, wenn der Umstand dies erfordern sollte, da ihm das Wohl seiner Schützlinge sehr am Herzen liegt. Hierbei sollte man allerdings beachten, dass es leider auch viele Menschen gibt, die sich Züchter nennen, aber nur wahllos vermehren. Gewissenhafte Züchter haben feste Zuchtziele, über die sie auch bereitwillig Auskunft geben.

Vorzugsweise sucht man sich ein Chinchilla aus dem Tierheim. Teilweise haben die Chinchillas dort allerdings eine schlimme Vorgeschichte hinter sich, die sie ängstlich und scheu gemacht haben können. Ein neuer Chinchillahalter sollte also gut abwägen, ob er eventuellen Problemen, die die Tiere haben können, gewachsen ist oder er erst noch Erfahrungen im Umgang mit den Tieren sammeln möchte. Sie können bei guter Pflege und viel Liebe natürlich ebenso zu einem vertrauensvollen Chinchilla heranreifen. Diese Tiere danken es einem oftmals mit sehr viel Hingabe, dass man ihnen ein neues und schönes Leben geschenkt hat. Wer es sich zutraut, der tut solchen Tieren einen großen Gefallen, wenn er ihnen ein Zuhause bietet.

Ebenso freuen sich Notfallhilfen über Unterstützung und suchen für nicht mehr erwünschte oder schlecht untergebrachte Tiere ein ruhiges, endgültiges Zuhause. Hier kann man z. B. auf ältere Tiere treffen, falls man einen Partner für ein schon vorhandenes älteres Chinchilla benötigt. Die Gruppe „Chinchillas in Not", ein Zusammenschluss von Chinchillahaltern und -züchtern, die sich bemühen, über das Internet Notfallchinchillas zu helfen, unterstützt z. B. die Vermittlung solcher Tiere und hilft auch bei der Suche nach geeigneten Chinchillas.

Risiken beim Chinchilla-Kauf

Das Chinchilla soll viele Jahre mit uns verbringen. Daher ist die Wahl für ein Tier vorsichtig zu treffen. Durch das Angebot verschiedenfarbiger Tiere wird die Auswahl noch erschwert. Sich über die Farben Gedanken zu machen, ist in erster Linie wichtig, wenn man züchten möchte, ansonsten sollte man seinem Herzen vertrauen und sich davon leiten lassen. Es wäre schade, wenn man durch einen voreiligen Kauf ein Tier mit nach Hause nähme, mit dem man nicht warm wird, da sich hieraus Probleme ergeben können, die sogar dazu verleiten, es wieder abzugeben. Durch die lange Lebenserwartung wäre dies für Mensch und Chinchilla nicht ratsam. Sympathie zum Tier sollte von Anfang an vorhanden sein. Ist man sich unsicher, ist es besser, zuerst mindestens eine Nacht drüber zu schlafen und erst hinterher zu entscheiden. Auf keinen Fall sollte man sich selbst unter Druck setzen oder sich unter Druck setzen lassen. Seriöse Züchter, Notfallhilfen oder Verkäufer drängen nicht, sondern helfen einem, die richtige Entscheidung zu treffen. Egal wo man sich ein Chinchilla holen möchte, man sollte sich die Tiere immer möglichst am Abend anschauen, da hier ihre aktive Phase beginnt und man sie besonders gut beobachten kann. Am sichersten ist es, sich das Tier in Ruhe über einige Zeit anzusehen, bevor man es kauft. Das Chinchilla sollte einen gesunden und vitalen Eindruck machen.

Chinchillahalter sollten beim Tierkauf darauf achten, dass sie gut informiert und beraten werden Foto: K. Aretz

Um zu vermeiden, dass man ein offensichtlich krankes Chinchilla erwirbt, gibt es ein paar Richtlinien zum Orientieren: Ein Chinchilla darf nicht humpeln oder apathisch wirken. Ein gesundes Tier ist neugierig und aufmerksam. Es bewegt sich schnell und reagiert auf alles. Die Augen sind klar und glänzend, die Analregion ist nicht verklebt

Risiken beim Chinchilla-Kauf

Seriöse Züchter geben nur gesunde Tiere ab Foto: K. Aretz

oder verschmutzt. Das Fell ist luftig und weich. Der Kot ist ca. 1 cm lang und oval-reiskornförmig (keinesfalls spitz) und darf keine Spuren auf Sitzbrettern etc. hinterlassen. Die Vorderzähne sind gelb bis orange und dürfen keine weißen Flecken haben. Nur Babys und Jungtiere bis ca. drei Monate haben noch helle Zähne. Ein gesundes Chinchilla fühlt sich kompakt und fest, nicht dick oder schmal an. Mögliche Unruhe oder Anzeichen von Angst können durch eine fremde Person ausgelöst werden und bedeuten nicht, dass ein Chinchilla nicht zahm ist. Die Mehrheit der Chinchillas ist sehr neugierig und aufmerksam. Hier findet man nur durch genaues Beobachten und viel Zeit heraus, ob eine mögliche Zurückhaltung durch Angst, Unsicherheit oder eine Krankheit ausgelöst wird.

Eine gute Haltung ist sauber, und es darf nicht stinken. Chinchillas haben kaum Eigengeruch, ihr Urin muss sich erst über einige Zeit ansammeln, um Gerüche zu verursachen, und lediglich der Geruch nach Holz, frischer Einstreu oder Heu sollte oder kann im Chinchilla-Raum vorhanden sein. Am zutraulichsten sind Tiere aus

Risiken beim Chinchillakauf

Haltung in menschlicher Nähe, die mit ständigem menschlichem Kontakt aufwachsen. Allerdings hängt es auch immer vom Charakter eines Tieres ab, wie zahm es ist.

Mitunter gerät man beim Chinchilla-Kauf an die berühmten schwarzen Schafe. Nicht alle Haltungen sind optimal, nicht jeder legt Wert auf gesunde Tiere, und es finden sich auch immer welche, die denken, mit der Chinchilla-Zucht ließe sich Geld verdienen. Wer Wert auf ein gesundes Tier legt, der muss sehr aufmerksam sein. Es gilt darauf zu achten, wie die Elterntiere aussehen. Am besten ist, wenn man noch die Großeltern der Tiere zu Gesicht bekommt. Nicht wenige Chinchillas leiden z. B. unter Zahnanomalien, die genetisch bedingt sind. Da man beim Auftreten der Zahnanomalien kaum noch herausfinden kann, ob diese genetisch oder ernährungsbedingt sind, sollte man Abstand davon nehmen, sich ein Chinchilla auszusuchen, dessen Eltern oder Großeltern Probleme mit den Zähnen haben oder hatten. Bei der Besichtigung einer Zucht können die Besucher ebenfalls unwissend Krankheiten für die dort lebenden Tiere einschleppen. So kann es Züchter geben, die einem Besucher zwar Einblick in ihre Zucht anbieten, aber nicht erlauben, dass ihre Tiere von Fremden angefasst oder die Räume betreten werden. Dies sollte man akzeptieren, sofern sich hierbei trotzdem die Möglichkeit bietet, alles ausreichend zu betrachten.

Möchte man ein Tier zu einem vorhandenen Chinchilla dazuholen, bieten seriöse Züchter immer an, das eigene Tier mitzubringen, damit man schauen kann, ob es sich mit einem eventuell neuen Tier verträgt. Doch hierbei sollte man sich vorher umgesehen haben, welche Räume man betritt. Sind dort kranke Chinchillas vorhanden oder herrschen schlechte hygienische Bedingungen, ist es nicht ratsam, das eigene Tier damit zu konfrontieren. Auch sollte das eigene Tier nicht direkt in den Chinchilla-Raum eines Züchters gebracht werden, sondern in einem ruhigeren Raum dem eventuell neuen Partnertier vorgestellt werden.

Eine Absprache über das für die Tiere gewohnte Futter und ihre Ernährung ist ebenfalls ein wichtiger Punkt. Es ist notwendig, sich von dem gewohnten Futter, das das Tier bis dahin bekommen hat, etwas mitgeben zu lassen. Der Umzug selber ist schon Stress genug für das Tier. Wenn dazu noch eine eventuelle Futterumstellung kommt, weil man selber ein anderes Futter geben möchte, kann es dem Tier sehr schaden, und nicht wenige sind schon durch eine zu rasch erfolgte Umstellung gestorben.

Beim Heimtransport ist es für viele Chinchillas angenehmer, wenn es um sie herum dunkel ist und sie nicht durch zu viele Eindrücke auf dem Weg erschreckt werden. Die meisten Chinchillas sehen zwar eine Autofahrt recht entspannt, aber ein paar wenige können damit durchaus überfordert werden. Dunkle Transportbehälter mit Luftlöchern oder ein Handtuch bzw. eine Decke über einem Transportkasten können hier sehr viel bewirken und die Tiere beruhigen.

Haltung

Der richtige Standort für den Käfig

Vor dem Chinchilla-Kauf muss man sich gründlich überlegen, wo der Käfig stehen soll. Das Schlafzimmer bietet sich nicht an, da Chinchillas nachtaktiv sind und die verursachten Geräusche wirklich sehr beachtlich werden können. Wer nicht gerade unheimlich fest schläft oder gerne mit Ohrstöpseln seine Nächte verbringt, sollte sein Schlafzimmer frei von Chinchillas halten. Zudem staubt das für die Tiere notwendige Sandbad sehr und kann den Schlaf zusätzlich stören. Küchen sind wegen der Gerüche und der beim Kochen entstehenden hohen Luftfeuchtigkeit nicht geeignet. Auch Kinderzimmer eignen sich wegen der Geräuschkulisse nicht, denn gerade Kinder brauchen ihren ruhigen Schlaf, aber auch Chinchillas möchten tagsüber nicht gestört werden. Flure sind oftmals zu dunkel, deswegen muss in diesen Fällen abgewogen werden, ob sie sich eignen. Der Platz für den Käfig sollte sowohl hell sein als auch dunkle Bereiche bieten. Direkte Sonneneinstrahlung kann den Käfig zu sehr aufheizen und ist deswegen zu vermeiden. Trotzdem genießen einige Chinchillas durchaus mal ein kleines Sonnenbad,

Chinchillas sind nachtaktive Tiere, die tagsüber viel Ruhe zum Schlafen benötigen
Foto: K. Aretz

dementsprechend kann es ein Standort sein, bei dem für eine kurze Zeit ein kleiner Bereich sonnenbeschienen ist, sofern die Temperatur passt. Tageslicht wird von Chinchillas benötigt, ersatzweise lässt sich dies mit passenden Tageslichtlampen ersetzen. Sie sollten aber nur eingesetzt werden, wenn es keine andere Möglichkeit für Tageslicht gibt oder das vorhandene Tageslicht nicht ausreichend den Raum erhellen kann. Der Käfigstandort sollte außerdem zugluftfrei sein, da Chinchillas hierauf recht empfindlich reagieren. Trotzdem braucht er eine gute Belüftung, weswegen sich Terrarien und Ähnliches nicht eignen.

Viel Bedeutung sollte man der Umgebungstemperatur beimessen und vor allem der Luftfeuchtigkeit. Raumtemperaturen über 25 °C in Verbindung mit hoher Luftfeuchtigkeit können dem in diesem Punkt recht empfindlichen Chinchilla schaden und Kreislaufprobleme verursachen. Höhere Temperaturen als 27 °C führen möglicherweise zum Hitzschlag, wobei hier unterschieden werden muss, ob es eine trockene Wärme ist oder eine feuchte. Luftfeuchtigkeitswerte von über 60 % sollten vermieden werden, da der Organismus des Chinchillas solche Werte nicht so gut verkraftet. Bei einer geringen Luftfeuchtigkeit sind Temperaturen bis 28 °C möglicherweise noch erträglich, dies variiert aber von Chinchilla zu Chinchilla, aber höher sollten sie auf keinen Fall sein, da ansonsten die Körpertemperatur aufgrund mangelnder Regulierungsmöglichkeit zu sehr ansteigen würde. Optimal sind Temperaturen um die 15–18 °C und eine Luftfeuchtigkeit zwischen 40–60 %. Bei Umgebungstemperaturen von 30 °C und mehr riskiert man auch bei niedrigerer Luftfeuchtigkeit einen deutlichen Anstieg der Körpertemperatur und somit einen Hitzschlag der Tiere.

> **Wichtig!**
> Eine Außenhaltung ist keinesfalls anzuraten, da das hiesige Klima für die Tiere nicht geeignet ist und die Gefahren für die Gesundheit zu groß sind. Ein Chinchilla verkraftet zwar starke Temperaturschwankungen recht gut, allerdings bedeutet dies eine extreme Belastung für den Organismus und schränkt das Tier in seinem Lebensrhythmus ein. Temperaturabfälle können sie relativ gut ausgleichen, reagieren allerdings, wie schon erwähnt, empfindlich auf die bei uns vorhandene teilweise hohe Luftfeuchtigkeit und ebenso auf die phasenweise höheren Temperaturen.

Von einer Haltung in Garage oder Keller ist abzuraten, da solche Räume in der Regel zu feucht sind und man keinen Kontakt zum Tier halten kann. Bei Kellern kommt es allerdings noch drauf an, ob es sich um Halbkeller mit Tageslicht handelt oder um Vollkeller ohne jegliche Fenster. Halbkeller können durchaus geeignet sein, wobei man hierbei überlegen sollte, ob es einem dann auch möglich ist, sich ausreichend mit den Tieren zu beschäftigen. Ebenfalls vermieden werden sollten Räume, in denen es tagsüber zu laut oder hektisch ist. Der Lebensrhythmus der Tiere kann sonst durcheinander geraten. Plätze neben elektronischen Geräten schaden den Tieren unter Umständen auf Dauer durch die Belastung der elektrischen und/oder magnetischen Strahlungen, auch leiden Geräte wie Fernseher oder Computer durch die Staubbildung, die bei der Chinchillahaltung entsteht. Natürlich sind Raucherräume auch für die empfindlichen Nasen der Chinchillas und aus Rücksicht auf die Gesundheit der Tiere nicht empfehlenswert.

Unempfindlich reagieren die meisten Chinchillas hingegen auf eine gleichmäßige Geräuschkulisse. Leise Musik, sanftes Stimmengewirr oder Ähnliches lässt eingewöhnte Tiere meist nicht einmal mit der Wimper zucken. Durch ungewohnte Geräusche (z. B. den Lärm eines Staubsaugers) wachen Chinchillas zuerst auf. Kommen die Geräusche aber regelmäßig vor, schlafen sie einfach weiter und nehmen es nicht mehr wahr. Dies gilt natürlich nicht für laute oder plötzlich auftretende Geräusche wie laut zuschlagende Türen, Hundegebell, Partys usw., bei denen sich ein Chinchilla so erschrecken kann, dass es einen Schock bekommen kann.

Für Chinchillas ist es wichtig, dass ihr Käfig an der Wand und nicht mitten in einem Raum steht. Auch mögen sie es gar nicht, wenn sich etwas von oben nähert, da ihre natürlichen Feinde überwiegend aus der Luft angreifen und ihre Instinkte sie dann aufschrecken lassen, was sogar einen Schock auslösen kann. Viele Chinchillahalter haben ihre Käfige im Wohnzimmer stehen oder haben sogar eigene Zimmer für ihre Tiere. Bei mir lebten die Chinchillas lange Jahre im Schlafzimmer, was mich keineswegs gestört hat, aber meinen Mann langsam aber sicher in den Wahnsinn trieb. Daraufhin zogen sie zuerst ins Wohnzimmer, später in ein eigenes Zimmer, und dies ist in meinen Augen die schönste Lösung, da man hier vieles ohne Rücksicht auf das eigene Wohlbefinden komplett chinchillagerecht einrichten kann.

Chinchillas sind sehr hitzeempfindlich und benötigen eine Raumtemperatur von unter 25 °C
Foto: K. Aretz

Käfigart

Hat man einen guten Platz gefunden, geht es darum zu überlegen, welche Art von Käfig man sich zulegen möchte. Das Mindestmaß eines Käfigs für zwei Chinchillas sollte 1 m Länge, 0,5 m Tiefe und 1 m Höhe betragen, wenn man das Leben und Verhalten der Tiere beobachten möchte. Neuere Bestimmungen sollen demnächst sogar eine Käfiggröße von 1 x 1 x 1 m vorschreiben. Chinchillas brauchen viel Bewegung, weswegen größere Käfige eher noch vorzuziehen sind. Chinchillas springen viel, rennen aber auch gerne mal richtig los. Beides sollte den Tieren ermöglicht werden. Viele Chinchillabesitzer bauen deswegen ihre Käfige selbst oder funktionieren Schränke um. Vogelvolieren eignen sich je nach Bauart teilweise ebenfalls sehr gut. Aquarien und Terrarien sind wegen der nicht ausreichenden Belüftungsmöglichkeiten nicht geeignet. Vorsicht ist geboten bei der Höhe. Chinchillas sind sehr übermütig, können sich in ihren Bewegungen auch einmal verschätzen und so z. B. im Sprung das Ziel verfehlen. Aufgrund der Absturzgefahr sollte der Boden eines Käfigs weich gepolstert sein, z. B. mit einer

Am besten geeignet sind selbst gebaute Chinchillakäfige, die viel Platz zum Laufen und Springen bieten Foto: K. Aretz

dickeren Schicht der handelsüblichen Holzspäne-Einstreu. Ab einer Käfighöhe von 1 m sind vorzugsweise Zwischenetagen einzuziehen, die das Tier davor schützen, tief zu fallen.

In den vielen Jahren meiner Chinchillahaltung habe ich verschiedene Käfige selber gebaut und hierbei auch verschiedene Höhen und Breiten ausprobiert. In den ersten Jahren waren meine Käfige sehr hoch, allerdings hatte ich oft Verletzungen bei den Tieren durch Abstürze. Mit der Zeit verringerte ich die Höhe immer mehr, bis ich bei einer Höhe von 75 cm angekommen bin. Die Käfige sind so ausgestattet, dass die Tiere weiterhin ihre Sprünge ausführen können. Die vormals geringere Grundfläche wurde von mir immer mehr erweitert, bis zur jetzigen Länge von 2,50 m, um den Tieren mehr Laufmöglichkeiten zu bieten. Zu Verletzungen durch Abstürze ist es seitdem nicht mehr gekommen, und meinen Chinchillas macht es sichtlich Spaß, die Grundfläche der Käfige voll auszukosten. Deswegen kann ich nur anraten, der Höhe nicht zu viel Bedeutung beizumessen, dafür aber auf eine ausreichende Grundfläche zu achten, die den Tieren auch zumindest kurze Sprints ermöglicht. Unter 75 cm Höhe verlieren die Tiere aber wiederum an Freude, sich zu

Kleiderschränke können sehr gut in Chinchillakäfige umgebaut werden Foto: E. Wiemer

bewegen, somit sollte man diese Höhe keinesfalls unterschreiten. Je nach Höhe des Käfigs muss (z. B. mit Hilfe von Zwischenetagen) allerdings darauf geachtet werden, dass die Tiere nicht aus großer Höhe stürzen können.

Wichtig ist außerdem, dass am und im Käfig nichts Giftiges für die Tiere sein darf. Da es sich um Nagetiere handelt, wird Plastik z. B. sehr schnell zerlegt und kann beim Verzehr gesundheitliche Probleme hervorrufen, die nicht selten zum Tode führen. Nicht wenige handelsübliche Käfige haben Plastikbodenwannen und sind somit nicht geeignet. Die meisten Chinchillas lieben es, für sie giftige Dinge anzufressen. Alles wird einem Probebiss unterzogen, und leider finden sie das Meiste wirklich toll. Deswegen muss vorher alles gründlich darauf untersucht werden, dass es entweder unlackiert oder mit kinderverträglicher Farbe (Blauer

Tipp!
Wer seinen Tieren wirklich etwas Gutes tun möchte, der beachte, dass sein Käfig eine Länge von 2 m aufweist und auch in der Tiefe und Höhe genug Raum bietet, damit die Tiere laufen und springen können. Es ist eine großartige Erfahrung, zu sehen, wie glücklich Chinchillas darin umhertoben.

Engel) lackiert ist, nicht ausdünstet, nicht rosten kann und möglichst nicht harzt, da dies ansonsten eine mögliche Gefahrenquelle darstellt.

Chinchillas sind Ausbrechkünstler und dementsprechend sicher sollte der Käfig sein. Vorzugsweise weist ein Chinchillakäfig eine große und eine kleine Tür auf. Die große Tür ist vorteilhafter zur Reinigung, da es ansonsten schnell problematisch werden kann, überall hinzukommen und die Chinchillas ggf. einzufangen. Eine kleine Tür eignet sich ganz gut für die Phase der Eingewöhnung und der Gewöhnung an den Menschen sowie für die Freilaufzeit, da das Chinchilla nicht so schnell entwischen kann.

Der Gitterabstand am Käfig oder den Türen sollte 1,5 cm nicht überschreiten, weil sonst die Gefahr besteht, dass sich ein Chinchilla beim Fluchtversuch einklemmt. Chinchillababys und kleine Chinchillas quetschen sich durch größere Gitterabstände durchaus auch komplett hinaus. Wer Nachwuchs wünscht, sollte darauf achten, dass der Gitterabstand noch ein wenig enger ist und bei 1–1,2 cm liegt. Die Tiere können sich eindrucksvoll platt machen und haben dadurch auch schon einige Halter in Erstaunen versetzt, wenn diese morgens ihre Käfige leer vorfanden. Die Gitter sollten stabil sein. Chinchillas nagen auch an Metall, und weiches Gitter aus feinem Draht oder Ähnlichem ist schnell zerstört. Ein Käfigausgang in Bodennähe ist dahingehend von Vorteil, dass ein Chinchilla den Käfig selbstständig betreten und verlassen kann, was einiges an Stress beim Auslauf vermeidet, weil das ansonsten notwendige Einfangen wegfällt.

Käfigeinrichtung

Für die Inneneinrichtung benötigt werden:
- Sprung- bzw. Sitzbretter
- Häuschen
- Versteckmöglichkeiten
- Nagemöglichkeiten
- Trinkgefäß
- Futternapf
- Heuaufbewahrung
- Spielzeug
- Sandbad

Bei der Käfigeinrichtung kann ein Chinchillahalter seiner Phantasie freien Lauf lassen. Die Einrichtung eines Chinchillakäfigs sollte natürlich auf die Bedürfnisse der Tiere ausgelegt sein. Um Chinchillas Sprungmöglichkeiten zu bieten, sollten in verschiedenen Abständen Bretter angebracht werden. Diese Sitz- bzw. Sprungbretter müssen entweder an den Kanten so gesichert sein, dass ein Chinchilla sie

Käfigeinrichtung

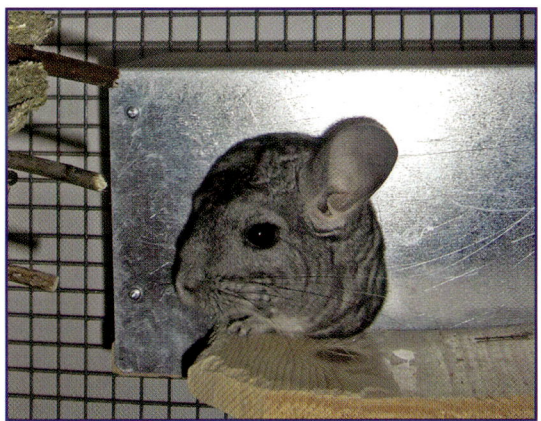

Schlafhäuschen für Chinchillas können in den Käfig gehängt werden Foto: E. Wiemer

Ein Chinchillakäfig sollte mit genügend Sitzbrettern ausgestattet sein Foto: T. Jonca

nicht annagen kann, z. B. durch Metallleisten, die daran befestigt werden, oder aus einer Holzart bestehen, die ungiftig ist. Fichte wird hier gern genommen, Buche ist ein wenig stabiler und hält den Zähnen der Nager länger stand.

Ebenfalls benötigt werden Rückzugsmöglichkeiten. Notwendig ist mindestens ein Häuschen, welches aus ungiftigem Holz oder Metall bestehen sollte und möglichst zwei Eingänge oder einen größeren besitzt, da Chinchillas sich wohler fühlen, wenn sie eine Fluchtmöglichkeit vorfinden. Einige Chinchillas schlafen gerne unten im Käfig, andere aber lieber oben, so bietet es sich an, für jede Möglichkeit einen Unterschlupf einzurichten. Im Handel gibt es Einhängehäuschen für obere Käfigpartien, die stabil genug sind, den

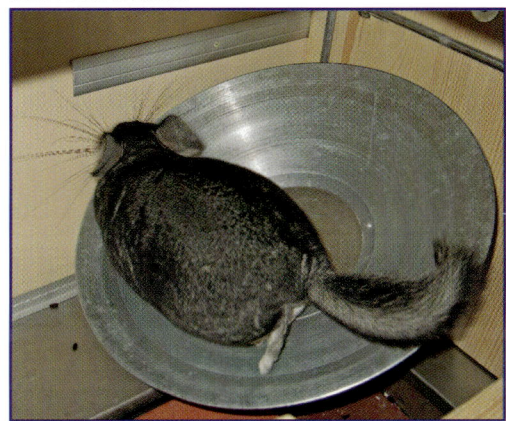

Laufteller („Flying Saucer") kommen dem hohen Bewegungsdrang der Tiere entgegen Foto: N. Pfeil

Chinchillazähnen Widerstand zu leisten. Diese lassen sich von unten öffnen, um sie auch von innen zu reinigen. Häuser mit kleinen Fenstern oder Gucklöchern sind nicht geeignet, da ein Chinchilla sich hier einklemmen kann. Deswegen sollte man auf eine ausreichende Größe der Eingänge (einen Mindestdurchmesser von ca. 10–12 cm) achten. Holz ist bei vielen Chinchillas beliebter als Metall, da sie daran auch nagen können. Für den Halter bedeutet dies jedoch, dass die Häuser regelmäßig erneuert werden müssen. Deswegen baue ich die Häuser selbst und kaufe sie nicht für teures Geld im Fachhandel. Hierbei kann ich auch dickeres Holz wählen als das, aus dem viele handelsübliche Häuser bestehen. Dadurch halten die

Käfigeinrichtung

Die Einrichtung des Käfigs sollte aus Sitzbrettern, Verstecken und Knabberästen bestehen
Foto: T. Jonca

Häuser zumindest ein klein wenig länger, auch wenn sie nicht unbedingt einen Schönheitspreis gewinnen würden. Es ist ratsam, bei Häusern darauf zu achten, dass durch das Annagen keine spitzen Nägel herausschauen, an denen sich die Tiere verletzen könnten. Viele Häuser sind heutzutage zum Glück geschraubt, was eine Verletzungsgefahr verringert. Ton- oder Korkröhren und ähnliche, ungiftige Unterschlupfmöglichkeiten sind ebenfalls sehr beliebt. Sie können in den Käfig gelegt oder auch gehängt werden. Natürlich ist auch hierbei auf eine passende Größe zu achten. Gerade zur Sommerzeit suchen sich Chinchillas bevorzugt kühle Schlafplätze. Mauersteine oder Fliesen können, richtig am Käfigboden platziert, hervorragende Dienste leisten, da sie recht lange kühl bleiben.

Spielzeuge aus Stoff oder Pappe sind nur bedingt geeignet. Einige Chinchillas testen viele Dinge nicht nur kurz auf Essbarkeit, sondern fressen sie auf, und beides kann im Darm starke Probleme verursachen. Hat man ein Chinchilla, das Stoff oder Pappe nicht annagt, sind auch Teppichrollen als Spielzeug geeignet. In dem Fall können auch Hängematten (z. B. aus Fleece) eingesetzt werden. Trotzdem sollte die Benutzung des Spielzeugs ständig (!) kontrolliert werden.

Schwere Gegenstände, die herunter- oder umfallen und so ein Chinchilla einklemmen können, stellen eine Gefahrenquelle dar. Es gehört bei einigen Tieren zur absoluten Lieblingsbeschäftigung, nachts Futternäpfe oder Holzhäuser umzudrehen und zu zerlegen. Da Chinchillas oft übermütig sind und beim Springen abrutschen

> **Wichtig!**
> Sämtliche Einrichtungsgegenstände eines Käfigs müssen ungiftig sein und sollten fixiert werden, da Chinchillas nicht nur alles annagen was ihnen vor das Näschen kommt, sondern auch gerne lose Gegenstände umherschieben.

können, sollte ein eventueller Sturz auf Kanten von Sandbädern oder Häusern verhindert werden. Denn schon bei einer Sturzhöhe von unter einem Meter können sich die Nager schwer verletzen. Somit kann ich jedem Halter nur raten, alles so zu platzieren, dass solche Unfälle vermieden werden, oder darauf zu achten, dass solche gefährlichen Kanten gar nicht erst vorhanden sind.

Da Chinchillas ihre ständig nachwachsenden Vorderzähne abnutzen müssen, sollte Nagematerial vorhanden sein. Kleine Zweige von ungespritzten, ungiftigen Obstbäumen oder Weide tun hier gute Dienste, nachdem sie gereinigt und heiß abgeduscht wurden. Chinchillas klettern auch gerne, und dicke Kletteräste können ihnen eine Menge Spaß bereiten. Hierbei ist ebenfalls darauf zu achten, dass die Äste nicht von giftigen Bäumen oder Sträuchern stammen, gespritzt sind oder harzen. Gereinigte Apfelbaumäste sind z. B. gut geeignet und sehr beliebt bei den Tieren. Auch hier können allerdings Verletzungsmöglichkeiten entstehen, wenn ein Chinchilla beispielsweise auf eine hervorstehende, feste Astspitze stürzt. Spitzen sollte man daher immer abrunden oder so platzieren, dass die Tiere sich nicht verletzen können. Sehr beliebt zum Spielen und Nagen sind auch Ytong-Steine, die teilweise zu Kugeln oder mitunter auch Figuren geformt werden. Normalerweise werden Ytong-Steine zwar gerne angenagt, aber nicht gefressen.

Tipp
Da Chinchillas in der Natur selten Gewässer oder Pfützen vorfinden, um dort ihren Durst zu stillen, decken sie ihren Flüssigkeitsbedarf eher durch Pflanzen oder das Auflecken von Tautropfen. Auch in der Heimtierhaltung ist die aufrechte Trinkposition anatomisch bedingt angenehmer für die Tiere, weshalb Trinkflaschen besser geeignet sind als Trinknäpfe.

Darüber hinaus werden ein Trinkgefäß und ein Futternapf benötigt. Als Futternapf werden am besten schwere Tongefäße genutzt; im Handel gibt es auch spezielle Nagerfutternäpfe, die man am Gitter befestigen kann. Als Trinkgefäße eignen sich sowohl handelsübliche Trinkflaschen als auch Näpfe. Letztere müssen allerdings so aufgestellt sein, dass die Chinchillas es nicht durch Kot verschmutzen können oder Einstreu oder Ähnliches darin landet, da das Wasser sonst schnell verunreinigt und die Tiere krank machen kann. Freistehendes Wasser verdirbt sehr rasch.

Selbst gebautes Schlafhäuschen aus Holz
Foto: T. Jonca

Käfigeinrichtung

Holz und Ytong-Steine sind sehr beliebte Nagespielzeuge
Foto: T. Jonca

Ein mehrmaliges Reinigen am Tag ist hier also unumgänglich. Trinkflaschen sollten so angebracht werden, dass das Chinchilla aufrecht davor stehen und trinken kann, ohne sich hierbei verrenken oder den Kopf zu weit in den Nacken legen zu müssen. Ebenfalls sollte darauf geachtet werden, dass die Flaschen nicht angenagt werden können. Geschickte Chinchillas nagen auch Trinkflaschen durch Gitterstäbe an, und nicht selten findet man dann morgens einen nassen Käfig und durchlöcherte Flaschen vor. In solchen Fällen kann es helfen, etwas Holz oder Metall zwischen Flasche und Gitter zu klemmen. Im Handel erhältlich sind allerdings auch für diese Fälle spezielle Trinkflaschenhalterungen.

Um Chinchillas für die Nacht Abwechslung zu bieten, gibt es verschiedene Holz- oder Metallspielzeuge im Handel, wobei auch hier der Kreativität kaum Grenzen gesetzt sind. Es sollte allerdings immer bedacht werden, dass Chinchillas sehr wendig und geschickt sind, woraus sich eine Reihe möglicher Gefahren ergeben können (z. B. Strangulieren, Einklemmen, Aufhängen und Ähnliches). Auch hier muss natürlich darauf geachtet werden, dass es sich um komplett ungiftige Materialien handelt. Es gibt im Handel einiges, was als ungiftig angepriesen wird, aber den Tieren sehr schaden kann. Selbst ungeeignetes Plastikspielzeug wird teilweise angeboten.

Seit kurzem sind über das Internet spezielle Laufteller, sogenannte „Flying Saucer Exercise Wheels", erhältlich, die aus Amerika importiert werden und mit denen viele Halter ihren Chinchillas zusätzliche Laufmöglichkeiten bieten. Nach Angaben des Herstellers bietet dieser Laufteller von seiner Bauart her den Chinchillas die Möglichkeit ihrem Laufdrang nachzugehen, ohne hierbei körperschädliche Haltungen einzunehmen, wie dies z. B. bei einem Laufrad der Fall wäre. Da diese Zusatzbewegungsmöglichkeit noch recht neu auf dem Markt ist, sollte beim Gebrauch noch aufmerksam beobachtet werden, in welcher Weise die Tiere den Teller nutzen und ob er möglicherweise doch zu einer Gefahr werden kann. Bisher wird der Teller von den Tieren überwiegend mit Begeisterung angenommen. Somit scheint er eine große Bereicherung für den nächtlichen Alltag zu bieten. Lediglich bei Jungtieren und tragenden Chinchillas sollte der Laufteller nicht angeboten werden.

Für den Bedarf an Heu sind entweder Heuraufen oder große Gefäße notwendig. Heuraufen sollten aber von außen am Käfig angebracht werden, da auch sie eine Gefahrenquelle darstellen können. Chinchillas bleiben häufig mit ihren Füßchen darin hängen, versuchen sich durch die Stäbe zu quetschen oder verletzen sich beim Draufspringen. Das Heu einfach auf den Käfigboden zu legen, ist nicht zu empfehlen, da Chinchillas in solchen Fällen gerne auf das Heu pinkeln und es somit verunreinigen. Selbst wenn man das Heu auf Regale oder Sitzbretter legt, benutzen es einige Chinchillas als Toilette. Eine Tonschale im Käfig kann ein gutes Heubehältnis sein. Die außen am Käfig angebrachten Raufen sind natürlich schon deswegen praktisch, weil Chinchillas sich ein wenig anstrengen müssen, um an das Heu zu kommen. Metallbälle für Heu oder ähnliche Dinge, die im Handel angeboten werden, stellen eine zu große Gefahrenquelle wegen der schmalen Metallstäbe dar und sollten nicht in den Käfig gehängt oder gelegt werden.

Der Boden des Käfigs sollte nicht mit Zeitung, Katzenstreu oder Ähnlichem ausgelegt werden, da Chinchillas alles auf Fressbarkeit hin überprüfen und durch die Aufnahme solcher Materialien krank werden können. Im Handel gibt es verschiedene Nagereinstreu, die sich für Chinchillas gut eignet. Duftzusätze in der Einstreu jedoch tierschutzwidrig und dürfen nicht verwendet werden. Ebenso ungeeignet sind Einstreumaterialien, die aufquellen, da diese im Darm der Tiere Probleme bereiten können, wenn sie von den Tieren gefressen werden. Handelsübliche Holzstreu ist vollkommen ausreichend und kann auch in staubarmer Ausführung erworben werden. Einstreu, die hohe Saugfähigkeit verspricht, sollte vorsichtig getestet werden, da man aufgrund der geringen Geruchsentwicklung dazu neigt, die Käfige seltener zu reinigen, oftmals die Einstreu aber anfängt zu schimmeln, was eine gesundheitliche Gefährdung darstellt.

Zu guter Letzt benötigt das Chinchilla die Möglichkeit des täglichen Sandbades. Es dient der Fellpflege, aber auch dem Wohlbefinden, da die Tiere hierbei Stress abbauen können. Als Badegefäß eignen sich im Handel erhältliche Metallbadegefäße oder auch große Schalen aus bruchsicherem Glas, Ton oder Metall. Ungiftige Holzkästen sind ebenfalls geeignet, werden aber in der Regel von den Chinchillas recht schnell zerlegt.

Ernährung

Die Ernährung von Chinchillas ist ein sehr komplexes Thema, das immer wieder viele Diskussionen auslöst, wie bei anderen Tierarten auch.
Egal ob Halter oder Züchter, es ist wichtig, sich mit dem Ablauf der Nahrungsumwandlung ein wenig zu beschäftigen, damit man selber einschätzen kann, was die Tiere brauchen und was eher schadet. Der lange Chinchilladarm verfügt über einen sehr großen Blinddarm. Der Darm benötigt eine Flora aus bestimmten Bakterien, die im Gleichgewicht leben müssen, um sich und auch der Darmtätigkeit nicht zu schaden. Die im Darm befindlichen Bakterien sind zum Teil in der Lage, Zellulose zu spalten, wodurch leicht verdauliche Fettsäuren entstehen, durch die es möglich ist, Energie zu gewinnen. Ein Großteil dieser Bakterien lebt im Blinddarm. Bei ihrer Arbeit wird auch ein bestimmter Kot, der sogenannte Blinddarmkot hergestellt, der nach dem Ausscheiden wieder aufgenommen wird und ebenfalls Bakterien enthält, die für den Chinchillaorganismus lebenswichtig sind. Damit die Darmflora stabil bleibt, muss das Darmmilieu leicht basisch sein. Das funktioniert nur, wenn ein Chinchilla ausreichend Rohfaser zu sich nimmt und nicht zu viel Zucker oder Stärke bekommt, da diese Stoffe im Über-

Das Futter wird mit dem Mund aufgehoben und beim Fressen mit den Vorderpfoten festgehalten
Foto: K. Aretz

Ernährung

schuss das Milieu ansäuern. Für den Energiegewinn werden diese Bestandteile allerdings auch benötigt, ebenso wie andere Bestandteile der Ernährung, die nur im richtigen Zusammenspiel eine ausreichende Versorgung gewährleisten. So sind Proteine, Kohlenhydrate und Fett sehr wichtig für den Ablauf der Nahrungsumwandlung und die ausreichende Versorgung der Organe mit bestimmten Nährstoffen. Selbst die Mineralstoffaufnahme wird meist nur in Verbindung mit anderen Nährstoffen richtig im Körper umgesetzt. Hierbei ist es aber entscheidend, dass einem Chinchilla nicht zu viel gereicht wird.

Man muss die Nahrung sehr sorgsam auswählen, da Chinchillas aufgrund ihrer schwachen Magenmuskulatur nicht erbrechen können und unverträgliche Bestandteile zu schweren Magen-/Darmproblemen führen können. Da die Tiere alles auf Essbarkeit testen und vor allem gerne ungesunde Dinge fressen, muss der Halter auf eine gesunde Ernährung achten. Chinchillas können auch mit heruntergeklappten Ohren und leidendem Blick sehr gut nach ungesunden Dingen betteln. Deswegen sollte ein Halter stark genug sein, dem zu widerstehen.

Der Chinchilladarm arbeitet aufgrund seiner schwachen Muskulatur nur durch Nahrungsnachschub. Aus diesem Grund nehmen Chinchillas sehr viele kleine Mahlzeiten zu sich. Vor allem frisches Heu sollte daher dauernd zur freien Verfügung stehen. Hungern kann zu schweren Krampfanfällen führen und zerstört auch das Gleichgewicht der Darmflora, was ein Chinchilla krank machen kann. Mineralstoffe sind sehr schnell über- oder unterdo-

> **Wichtig!**
> Chinchillas kommen aus einem Gebiet, in dem sie sich vorwiegend von trockenen Gräsern, kakteenartigen Pflanzen, einigen wenigen Straucharten und in geringen Mengen von verschiedenen Samen und noch weniger Früchten und Beeren ernähren. Das Wasser beziehen sie aufgrund der seltenen Niederschläge in diesem Gebiet und der wenigen Wasserstellen in erster Linie aus den Kakteen. Gebietsweise gibt es durch den entstehenden Morgennebel auch Wasserablagerungen auf den Pflanzen, die von den Tieren aufgenommen werden. Sämtliche Grünpflanzen sind auf das trockene Hochgebirgsklima und die Bodenbeschaffenheit ausgelegt und vornehmlich stark rohfaserhaltig und im Übrigen nährstoffarm. Der Organismus der Chinchillas ist auf diese karge Ernährung eingestellt. Das heißt, sie benötigen im Verhältnis wenig Vitamine, wenig Mineralstoffe, vor allem wenig Rohprotein und wenig Fett, aber dafür sehr viel Rohfaser.

Kotvergleich: links normaler Kot, rechts Kot bei Mischfutterernährung Foto: T. Jonca

Ernährung

siert, was zu verschiedenen Gesundheitsproblemen führen kann. Schon deswegen ist es wichtig, die Bedürfnisse der Tiere genau im Auge zu behalten. Nicht selten erliegen Halter dem Irrglauben, dass Vitamine nicht überdosiert werden können, was nicht richtig ist. Eine Überdosierung bestimmter Vitamine oder Mineralstoffe kann verschiedene Probleme wie Haarausfall, Krampfanfälle und Vergiftungen hervorrufen. Der Stoffwechsel der Chinchillas ist im Verhältnis zu anderen Nagern recht niedrig und sorgt ebenfalls dafür, dass sie mit karger Kost ausreichend Energie gewinnen können.

Chinchillas sind auf eine karge Kost eingestellt und sollten nur hin und wieder mit Leckerchen verwöhnt werden Foto: K. Aretz

Viele unverträgliche Nahrungsmittel zeigen ihre negativen Auswirkungen leider erst nach Jahren, da Chinchillas negative Veränderungen teilweise sehr lange tolerieren. Erstaunlicherweise schaffen es nicht wenige Chinchillas, eine falsche Ernährung über einen Zeitraum von 6–10 Jahren zu überstehen, bis sich die Auswirkungen bemerkbar machen. Ein paar Ausnahmetiere werden sogar mit vollkommen falscher Ernährung recht alt. So hat z. B. der Chinchillabock „Hans", der 1912 in einem Alter von zwei Jahren nach Deutschland kam und bis 1923 hier lebte, ein recht hohes Alter erreicht. Seine ihm zugedachte Partnerin hingegen soll neun Jahre zuvor an den Folgen falscher Ernährung gestorben sein. Das Bestreben des Halters sollte also dahingehen, die Tiere so gesund wie möglich zu ernähren, um die Lebensqualität der Tiere hoch zu halten. Wenn es zu Krankheitsanzeichen kommt, dann ist ein Chinchilla oft schon so stark betroffen, das es schwer

Heu

zu retten ist. Aufgrund der Herkunft der Chinchillas gestaltet sich eine rein natürliche Ernährung schwierig, da unsere heimischen Pflanzen nicht dem entsprechen, was der Chinchillaorganismus benötigt. Aus diesem Grund hat sich die Ernährung mit Pelletfutter bewährt.

Drei wichtige Dinge gehören zu einer guten Ernährung:
- Heu
- gutes Pelletfutter für Chinchillas
- Wasser

Heu

Das A und O in der Ernährung ist Heu. Sämtliche Extras, die man seinen Chinchillas reichen möchte, müssen sorgsam überdacht werden. Ein wahlloses Anbieten von Zusätzen ist schädlich.

Heu ist nicht gleich Heu, und viele Chinchillas sind hier zudem sehr wählerisch, sodass man beim Kauf auf die Qualität des Heus achten muss. Das Heu sollte langhalmig sein. Grobes, spät geschnittenes Heu vom ersten oder zweiten Schnitt beinhaltet weniger Rohproteine, aber dafür mehr der von Chinchillas benötigten Rohfaser als Heu, welches überwiegend aus feinen Blättern besteht. In den Halmen, insbesondere im oberen Bereich, befindet sich der größte Anteil an Rohfaser. Blätter und Halmbereiche in

Wurzelnähe beinhalten überwiegend für Chinchillas leicht verdauliche Anteile an Rohfaser. Zu holzig sollte das Heu hingegen auch nicht sein, dies würde sich eher nachteilig auswirken und wird zudem ungern gefressen. Optimales Heu ist luftig und duftet frisch. Auf keinen Fall darf es staubig oder feucht sein bzw. muffig riechen! Auch ist es wichtig, dass das Heu gut durchgetrocknet ist, damit es nicht gärt und Darmprobleme hervorruft. Zoohandlungen sind oftmals nicht die beste Anlaufstelle für den Heukauf, da hier überwiegend eher saftiges, feines Heu erhältlich ist, welches früh geschnitten und bevorzugt von Meerschweinchen gefressen wird. Aber selbst in Großstädten finden sich oft Pferdebedarfshändler, die im Normalfall geeignete Heuballen vorrätig haben, und diese lassen sich auch recht lange lagern, sodass die größere Menge kein Problem darstellt. Eine trockene Lagerung ist natürlich Vorrausetzung. Hat man keine Möglichkeit, hochwertiges Heu im Handel zu erhalten, gibt es heutzutage auch ausreichend Bezugsquellen im Internet.

> **Wichtig!**
> Ein gesundes Chinchilla frisst im Schnitt eine große Hand voll Heu pro Tag bzw. Nacht. Heu sollte ständig zur Verfügung stehen.

Man sollte sehr viel Wert auf hochwertiges Heu legen, wobei hochwertig nicht zwangsläufig heißt, dass es auch teuer sein muss. Der Preis gibt keine Auskunft über die Qualität. Jede neue Tüte oder jeder neue Ballen sollte gründlich vor dem Kauf untersucht werden. Verschimmeltes Heu kann Chinchillas sehr krank machen. Das Heu sollte beim Anfassen an den Händen pieken und beim Zusammendrücken knackend brechen. Ist es weich, ist es oft noch zu feucht. Bei einem Heuballen, der sich nicht mal eben aufschütteln lässt, sollte man mit der Hand einmal versuchen, bis zum Inneren zu kommen, um es zu kontrollieren, da einige Ballen dort noch feucht sein können. Derartiges wird z. B. durch eine schlechte Lagerung oder falsche Trocknung hervorgerufen und ist für Chinchillas eine Gefahr. Zuhause sollte man das Heu an einem trockenen Ort lagern, an dem es keine Feuchtigkeit zieht. Die Lagerung in geschlossenen Plastiktüten ist nicht anzuraten. Tüten sollten immer mit ausreichend Luftlöchern versehen sein, damit das Heu nicht anfängt zu schimmeln. Einige Halter lagern ihr Heu in ausrangierten Bettbezügen, was sich als sehr praktisch erweist.

Einige Züchter berichten von einer sehr positiven Wirkung von Luzerneheu. Auch hier ist natürlich auf einen späten Schnitt zu achten, und es ist zu berücksichtigen, dass Luzerne sehr viel Rohprotein enthält, wobei die in der Luzerne enthaltenen Rohproteine als leicht verdaulich gelten und einen hohen Anteil an Kalzium beinhalten. Für den erhöhten Bedarf von Zuchttieren kann es eine gute Bereicherung sein. Bei Luzerneheu ergibt sich aber ein Problem mit Schimmelbefall, da die Stängel zum Teil zu kräftig und innen hohl sind, sodass sie nicht immer ausreichend trocken werden. Aus diesem Grund muss verstärkt auf die Qualität und die Lagerung geachtet werden.

Ideal ist grobes Chinchillaheu (links) – zu feines Heu (rechts) wird meist nicht gerne gefressen Foto: T. Jonca

Heu erfüllt viele wichtige Funktionen. Abgesehen von der Darmflora, die durch die Rohfaser im Gleichgewicht gehalten wird, und dem sehr großen Blinddarm eines Chinchillas, der die Rohfaser dringend benötigt, um richtig zu arbeiten, sorgt es auch als Einziges für einen ausreichenden Backenzahnabrieb. Kein anderes Nahrungsmittel ist hierfür so optimal wie hochwertiges Heu. Um das Heu zu zerlegen, brauchen Chinchillas viel Zeit und malen sehr lange mit den Backenzähnen darauf herum, sodass sich die ständig nachwachsenden Zähne abnutzen. Außerdem kann man bei Chinchillas, denen kein oder nicht ausreichend Heu zur Verfügung steht, zum Teil Verhaltensstörungen feststellen. Einige Tiere fangen dann z. B. das Fellfressen an. Frisst ein Chinchilla zu wenig Heu, kann es sein, dass das Heu zu weich oder zu feucht ist, und man sollte ein gröberes Heu besorgen. Dies wird von einem gesunden Chinchilla normalerweise nicht liegengelassen. Auch das Verteilen auf verschiedene Käfigbereiche sorgt für Spaß am Heufressen. Wenn die Tiere sich das Heu „erarbeiten" müssen, fressen sie es gleich mit noch viel mehr Begeisterung.

Gepresste Heucobs können für Chinchillas eine Abwechslung sein, allerdings sind sie kein Ersatz für frisches Heu und sollten auch nicht als solcher genutzt werden. Als gelegentliche Beschäftigungsmaßnahme hingegen können sie den Tieren Freude bereiten.

> **Wichtig!**
> Im Heu können sich allerlei Dinge befinden, die für Chinchillas nicht geeignet sind. Z. B. entdeckt man gelegentlich totes Getier wie Mäuse oder sogar Müll darin. Je nachdem, was sich im Heu befindet, kann es dadurch nötig werden, es komplett zu entsorgen und neues zu besorgen.

Pellets

In speziellen Pellets für Chinchillas findet sich in gepresster Form das, was Chinchillas neben dem Heu benötigen, sodass sie ihre Nährstoffe in ausreichender Menge gleichbleibend zu sich nehmen. Beim Kauf von Pelletfutter muss man allerdings sehr aufpassen. Zoohandlungen bieten oft unpassende Pellets als Chinchillafutter an. Pellets ähneln sich optisch sehr, aber die Zusammensetzung ist teilweise grundverschieden. Bei falscher Wahl kann dies Probleme bereiten, die oft erst nach einer Gabe von einigen Monaten oder sogar Jahren bemerkt werden. Falsches Futter ist oft zu eiweiß- und kohlehydrathaltig. Somit ist es wichtig, darauf zu achten, was man für die Chinchillas kauft, und ein Halter sollte sich mit den Inhaltsstoffen auseinandersetzen. Der Bedarf unterscheidet sich natürlich dahingehend, dass Chinchillas mit wenig Bewegung weniger Nährstoffe brauchen, Chinchillas mit viel Bewegung oder Chinchillas in der Zucht hingegen mehr

Chinchillas benötigen spezielle, ihren Bedürfnissen angepasste Pellets
Foto: K. Aretz

benötigen. Bei dem richtigen Pelletfutter können Chinchillas diesen Bedarf durch die Menge ganz gut selber regulieren, bei falschem Futter führen solche Bedarfsunterschiede zu Problemen.

Das Futter sollte nicht zu lange gelagert werden, da sich die Vitamine irgendwann zersetzen. Deswegen sollte man nur so viel kaufen, wie man auch innerhalb von ca. drei Monaten verfüttern kann. Eine trockene, zugleich aber kühle Lagerung hilft, Nährstoffe im Futter zu erhalten. Feuchtigkeit und Wärme sorgen schon innerhalb von 2–3 Wochen für die Zersetzung von Aminosäuren und Vitaminen, wodurch das Futter stark an Qualität verliert. Viele Hersteller werben für ihr Futter, was aber nicht heißt, dass dieses auch gut ist. Am besten erkundigt man sich bei einem in der Nähe lebenden Züchter oder langjährigen Halter mit viel Erfahrung, welches Futter er nimmt und wie seine Erfahrungen damit sind. Oft kann man die Pellets auch über ihn mit beziehen, wodurch man relativ sicher sein kann, qualitativ gute Pellets zu erhalten, die gesund für die Chinchillas sind. Gerade wenn man nur wenige Chinchillas hat, ist dies vorteilhaft, da die Pellets nicht selten in 25-Kilo-Säcken angeboten werden, was bei der Haltung nur weniger Tiere deutlich zu viel ist. Internetshops bieten neben den 25-Kilo-Säcken i.d.R. auch kleinere Packungen an.

> **Tipp**
> Nicht überall wo Chinchillafutter drauf steht, ist auch Chinchillafutter drin! Je bunter das Futter ist, desto ungesünder ist es im Regelfall. Milch, tierische Nebenerzeugnisse, Honig und ähnliche Dinge sollten nicht enthalten sein.

Sich mit den Inhaltsstoffen auseinanderzusetzen, mag für viele Halter nicht wichtig sein. Trotzdem sollte man sich damit befassen, sodass man weiß, worauf man beim Kauf achten sollte.

Normales im Handel erhältliches Pelletfutter für Chinchillas hat im Durchschnitt pro Kilogramm:

15–18 % Rohprotein
2,5–3,5 % Rohfett
14–18 % Rohfaser
8–10 % Rohasche
0,7–0,8 % Phosphor
1,3–1,4 % Kalzium
0,2–0,25 % Natrium
15.000–20.000 I. E. Vitamin A
2.000–2.500 I. E. Vitamin D_3
um die 500 mg Vitamin C
sowie 80–100 mg Vitamin E

Bei den Angaben zum Pelletfutter für Chinchillas handelt es sich allerdings um reine Durchschnittswerte, die aus den unterschiedlichsten Futtermitteln herausgezogen wurden. Doch wie verhält es sich genau mit den Inhalten? Helmut KRAFT (1994) schrieb in seinem Buch „Krankheiten der Chinchillas", dass die Anteile von Rohfasern in Pellets ca. 16–18 % und von Rohprotein weniger als 15 % betragen sollten. Also mehr Rohfaser als Rohproteine. Auch Johannes WOLF (1966) erläutert in seinem Buch „Chinchillazüchter Praktikum" wie wichtig die hohen Menge an schwer verdaulicher Rohfaser im Pelletfutter sind. Außerdem weist er darauf hin, dass Rohfaser nicht gleich Rohfaser ist und die Chinchillas hier spezielle Ansprüche stellen. In den damals von ihm hergestellten „Wolf'schen Pellets", die von einer ganzen Reihe Züchtern verfüttert wurden, wurde viel Wert auf diesen hohen Rohfaseranteil gelegt. Pellets mit hohem Rohfaseranteil sind allerdings nicht leicht zu beziehen, da einige Firmen eine Basismischung für alle Nager herstellen und die meisten Nager mehr Rohprotein als Rohfaser gereicht bekommen. Wenn der für Chinchillas unverdauliche Rohfaseranteil hoch ist und der Rohfaseranteil allgemein höher ist als der Anteil an Rohprotein, dann wird der Chinchillakot deutlich heller. Ein befreundeter Pelztierzüchter hat mir eine Kotprobe von frei lebenden *Chinchilla chinchilla* in Chile gezeigt, die ihm zur Verfügung gestellt wurde und von ihm verwahrt wird, und auch dieser Kot ist sehr hell, wobei er in den regenreicheren Zeiten dunkler ist als in den Trockenphasen. Bietet man unseren Chinchillas ein Futter mit einem Rohfaseranteil von 19 % und einem Rohproteinanteil von 17 % an, dann wird der Kot ähnlich hell. Natürlich spielen hierbei noch andere Komponenten eine Rolle. Schwarzer oder sehr dunkelbrauner Kot kann auch ein Anzeichen für einen zu hohen Rohproteinanteil und eine unausgeglichene Darmflora sein. Auch Blut im Kot, welches sich bei Entzündungen im Darm ansammelt, sorgt für eine Schwarzfärbung.

Ein Chinchilla zieht viele Nährstoffe aus dem einfachsten Futter heraus. Der ganze lange Darm und der niedrige Stoffwechsel sind darauf ausgelegt, die geringsten Mengen des Futters zu verwerten, da die Vegetationsperiode in ihrer natürlichen Umgebung recht kurz ist und sich dort die restliche Zeit nur überwiegend vertrocknete Pflanzenbestände als Nahrungsquelle finden. Da es bisher noch keine genauen Untersuchungen über die Ernährung von Chinchillas gibt, lassen sich keine detaillierten Nährwertangaben machen. Es gibt verschiedene Erfahrungswerte in diverser Literatur, aber keine Studien, die sich mit den einzelnen Bestandteilen der Ernährung für Chinchillas befassen. Aus meiner Erfahrung ist es gut, bei Pellets auf folgendes Wert zu legen: Der Rohproteinanteil sollte zum Rohfaseranteil passen und eine gewisse Grenze im Futter nicht überschreiten, um eine Verfettung der Tiere auszuschließen. Der Rohfaseranteil sollte so hoch wie möglich sein und nicht unter 16 % pro Kilogramm liegen, besser wäre ein Rohfaseranteil von 18–20 %. Allerdings muss hier das Verhältnis zum Rohprotein passen, damit eine Aufnahme der Nährstoffe gewährleistet ist. Abweichungen von mehr als 2 % verändern die Aufnahme der Nährstoffe. Somit sollte sich der Rohproteinanteil zwischen 16–18 %

bewegen, angepasst an den Rohfasergehalt. Auch die Qualität des Rohproteins ist von Bedeutung.
Die Vitamine im Futter sollten weder zu hoch noch zu niedrig dosiert sein. Konkrete Angaben sind in solchen Fällen schwer zu machen, da die Tiere auch unterschiedliche Bedürfnisse haben und einfach zu wenig offizielle Angaben existieren. Richtlinien für die Form der von mir praktizierten Ernährung gaben mir eigene Erfahrungswerte, Erfahrungen anderer Züchter, der Austausch mit Tierärzten und Studien über andere pflanzenfressende Nager. An ihnen orientiert und unter Berücksichtigung der natürlichen Bedingungen, in denen die Chinchillas leben, ist bisher eine gute und gleich bleibende Versorgung meiner Tiere möglich gewesen. Der Vitamin-A-Anteil pro Kilogramm Pellets sollte sich um die 15.000 I. E. bewegen, allerdings habe ich Zuchttiere mit erhöhtem Bedarf. Vitamin A ist ein fettlösliches Vitamin. Da Vitamin A in Überdosierung für Leberschäden verantwortlich sein kann, ist es nicht unbedeutend, wie viel sich davon im Futter befindet. Gerade bei Chinchillafutter werden oft Werte von bis zu 40.000 I. E. pro Kilogramm Futter angegeben, was in meinen Augen deutlich zu viel ist, aber von einigen Züchtern so gewünscht wird. Über 20.000 I. E. sollte der Anteil keinesfalls steigen.
Vitamin B entsteht im Blinddarm. Der Blinddarm synthetisiert im Zuge des Verdauungsprozesses Vitamin B, dieses Syntheseprodukt ist dann im Blinddarmkot enthalten und aufgenommen, sofern die Tiere ausreichend ernährt werden und ihre Darmflora intakt ist. Deswegen sollte ein Futter nicht zu hohe Mengen davon beinhalten. Zuchttiere haben wieder einen erhöhten Bedarf und sind oft auf eine Zusatzversorgung angewiesen. In den meisten Chinchillafuttersorten sind Vitamin B_1, B_2, B_6 und B_{12} vorhanden, weiterhin Biotin und Niacin, die alle wasserlöslich sind. Vitamin B_1 unterstützt den Körper bei Nahrungsumwandlung

Kotprobe von Chinchillas aus Chile
Foto: T. Jonca

in Energie und übernimmt bestimmte Funktionen im Nervensystem. Ein Vitamin-B_1-Mangel kann unter anderem für Krampfanfälle verantwortlich sein, aber auch Gewichtsverlust und Appetitlosigkeit auslösen, die Magensaftproduktion hemmen, Herz-Kreislauf-Versagen verursachen sowie Trägheit und erhöhte Reizbarkeit hervorrufen. Vitamin B_2 ist wichtig für die Schleimhäute, die Haut und für das Wachstum. Ein Mangel kann Schleimhautentzündungen auslösen sowie zu Hautrissen und Hautausschlag führen. Vitamin B_6 benötigt der Körper für das Immunsystem, da es dieses bei der Arbeit unterstützt. Es aktiviert Aminosäuren, die mit dessen Hilfe in körpereigene Proteine eingebaut werden können. Normalerweise kommt es selten zu einem Mangel dieses Vitamins, er kann aber Reizbarkeit, Entzündungen im Mund, nervöse Störungen und Krampfanfälle verursachen. Vitamin B_{12} spielt eine Rolle für die Bildung roter Blutzellen, für das Nervensystem und den Eiweißstoffwechsel. Vitamin B_{12} ist wichtig für die Verwandlung bestimmter Aminosäuren, die nur gemeinsam mit diesem Vitamin im Körper eingebracht werden können. Biotin wirkt sich auf das Fell und den Haarwechsel aus. Hier ist es recht unwahrscheinlich, dass es zu Mängeln kommt. Niacin ist ebenfalls ein Vitamin der B-Gruppe und ein Sammelbegriff für eine bestimmte Gruppe Vitamine, zu denen auch Nikotinsäure und Nikotinsäureamid zählen. Es wirkt sich günstig auf das Blut aus und hat Auswirkungen auf den Cholesterolwert. Gerade der Begriff „Nikotinsäure" sorgt bei Chinchillahaltern immer wieder für Besorgnis, was sich durch die vielen Anfragen bei mir deutlich zeigt, da er meist im Zusammenhang mit Zigaretten gebraucht wird. Bei Nikotin handelt es sich um ein Alkaloid, welches in erster Linie aus Tabakpflanzen gewonnen wird und somit nichts mit Nikotinsäure gemein hat. Cholin spielt eine wichtige Rolle für die Leber. Ein Zusatz ist normalerweise, wie bei den anderen Vitaminen der B-Gruppe, nicht nötig, da es in ausreichender Form selber gebildet wird.

Vitamin C sollte im Futter vorhanden sein, sollte allerdings 300 mg pro Kilogramm Futter möglichst nicht übersteigen. Dass Chinchillas Vitamin C selber im Körper produzieren können, ist recht wahrscheinlich. Bei Vitamin C als wasserlösliches Vitamin wird oft angenommen, dass es nicht überdosiert werden kann. Dies ist so nicht ganz richtig, da man festgestellt hat, dass eine Überversorgung nicht unerheblich an der Bildung von Harn- und Nierensteinen beteiligt ist, Osteoporose und Gicht fördern und zudem auch tödliche Herzmuskelschäden auslösen kann. Aus diesem Grund ist der Anteil im Futter nicht unbedeutend.

Ein Problem stellt der Anteil des Vitamin D im Futter dar. Vitamin D ist ein fettlösliches Vitamin, und obwohl bei Meerschweinchen z. B. gesagt wird, dass der

> **Wussten Sie schon...?**
> Internationale Einheit (Abkürzung IE, engl. international unit bzw. IU) ist eine Maßeinheit für viele in der Medizin verwendete Präparate wie z. B. Vitamine. Sie ist entweder durch Referenzpräparate oder international vereinbarte Standards definiert und wird für eine reproduzierbare Dosierung der Präparate anhand ihrer Wirkung (und nicht ihrer Stoffmenge) eingesetzt.

Anteil im Futter nicht über 750 I. E. liegen soll, scheint dies bei Chinchillas zu wenig zu sein. Daher finden sich in Pelletfutter für Chinchillas meist Werte um die 2.000 I. E. pro Kilogramm.

Bei Vitamin E achte ich darauf, dass der Anteil im Futter bei 60–100 mg pro Kilogramm liegt. Vitamin E ist ein fettlösliches Vitamin, welches für den Fettstoffwechsel eine wichtige Rolle spielt. Es unterstützt zudem den Eiweißstoffwechsel, verhindert das Verklumpen von Blutkörperchen und ist auch für die Muskeln von großer Bedeutung. Ebenfalls wichtig ist es für die Zucht, da ein Mangel zu Sterilität, Verwerfen und Früh- bzw. Fehlgeburten verantwortlich ist.

Die richtige Zusammenstellung des Futters ist entscheidend für die Gesundheit der Tiere Foto: K. Aretz

Vitamin K kommt als Vitamin K_1 in fast allen Grünpflanzen vor und wird als Vitamin K_2 überwiegend durch Bakterien im Darm gebildet. Beide Formen sind fettlöslich. Der Bedarf liegt ungefähr bei 2–5 mg pro Kilogramm Futter. Es kommt nur selten zu einem Vitamin-K-Mangel, meist tritt er nur in Verbindung mit der Gabe bestimmter Medikamente auf. Eine Überdosierung kann bei der natürlichen Form nur schwer erzielt werden.

Immer wieder ist das Problem der Kalzium-Aufnahme ein Gesprächsthema, da Chinchillas einen sehr hohen Bedarf haben und schnell mit weißen Zähnen und anderen gesundheitlichen Problemen reagieren, wenn es hierbei zu Abweichungen vom natürlichen Bedarf kommt. Bei der Verwertung von Kalzium wird Vitamin D benötigt. Das

Pellets

Verhältnis zwischen Kalzium, Phosphor und Magnesium ist allerdings ebenfalls mit ausschlaggebend für die Verwertung dieses Stoffes. Stimmt das Verhältnis zwischen diesen Mineralstoffen nicht, kommt es zu Stoffwechselstörungen. Beim Futter sollte deswegen darauf geachtet werden, dass das Kalzium-Phosphor-Magnesium-Verhältnis bei 4:2:1 liegt, da man davon ausgeht, dass in diesem Verhältnis die Wirkung ausgeglichen ist. Magnesium ist wichtig für die Muskeltätigkeit und ein wichtiger Baustoff für Zähne, Knorpel und Knochen. Phosphor hat neben dem Einfluss auf den Stoffwechsel noch die Aufgabe, in Verbindung mit Kalzium, die Knochen und Zähne zu unterstützen. Weitere wichtige Mineralstoffe wie Kalium, Natrium, Chlor, Eisen, Mangan, Zink, Kupfer, Jod und Fluor sind meist ausreichend im Futter enthalten, werden allgemein nur in geringen Mengen benötigt und müssen nicht extra zugefügt werden. Bei Spurenelementen wie Selen, Kupfer oder Mangan gibt es hinsichtlich des Bedarfs keine Angaben. Man kann aber davon ausgehen, dass ein Zuviel den Körper stark belasten würde, und deswegen sollte auf eine spezielle Zufuhr verzichtet werden.

Rohfette werden für die Nahrungsumsetzung benötigt, da sie an vielen Stoffwechselprozessen beteiligt sind. Allerdings können sie in hohem Maße auch Probleme auslösen, weil sie für Organverfettungen und natürlich auch Übergewicht verantwortlich sind. Sie bestehen aus Triglyceriden, Phosphatiden, Wachsen, Carotinen, ätherischen Ölen und organischen Säuren. Tierische Fette haben meist einen höheren Anteil an gesättigten Fettsäuren, pflanzliche eher an ungesättigten. Fette haben eine wichtige Funktion beim Schutz bestimmter Organe, und zudem schützen sie den Körper vor Wärmeverlust. Ein Großteil wird im Körper durch das Zusammenspiel anderer Nahrungszusätze gebildet, trotzdem muss ein Anteil über die Nahrung aufgenommen werden. Der Rohfettanteil sollte 4 % nicht übersteigen. Die Verträglichkeit richtet sich nach der Qualität der Rohfette. Zuchttiere haben einen höheren Bedarf als Heimtiere. Unter Rohasche versteht man die anorganischen Komponenten des Futters, die bei einer Verbrennung bei 550 °C zurückbleiben. Sie enthält Mineralien und Spurenelemente, allerdings auch Rückstände wie Sand und Ton. Die angegebenen Werte sollten sich auf 6 oder 7 % beschränken. Berücksichtigt man diese Inhaltsstoffe und achtet auf einen leicht erhöhten Anteil an Rohfaser, ist es möglich, die Tiere so konstant zu versorgen. Viele der Inhaltsstoffe werden über Auszüge natürlicher Nahrungsmittel in die Pellets eingefügt. Da bei rein natürlichen Inhaltsstoffen im Futter meist auch eine erhöhte Pestizidbelastung nachgewiesen wurde, ist man dazu übergegangen, „gereinigte" Futtermittel zu nutzen. Das heißt, viele Zusätze werden synthetisch gewonnen und dem Futter zugesetzt. Lange Zeit wurde dem Futter der Zusatzstoff Flavophospholipol oder Flavomycin beigesetzt. Ein Antibiotikum, das nach älteren Angaben angeblich in der geringen Menge keine Probleme verursachen sollte. Inzwischen weiß man, dass dies nicht stimmt. Antibiotika wurden in erster Linie eingesetzt, damit sich bei Chinchillas keine gramnegativen Bakterien im Darm ausbreiten, was bei schlechter Futterversorgung schnell geschehen kann. So wurden derartige Fütterungszusätze zuerst befürwortet, aber man konnte schnell feststellen, dass sie auf Dauer die Resistenz gegen Antibiotika förderten, was über die Jahre zu massiven Problemen geführt hat. Inzwischen wurde es zwar verboten, trotzdem sollte man auf solche Inhaltsstoffe natürlich achten. Man muss sich darüber im Klaren sein, dass Tierfutter ein Industrieprodukt ist. Bei der Herstellung werden nicht selten auch Schadstoffe mit eingebunden, die natürlich keinesfalls gesund sein können, auch wenn sich im Laufe der Jahre vieles verbessert hat und weiter daran gearbeitet wird. Da die Ansprüche an die Qualität von Tierfutter steigen, ziehen viele Firmen mit. Aber Chinchillas fallen bis heute noch nicht unter die Tierarten, denen besonders viel Aufmerksamkeit geschenkt wird, sodass bisher kein Futter optimal auf ihre Bedürfnisse abgestimmt ist. Die Nachfrage bestimmt das Angebot, doch leider hinterfragen nur wenige Halter und Züchter die Inhalte von Futtermitteln, sodass gerade in Bezug auf Chinchillas auch von den Firmen keine gezielten Untersuchungen vorgenommen werden. Dennoch stellt das

> **Wichtig!**
> Sehr oft werden im Handel bunte Mischfuttersorten für Chinchillas angeboten, die neben den Pellets verschiedene Getreidekörner, getrocknete Karotten, Erbsenflocken und Ähnliches enthalten. Solche Bestandteile haben im Futternapf nichts zu suchen und können bei übermäßigem Verzehr starke gesundheitliche Probleme hervorrufen, u. a. können sie zu schweren Darmstörungen führen. Dies kann dazu führen, dass die Tiere in erster Linie mit Rohproteinen überversorgt werden und die Chinchillas eher die bunten Zusätze herauspicken und die Pellets liegen lassen. Dadurch ergeben sich ein Ungleichgewicht in der Ernährung und infolgedessen meist auch Gesundheitsprobleme.

Pelletfutter bisher die einzige Möglichkeit dar, Chinchillas konstant und gleichmäßig zu versorgen.

Auf keinen Fall ist es ratsam, offenes Futter von Theken im Zoohandel zu beziehen oder Futter, bei dem keine ausreichenden Angaben zu den Inhaltsstoffen vorliegen. Bei Thekenfutter ist nicht bekannt, wie lange es schon offen liegt, und durch Lichteinfall zersetzen sich viele im Futter enthaltene Vitamine schneller. Bei Futter ohne ausreichende Angaben zu den Inhaltsstoffen hat man keinerlei Kontrolle darüber, was man den Tieren zu fressen gibt und kann bei Mangelerscheinungen und Krankheiten dementsprechend nicht richtig handeln. Falls kein gutes Futter in der Nähe zu beziehen ist, gibt es inzwischen die Möglichkeit, es über das Internet bei diversen Online-Tiershops zu bestellen. Der Austausch mit anderen Chinchillahaltern oder -züchtern ist und bleibt hierbei die beste Informationsquelle.

Wie viele Pellets man seinen Tieren reicht, ist abhängig davon, wie viel sie fressen und wie sie dann mit dem Heu umgehen. Der überwiegende Teil der Chinchillas neigt nicht dazu, sich vornehmlich an den Pellets satt zu fressen, sondern nimmt nur die Mengen zu sich, die benötigt wird. Frisst ein Chinchilla überwiegend die Pellets, ist es ratsam, diese zu dosieren. Bei einer überwiegenden Pelletaufnahme wird zu wenig Heu, zu viel Rohprotein, zu viel Kohlenhydrate und zu viel Fett aufgenommen, was die Darmflora schädigt und auch zu Übergewicht führen kann. Falls es erforderlich ist, die Pellets zu rationieren, sind eine stete Gewichtskontrolle und eine Kontrolle der Schneidezahnfarbe sowie auch eine Kontrolle des Fellzustandes sehr wichtig, um den Bedarf des Tieres im Auge zu behalten, der durch Bewegung, Umgebungstemperatur und andere Einflüsse variiert.

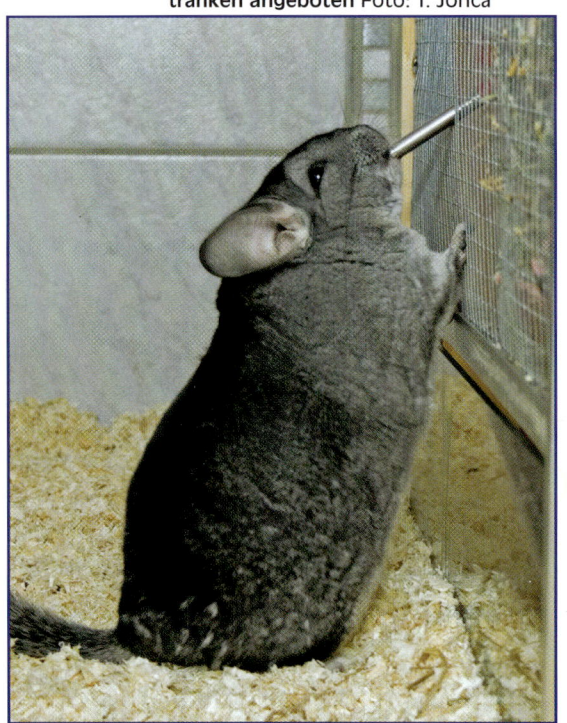

Das Wasser wird am besten in Nippeltränken angeboten Foto: T. Jonca

Wasser

Wie alle Tiere benötigt ein Chinchilla Wasser. Auch wenn der Körper, im Besonderen die Nieren, dem von Hochgebirgstieren entspricht und dem der Wüstentiere gleicht, kann ein Chinchilla nicht ohne Wasser existieren. Wasser muss also ständig zur freien Verfügung stehen. Da Chinchillas in der Heimtierhaltung sehr viele trockene Nahrung zu sich nehmen, wird ihr Bedarf in erster Linie über das Trinken gestillt. Normalerweise kann man hierfür Leitungswasser nehmen. Ob es als Trinkwasser geeignet ist, lässt sich beim örtlichen Wasserwerk erfragen. Vor allem auf Bleibelastung ist zu achten, da Blei bei Chinchillas auch in geringsten Mengen toxisch wirkt. Falls man unsicher ist oder die Qualität des Wassers nicht dem eines Trinkwassers entspricht, tut es auch stilles Wasser aus dem Handel, wobei hier auf den Mineralstoffanteil geachtet werden sollte. Das Wasser sollte immer im sauberen Zustand sein. Algen oder Verschmutzungen haben im Trinkwasser nichts verloren.

Leckerli und Zusatzfutter

> **Wichtig!**
> Wegen ihrer empfindlichen Darmflora sollten die Tiere immer langsam an neue Futterzusätze gewöhnt werden, um zu schauen, wie der Darm reagiert. Die Auswirkungen sind meist nicht sofort sichtbar, sodass man die Tiere einige Tage beobachten muss.

Zum Thema Leckerli ist zu sagen, dass sie oft mehr schaden als nützen. Wie bereits beschrieben, benötigen Chinchillas eine karge Ernährung. Pellets in Verbindung mit Heu decken den Bedarf komplett ab. Sämtliche Zusätze sind deswegen gründlich auszusuchen und zu Beginn in geringen Mengen auszuprobieren. Gibt man Zusätze als Leckerchen, sollte an dem Tag die Pelletmenge reduziert werden, um eine Überversorgung von Nährstoffen zu vermeiden, es sei denn, man versucht gezielt einen Mangel auszugleichen.

Zusätze dienen dazu, die verschiedenen Bedarfsansprüche auszugleichen und sollten deswegen mit Bedacht eingesetzt werden. Ich selber reiche meinen Chinchillas nur sehr wenige Zusätze und richte mich nach dem Bedarf. Trotzdem möchten viele Halter ihre Tiere abwechslungsreich ernähren, und um aufzulisten, wie sich bestimmte Zusätze auswirken können, gehe ich im Folgenden näher darauf ein.

Apfelchips sind beliebte Leckerli
Foto: K. Aretz

Kräuter

Kräuter enthalten viele Mineralstoffe und werden in gewissen Maßen dementsprechend benötigt. Heu liefert einen Anteil Kräuter, aber auch in einigen Pellets sind Kräuter vorhanden. Somit sind Chinchillas eigentlich damit versorgt. Ein Überangebot an Mineralstoffen führt in der Regel zu Problemen, und somit sind Kräuter als Zusatz bei einer Ernährung mit Pellets sorgfältig und mit Bedacht zu wählen. Selbst wenn die handelsüblichen Futterkräuter nicht mehr den Anteil an Wirkstoffen beinhalten wie medizinische Kräuter aus der Apotheke, sollte man diesbezüglich nicht zu sorglos herangehen. In der natürlichen Umgebung der Chinchillas wachsen verschiedene Gräser und wenig Kräuter, die sich durch die dortigen Bodenbeschaffenheiten und Witterungsbedingungen massiv von dem hiesigen Angebot unterscheiden und somit nicht vergleichbar sind. Entschließt man sich, Kräuter als Beigabe zuzufüttern, dann sollte man sich wirklich auf eine geringe Menge pro Tag beschränken, die Wirkung des Krautes genau beachten und auf keinen Fall wahllos Kräutermischungen anbieten. Auch unterscheidet sich die Verträglichkeit darin, ob man Kräuter in frischem Zustand oder getrocknet verabreicht. Die getrocknete Gabe scheint hier eindeutig die vorteilhafteste und verträglichste Version. Bei der Gabe frischer Kräuter ist immer mit der Gefahr von Aufgasung und Durchfall zu rechnen, vor allem wenn man es mit der Menge übertreibt und falsch anfüttert. Eine Gesamtmenge von einem Teelöffel oder ein bis zwei Blättern (je nach Größe) pro Tag und Tier kann eine Abwechslung für die Nager darstellen, mehr sollte man aber nicht reichen. Frische Kräuter sollten unter Wasser abgespült und anschließend gut abgetrocknet werden, da nasse Kräuter zu Koliken führen können. Möchte man Kräuter selber anziehen, dann ist extrem auf Schimmelbefall zu achten, da er bei Chinchillas schnell zum Tode führen kann. Gepflückte frische Kräuter

Getrockneter Löwenzahn kann in kleinen Mengen verfüttert werden
Foto: K. Aretz

Kräuter

können an der Luft rasch verderben und sollten deswegen nicht lange liegen, sondern gleich verfüttert werden. Bei der Trocknung ist auf die richtige Vorgehensweise zu achten. Im Falle des Zufütterns von Kräutern ist die Menge an Pellets für den Tag zu verringern. Die in den Kräutern vorhandene Rohfaser ist von Chinchillas leichter zu verdauen als die im guten Heu, und die Heuaufnahme wird mit dem Zufüttern ansonsten verringert. Sehr wichtig ist der Standort der gepflückten Kräuter. Gerade in Straßennähe ist mit einer erhöhten Bleikonzentration zu rechnen, was den Chinchillas massiv schadet.

> **Wichtig!**
> Dem Thema Pestizide in Kräutern sollte viel Aufmerksamkeit geschenkt werden, da schon kleine Mengen großen Schaden zufügen können. Dasselbe gilt für alle anderen Futtermittel.

Um höhere Nährstoffbedürfnisse auszugleichen, die z. B. bei Trächtigkeit, Jungtieraufzucht, Stresssituationen oder im Alter auftreten, sind Kräuter eine hervorragende Wahl – sofern man weiß, wie sie sich auswirken können. Die gängigsten Kräuter, die von Haltern und Züchtern als Zusatz eingesetzt werden, sind Kamille, Löwenzahn, Basilikum, Brennnessel, Schafgarbe, Salbei, Pfefferminze, Mariendistel, Fenchel, Luzerne, Hafer, Spitzwegerich, Melisse, *Echinacea*, Rosenblüten, Hagebutten und Topinambur. Während Löwenzahn, Mariendistel und Topinambur zu den Kräutern gehören, die man nach Eingewöhnung recht unbedenklich auch mal in etwas größeren Mengen von zwei bis drei Blättern anbieten kann, gehören die anderen Kräuter eher zu denen, bei denen man sich auf kleine Mengen beschränken sollte. Ebenfalls gereicht werden können verschiedene Blätter von Sträuchern wie Himbeere oder Brombeere. Der Kauf von Kräutern in der Apotheke dürfte der beste Weg sein, da Kräuter gewisse Anteile von Inhaltsstoffen beinhalten müssen, damit sie als Heilkräuter gelten, und sie hier auch auf Pestizide und Herbizide untersucht werden müssen, bevor sie verkauft werden können. Zudem unterliegen sie dort einer anderen Norm als z. B. im Handel erhältliche Tees oder Tierfutterkräuter.

Spitzwegerich wird von Chinchillas gerne gefressen
Foto: K. Aretz

Kräuter

Die Gesundheit eines Chinchillas lässt sich im Krankheitsfall mit Hilfe von Arzneikräutergaben gut unterstützen. Trotzdem sollte bei kranken Tieren der Tierarzt zu Rate gezogen werden, da nicht alle Wirkungsweisen auf jede Form der Erkrankung zutreffen. Als Ersatz für eine tierärztliche Behandlung gelten Arzneikräuter grundsätzlich nicht. Viele nachgesagte Wirkungen wurden bei Chinchillas noch nie wissenschaftlich untersucht, somit wird auch hier auf Erfahrungswerte zurückgegriffen.

Getrocknete Kräuter, Blätter und Blüten für Chinchillas

Name	Anmerkung
Basilikum	Bei tragenden Chinchillaweibchen sollte auf eine Gabe verzichtet werden, da Basilikumblätter u. a. Estragol (Methylchavicol) enthalten, das im Verdacht steht, zellverändernd zu sein. Als Futterzusatz ist grundsätzlich die getrocknete Form vorzuziehen, wobei es in geringen Mengen auch frisch vertragen wird.
Brennnessel	In größeren Mengen verfüttert kann es zu Magen-Darm-Störungen kommen, deswegen sollte man sich auch hier auf geringe Mengen von einem Blatt pro Tier und Tag nach Eingewöhnung beschränken.
Echinacea (Sonnenhut)	Hauptwirkung von *Echinacea* ist die Steigerung der körpereigenen Abwehrkräfte. Echinacea sollte nicht zu lange, auf keinen Fall als Dauergabe oder in hohen Dosen angeboten werden, auch wenn das im Handel erhältliche sogenannte *Echinacea*-Heu nicht die medizinische Wirkung hat wie spezielles Heilkraut aus der Apotheke.
Fenchel	Beim Chinchilla sollte wegen der Wirkung der ätherischen Öle im Fenchel vor allem während einer Trächtigkeit von einer Gabe von Fenchel oder auch Fencheltees abgesehen werden, da die Wirkungen nicht genau eingeschätzt werden können und die Einnahme fenchelölhaltiger Präparate auch beim Menschen während dieser Zeit nicht empfohlen wird. In der Säugezeit kann Fenchel sowohl als Tee, als auch als Leckerli die Milchbildung unterstützen. Als Leckerli sind hierfür kleine Stücke der Fenchelknolle und des Krautes als Beigabe in geringen Mengen geeignet.
Gänseblümchen	Da eine übermäßige Einnahme unter Umständen Magen- und Darmprobleme hervorrufen kann, sind Gänseblümchen bei Chinchillas mit Vorsicht als Nahrungszusatz anzusehen.
Himbeerblätter	Für trächtige Chinchillaweibchen sind sie wegen ihrer wehenfördernden Wirkung nicht geeignet und sollten nicht verfüttert werden.
Hagebutte	Getrocknete Hagebutten sind beliebte Leckerli. Es können maximal ein oder zwei getrocknete Hagebutten alle paar Tage verfüttert werden.
Echte Kamille	Kamille sollte wegen der entkrampfenden Wirkung nicht bei trächtigen Chinchillas verfüttert werden, da es hierbei zu vorzeitigen Wehen kommen kann, auch wenn dies sehr selten ist. Kamille kann in erster Linie getrocknet verfüttert werden.
Löwenzahn	Allgemein ist Löwenzahn gut verträglich, auch nach vorsichtiger Angewöhnung als frische Pflanze, und wird von Chinchillas gern angenommen. Er wird als Futterzusatz und Leckerli schon viele Jahre von

Kräuter

	Züchtern eingesetzt, wobei hier immer von kleinen Mengen bis zu einem Blatt pro Tier und Tag ausgegangen wird. Auch die Blüten werden gerne gefressen.
Luzerne (Alfalfa)	Luzerne gehört zu den wichtigsten Futterpflanzen, da sie viele Aminosäuren, Mineralstoffe, Vitamine und auch einen hohen Anteil an Proteinen beinhaltet. Junge Blätter werden zur Unterstützung bei Blutarmut angewendet, der Luzerne wird eine appetitanregende Wirkung nachgesagt. Luzerneheu, welches spät geschnitten wird, kann eine Bereicherung des Chinchillaspeiseplans darstellen, gerade bei Zuchttieren kann Luzerne gut den erhöhten Bedarf ausgleichen. Allgemein wird Luzerne von Chinchillas sehr geliebt, sollte aber nicht in größeren Mengen gegeben werden.
Mariendistel	Mariendistel wird von Chinchillas heiß und innig geliebt. Trotzdem sollte man sich auch hier auf kleine Gaben von täglich einem oder zwei Blättern im getrockneten Zustand beschränken. Keine Angst vor den Stacheln! Chinchillas gehen normalerweise sehr sorgfältig damit um und wissen genau, wie sie die Disteln halten müssen.
Melisse	Es ist anzuraten, Melisse nur getrocknet und in geringen Mengen zu verfüttern.
Petersilie	Petersilie wurde früher als Abtreibungsmittel eingesetzt, und das je nach Art in höheren oder geringeren Mengen enthaltene Apiol kann Leber- und Nierenschäden hervorrufen. Vor allem trächtige Chinchillaweibchen sollten deswegen auf keinen Fall Petersilie gereicht bekommen. Auch wenn nicht wenige Züchter getrocknete Petersilie bei säugenden Chinchillaweibchen zur Anregung des Milchflusses einsetzen, ist die Gabe der Petersilie wegen der nicht einschätzbaren Risiken mit großer Vorsicht anzusehen.
Pfefferminze	Pfefferminze kann bei empfindlichen Menschen Magenbeschwerden verursachen, somit ist sie auch bei Chinchillas besonders vorsichtig einzusetzen und sollte wegen des Mentholgehaltes ebenfalls nur im getrockneten Zustand angeboten werden, da nicht immer einschätzbar ist, wie Magen und Darm der Chinchillas darauf reagiert. Achtung: Pfefferminze sollte nicht an laktierende Weibchen verfüttert werden, da es die Milchbildung behindert.
Rosen	Getrocknete Rosenblütenblätter gelten schon recht lange als Leckerli für Chinchillas. Es ist aber wichtig, auf geringe und kleine Gaben zu achten, da sie auf den Darm einwirken und Verstopfungen begünstigen. Trächtigen Weibchen sollte dieses Leckerli nicht gegeben werden, da es hier wegen des hohen Anteils an ätherischen Ölen zu Problemen kommen kann.
Salbei	Wegen des hohen Gehaltes an Thujon (ätherisches Öl) wird bei Menschen dazu geraten, nicht zu hohe Mengen einzunehmen und auch die Dauer auf ein bis zwei Wochen zu beschränken, da die Nebenwirkungen sehr stark sind. Deswegen sollte man bei Chinchillas ebenfalls sehr vorsichtig vorgehen und es auch nie anders anwenden als zu rein medizinischen Zwecken. Säugende Muttertiere können durch das Fressen von Salbeiblättern ihre Milchproduktion einstellen; somit ist Salbei hier auf keinen Fall anzubieten, wenn man diese Wirkung nicht bewusst erzielen möchte. Auch bei tragenden Chinchillaweibchen

	sollte von einer Gabe abgesehen werden, da hohe Dosen als geburtsauslösend gelten.
Schafgarbe	Das Wirkungsspektrum der Schafgarbe ist dem der Kamille ähnlich, deswegen sollte auf eine Gabe während der Trächtigkeit verzichtet werden. Allgemein ist hier eine nur geringe Menge als Zusatz anzuraten, da Schafgarbe in größeren Mengen mehr schadet als nutzt. Die Beschränkung auf die medizinische Aspekte ist ratsam.
Spitzwegerich	Spitzwegerich wirkt bei Chinchillas mit Darmproblemen meist unterstützend für die Behandlung und kann auch bei zahnkranken Chinchillas oder Tieren mit Entzündungen im Mundbereich hilfreich sein (als Tee oder Spülung). Als Futterzusatz bzw. Leckerli ist auch bei Spitzwegerich eine getrocknete Gabe in geringen Mengen vorzuziehen.
Topinambur	Topinamburkraut dürfte wohl wegen der fehlenden Stärke die beliebteste Nahrungsergänzung für Chinchillas sein und wird sowohl getrocknet als auch frisch vertragen. Im frischen Zustand natürlich erst nach langsamer Eingewöhnung. Pro Tier und Tag ist nach Eingewöhnung eine Gabe von ein bis zwei Blättern bekömmlich. Im frischen Zustand sollte diese Menge nicht erhöht werden. Bei Topinambur in getrockneter Form sind auch bei etwas größeren Mengen keine negativen Erfahrungen gemacht worden. Es werden sogar Pellets aus Topinambur angeboten, wobei die Gabe der Blätter vorzuziehen ist. Die Knollen sollten wegen der Fette mit Vorsicht betrachtet werden.

Frischfutter allgemein

Ein sehr heikles Thema der Chinchillaernährung ist die Gabe von Frischfutter. Unter Frischfutter versteht sich allgemein alles an Obst, Gemüse und Kräutern, welche im frischen Zustand angeboten werden. Es wurde die Erfahrung gemacht, dass Frischfutter weitestgehend vermieden werden sollte, da die Ernährung mit frischem Grünfutter – selbst bei vorsichtiger Eingewöhnung – häufig für Darmentzündungen und Durchfälle verantwortlich ist. Gerade in den Anfängen der Chinchillazucht in Deutschland wurden viele Tiere mit Frischfutter, Heu und Getreide ernährt, da es zu dieser Zeit keine Pellets gab; heute wird aufgrund der vielen negativen Erfahrungen überwiegend darauf verzichtet. Als seltene Leckerli eignen sich höchstens Apfel (vor allem wegen seines hohen Pektingehaltes, welcher im Darm in geringem Maße hilft, unerwünschte Bakterien loszuwerden), ein paar wenige Kräuter und ganz selten ein winziges Stück Karotte. Aber alles Weitere ist für Chinchillas nicht notwendig.

Möchte man auf keinen Fall darauf verzichten, dann muss sorgsam überwacht werden, dass die Tiere nicht mit Vitaminen und Kohlenhydraten überversorgt werden. Wenn es nicht zu starkem Durchfall kommt, sieht man die Auswirkungen meist erst sehr spät. Die negativen Erfahrungen bei Obst- und Gemüsefütterung überwiegen, was daher kommt, dass es nicht dem natürlichen Speiseplan der Tiere entspricht. Bei einer kleinen Karottengabe über mehrere Tage kann es z. B. trotz

Frischfutter allgemein

vorheriger Eingewöhnung zu schlagartig auftretenden schlimmen Verstopfungen und Krampfanfällen kommen, obwohl Karotte zu dem Gemüse zählt, welches in der Haustierhaltung gerne verfüttert wird. Auch frisches Gras ist für Chinchillas nicht geeignet, weil es Darmprobleme und Aufgasungen verursacht, die sehr schmerzhaft sind und zum Tode führen können. Ein Chinchilla stirbt nicht unbedingt gleich, weil es mal an verschiedenem Obst oder Gemüse nascht, aber selbst dies sollte vermieden werden. Wer partout nicht darauf verzichten möchte, sollte genau schauen, dass er kein Obst oder Gemüse aussucht, das Auswirkungen auf die Darmtätigkeit hat, viele Vitamine oder Mineralstoffe enthält, überwiegend aus Wasser besteht und vor allem viel Zucker beinhaltet. Die Menge sollte auf keinen Fall mehr betragen als ein pfötchengroßes Stückchen.

> **Wichtig!**
> Chinchillas sind grundsätzlich nicht mit Meerschweinchen und Kaninchen vergleichbar, was die Ernährung mit Frischfutter betrifft, und können dementsprechend nicht rein mit Frischfutter ernährt werden. Möchte man ihnen dennoch etwas anbieten, ist unbedingt auf kleine Mengen zu achten.

Leckerli wie z. B. Hagebutten sollten nur in Maßen verfüttert werden
Foto: K. Aretz

Getreide und Sämereien

Getreide und Sämereien als Futterzusatz sind schlichtweg ungesund für Chinchillas. Pellets beinhalten schon Getreideauszüge, und als Extra würde es ein massives Zuviel an Rohproteinen und Kohlenhydraten darstellen. Neben den gesundheitlichen Problemen, die sich hieraus ergeben können, sind Chinchillas auch schneller gesättigt, weswegen das lebenswichtige Heu dann auch nicht mehr in ausreichender Menge aufgenommen wird. Der meist hohe Anteil schnell verwertbarer Kohlenhydrate im Getreide schädigt und säuert die Darmflora an, was eine Ausbreitung gramnegativer Bakterien begünstigt und Chinchillas krank macht. Gerade bei diesem Zusatz kommt es schnell zu schweren Leberproblemen, Krampfanfällen und starker Verstopfung und teilweise starken Gewichtszunahmen. Daher ist es nicht anzuraten, es als Extra- oder Dauernahrungsmittel zu verfüttern. Auch zum Päppeln von kränklichen oder schwachen Tieren ist es nur bedingt geeignet, da eine mögliche, durch Getreide entstehende schnelle Gewichtszunahme den Organismus schwer belasten kann.

Früher wurden statt Pellets Getreidemischungen angeboten, doch dies hat sich schnell als belastend für die Tiere herausgestellt. Neben den Auswirkungen auf Darm und Leber liegt das Hauptproblem darin, dass getreideverwöhnte Tiere ungern andere Futtermittel zu sich nehmen. Hinzu kommt, dass es durch eine Getreidefütterung auch zu Mängeln kommen kann, hierbei insbesondere ein Mangel an Kalzium sowie Vitamin A und D. In der Literatur finden sich eine Reihe Rezepte unterschiedlicher Futtermischungen, in erster Linie für Zuchttiere und ihren höheren Bedarf an Nährstoffen. Es wird auch hier unter anderem berichtet, dass die

Heucobs sorgen für mehr Abwechslung, ersetzen aber keineswegs das Heu
Foto: K. Aretz

Gabe der Futtermischungen genaue Aufmerksamkeit sowie ständiges Beobachten des Kotabsatzes und der Kotbeschaffenheit erfordert. So werden Mischungen meist täglich individuell immer wieder neu angepasst, was sehr anstrengend ist, viel Übung erfordert und für die Tiere auch ein gesundheitliches Risiko darstellen kann, weil viele Auswirkungen nicht sofort erkennbar sind, sondern sich erst nach Jahren bemerkbar machen. Ebenfalls muss stark darauf geachtet werden, dass angebotenes Getreide nicht ranzig geworden ist. Dies geschieht sehr schnell, und würde man ranziges Getreide verfüttern, würden die Chinchillas schwer krank.

Obwohl ich selber derartige Mischungen nicht gebe und meinen Tieren auch nicht anbieten würde, sollen sie an dieser Stelle der Vollständigkeit halber erwähnt werden. Ein Rezept wurde von Egon MÖßLACHER unter anderem im Buch „Chinchillazucht für jeden verständlich gemacht" 1992 veröffentlicht. Es besteht aus einer Mischung grober Weizenkleie, Hafer, Gerste, Hirse, Leinsamen, Futterkalk, Tiersalz und Trockenmagermilch, wovon 3 kg jeweils von der Weizenkleie, dem Hafer und der Gerste genommen werden, 1 kg von der Hirse, jeweils 500 g vom Leinsamen, dem Futterkalk und dem Tiersalz sowie 200 g Fenchel und 200 g Trockenmagermilch. In das Mischfutter wurden zusätzlich Heilkräuter gegeben, welche getrocknet und zwischen den Finger zerrieben wurden. Die eingesetzten Kräuter bestanden aus je drei gehäuften Esslöffeln Kamille und Hagebutte, zwei gehäuften Esslöffeln Pfefferminze, je einem gehäuften Esslöffel Salbei und Käsepappel (Malve) sowie einem halben gehäuften Esslöffel Johanniskraut. Von dieser Mischung hat MÖßLACHER pro Tier morgens einen halben Esslöffel angeboten, zusätzlich zu einer Hand voll Heu sowie abends einen Esslöffel Pellets mit einer Hand voll Heu. Wasser wurde den Tieren natürlich ebenfalls gereicht.

Harry ECKARDT (1963) empfahl in seinem „Großen Handbuch der Chinchillazucht" als ideale Futtermischung eine Mischung aus ¼ Esslöffel Weizenkeimen, ¼ Esslöffel Haferflocken, ¼ Esslöffel Weizen, ¼ Esslöffel Braugerste und einer Messerspitze Mineralsalzgemisch. Eine Hand voll Luzerneheu sowie Wasser, ein Mal die Woche versetzt mit Vitamintropfen, haben seine Mischung vervollständigt. Andere Autoren haben ihre speziellen Mischungen in Zeitschriften aufgelistet. Nach Erfahrungen sind diese Futtermischungen nicht ausreichend, die Tiere gleich bleibend über die Jahre zu versorgen, und der Aufwand und das Risiko sind zu groß.

Äste und Zweige

Zum Nagen und als Nahrungsergänzung lieben Chinchillas Äste und Zweige. Da auch hier die hiesigen nicht dem natürlichen Nahrungsangebot entsprechen, ist darauf zu achten, gut verträgliche Äste und Zweige zu reichen. Die Blätter sollten zum Großteil abgenommen werden. Auf keinen Fall dürfen die Äste gespritzt sein. Sehr beliebt bei den Tieren sind Apfelbaumzweige. Ebenfalls begeistert sind

Äste und Zweige

Chinchillas von Birnbaumästen, Linden-, Weiden- und Haselnusszweigen. Steinobsthölzer sollten nicht verfüttert werden, da hier bereits Vergiftungserscheinungen aufgetreten sind. Ob dies von der Menge abhängt, ist schwer zu sagen. Auch Birke ist umstritten und sollte daher besser nicht angeboten werden. Verfüttert werden können allerdings Zweige von Buchenhecken. Andere Äste und Zweige sind meist bedenklich, viele gelten als giftig. Deswegen ist hier immer erst sorgsam zu hinterfragen, ob sie geeignet sind.

Allgemein gilt es, Äste und Zweige gut unter heißem Wasser abzuduschen und gründlich abzuschrubben, damit Moosrückstände und Ähnliches nicht am Zweig oder Ast zu finden sind, und die Äste bzw. Zweige anschließend trocknen zu lassen. Das Innere kann gerne noch ein wenig frisch sein, hierbei muss aber auf Verträglichkeit geachtet werden, und natürlich sollte auch hier mit kleinen Portionen gestartet werden, damit der Darm sich daran gewöhnen kann. Innen gut durchgetrocknet, bieten sie noch ein wenig mehr Freude, da es für die Chinchillas eine wunderbare Beschäftigung ist, die hart gewordene Rinde abzunagen. Im frischen Zustand bitte auch hier darauf achten, dass keine großen Mengen gefressen werden.

Dienen auch der Beschäftigung: Weidenzweige zum Knabbern Foto: T. Jonca

Weitere Extras

Rosenknospen sind beliebte Leckerbissen Foto: K. Aretz

Weitere Extras

Die meisten zusätzlich im Zoofachhandel erhältlichen Nahrungsmittel sind nicht für Chinchillas geeignet. Aber auch weitere Zusätze sind meist nicht vorteilhaft, sondern schädlich. Vor allem Nüsse usw. sind für Chinchillas ungesund. Sie belasten die Leber und die Nieren, sodass Spätschäden absehbar sind. Schalen von Erdnüssen und Ähnlichem sind ebenfalls kein geeigneter Zusatz. Mineralsteine und Salzlecksteine sind auch eher als schädlich anzusehen, da ein gesundes Chinchilla bei guter Ernährung komplett versorgt ist. Einige Chinchillas neigen auch dazu, solche Steine in einer Nacht komplett zu zerlegen. Brot, Brötchen und weitere Backwaren gehören nicht auf dem Speiseplan und dienen nicht dem Abnutzen der Zähne, wie oftmals fälschlicherweise behauptet wird. Deswegen: Am besten die Finger von diesen Dingen lassen!

Wichtig!
Snacks aus Zooläden, wie z. B. Getreidestangen, getrocknete Mais- oder Karottenflocken, Bananenchips, Erbsenflocken, Haferecken, Milchpellets und Joghurtdrops, sollten den Tieren auf keinen Fall gereicht werden. Fast alles macht lediglich fett und/oder krank und hat selbst als gelegentliches Leckerli nichts beim Chinchilla verloren. Viele getrocknete Obstsorten sind wegen der Haltbarkeit geschwefelt und deswegen nicht geeignet. Hinzu kommt, dass sie meist nur schwer verdaut werden können und den Darm belasten.

Futterumstellungen

Es ist wichtig daran zu denken, dass eine Ernährungsumstellung bei Chinchillas große Probleme verursachen kann, und sollte man mit einem Pellet-Futter nicht zufrieden sein, ist es ratsam, vorher gut abzuwägen, auf welches Futter man umstellt, damit die Tiere nicht durch dauernde Wechsel belastet werden. In verschiedenen Versuchen hat man zwar festgestellt, das eine Umstellung von Pelletsorten bei absolut gesunden Tieren keine Probleme verursacht, doch nicht wenige Züchter mit langjähriger Erfahrung raten dazu, bei Futterumstellungen vorsichtig vorzugehen, da es zu häufig zu Problemen gekommen ist. Sollte dem Chinchilla eine Futterumstellung bevorstehen, ist es ratsam, diese über mindestens drei Wochen vorzunehmen.

Um von einem Futter auf ein anderes umzustellen, mischt man die Futtersorten zuerst im Verhältnis 1:1, dann steigert man täglich den Anteil des neuen Futters ein wenig und senkt gleichzeitig die Menge des alten Futters. Haben die Tiere vorher Mischfutter mit verschiedenen bunten Extras darin bekommen, kann es sein, dass

Achtung!
Je nachdem, welches Futter das Tier vorher erhalten hat und in welcher Verfassung das Chinchilla sich befindet, kann die Umstellung möglicherweise starke Darmprobleme hervorrufen, die unter Umständen zum Tode des Tieres führen können.

Chinchillas lieben Hagebutten
Foto: K. Aretz

sie auf Pelletfutter zuerst skeptisch reagieren und es liegen lassen. Hier hilft es, zum großen Teil alles Bunte aus dem vorherigen Futter zu entfernen und lediglich die Pellets zu mischen. Bei allen Umstellungen sind die freie Verfügbarkeit des Heus und das Beobachten des Kotabsatzes besonders wichtig. Je nachdem, welche Ernährung ein Chinchilla vorher genossen hat, kann der Darm schon so überbeansprucht sein, dass er empfindlich reagiert. Auch wenn man von dem bisherigen Futter Neues kauft, ist es ratsam, einen Rest vom alten Futter mit einem Teil des neuen zu mischen, da es wegen veränderter Rohstoffe gelegentlich auch bei Herstellern zu Schwankungen kommt.

Rührt ein Chinchilla partout nicht das neue Futter an, dann bleibt unter Umständen nur die Radikalumstellung, also das sofortige Weglassen des alten Futters und Anbieten des neuen Futters. Auch kann man sie häufig verführen, indem man einzelne Pellets durch die Gitterstäbe reicht. Hierbei ist natürlich wichtig, dass das Chinchilla gesund ist und ständig Heu zur Verfügung hat, damit die neuen Nahrungsmittel die Darmflora nicht negativ beeinflussen und das Chinchilla krank machen. Chinchillas dürfen niemals hungern. Ihr Darm

Futterumstellungen sollten stets langsam erfolgen Foto: K. Aretz

> **Wichtig!**
> Sehr vorsichtig ist die Nahrungsumstellung von verfetteten Tieren anzugehen. Wird ein fettes Chinchilla auf Diät gesetzt, kann dies schwere Leberschäden auslösen, die bis zum Leberversagen reichen. Hier sollte darauf geachtet werden, dass die Umstellung auf eine gesunde Ernährung sehr langsam erfolgt und möglicherweise ein Tierarzt zu Rate gezogen wird, der wichtige Hinweise liefern kann.

muss in Bewegung bleiben, um richtig zu funktionieren. Eine Nahrungsverweigerung kann dementsprechend Probleme auslösen. Ein oder zwei Tage ohne Pellets schaden einem gesunden Chinchilla normalerweise allerdings nicht – solange es Heu zur freien Verfügung hat. Im Regelfall fressen allerdings alle Chinchillas spätestens in der folgenden Nacht die für sie unbekannten Pellets.

Um Zusätze wie Kräuter oder Apfel zu reichen, beginnt man zuerst mit einem Stück, das etwa die Größe des kleinen Fingernagels hat. Die ersten Tage sollte man bei dieser Menge bleiben und das Verhalten und den Kotabsatz des Tieres beobachten. Bleibt alles normal, kann man die Menge langsam Tag für Tag steigern. Während dieser Zeit sollte weiterhin der Kotabsatz im Auge behalten werden. Bei Anzeichen von Unwohlsein oder Durchfall bzw. Verstopfung ist das Nahrungsmittel umgehend abzusetzen und im Folgenden die Menge stark zu reduzieren. Man darf nun aber bitte nicht annehmen, dass man alle Auswirkungen in diesem Zeitraum erkennen kann. Chinchillas sind relativ robust, und die eigentliche Verträglichkeit stellt sich erst nach Wochen, Monaten und teilweise Jahren heraus.

Wichtige Hinweise zur Ernährung

Obwohl in der Literatur auch oft von Getreidemischungen und Grün- sowie Frischkost gesprochen wird, hat sich die Ernährung mit viel Heu und wohl dosierten Mengen Pellets bei den meisten Haltern und Züchtern durchgesetzt. Auch wenn manche Halter und Züchter ihre Chinchillas anders ernähren, ist die hier genannte Ernährung der sicherste Weg, der heutzutage bekannt ist. Behält man die Tiere im Auge und gleicht die Ernährung den Bedürfnissen an, kann im Grunde nichts schiefgehen. Ausnahmetiere wie Chinchillas mit Diabetes oder Ähnlichem sind davon natürlich ausgeschlossen. Die Ernährung von (z. B. an Diabetes) erkrankten Tieren sollte mit einem chinchillaerfahrenen Tierarzt abgesprochen werden.

Viele Krankheiten, die man bei anderen Ernährungsformen beobachten kann, sind damit vermeidbar. Viele Halter wissen auch gar nicht um die Darmproblematik und halten den Kotabsatz ihrer Tiere für normal, obwohl ihre Chinchillas unter chronischer Verstopfung leiden bzw. teilweise auch an chronischen Durchfällen. Häufig weisen deutliche Kotspuren an Sitzbrettern oder Häusern auf massive Durchfälle der Tiere hin, die durch falsche Ernährung entstehen. Noch häufiger sind winzige Köttel, welche anzeigen, dass die Tiere unter Verstopfungen leiden. Auch feuchte Augenpartien, verklebtes oder schütteres Fell können auf eine falsche Ernährung zurückzuführen sein, werden aber teilweise nicht richtig erkannt. Daher ist es wichtig, erste Krankheitsanzeichen frühzeitig wahrzunehmen.

Das falsche Futter macht Chinchillas krank. Dies gilt insbesondere für bunte Futtermischungen, wie sie häufig im Zoohandel angeboten werden. Da unsere hiesigen Nahrungsmittel nicht denen der natürlichen Umgebung entsprechen, kön-

Wichtige Hinweise zur Ernährung

Leckerli sollten nur in Maßen verfüttert werden Foto: K. Aretz

nen die Tiere hierbei nicht ihren Bedürfnissen nachgehen, sondern suchen sich die für sie leckersten Bestandteile heraus, ohne einschätzen zu können, ob es ihnen wirklich gut bekommt. Durch ihre Robustheit zeigen sie die Auswirkungen aber meist recht spät an – meist zu spät um einschreiten und gegensteuern zu können. Im Gegensatz zum Menschen, dem einseitige Kost schnell über ist und der deswegen annimmt, Abwechslung müsse immer gut sein, ist es für Chinchillas nicht nachteilig, wenn ihre Ernährung „eintönig" verläuft, sofern sie ihren Bedürfnissen entspricht. Getrocknete Kräuter in geringen Mengen von einem Teelöffel pro Tier und Tag, können verfüttert werden, aber der Gesundheitszustand sollte immer im Auge behalten werden und jede Gabe gut durchdacht sein. Zu leicht wird man verführt, den Tieren, weil sie es mögen, mehr anzubieten als sie vertragen. Um ernährungsbedingte Krankheiten zu vermeiden, sollten sowohl Hauptfutter als auch Leckerli mit Bedacht gewählt werden.

Das Chinchilla zieht ein
Eingewöhnungszeit neuer Tiere

Chinchillas sind Fluchttiere. Deswegen sollte man sie nie in die Enge treiben, sondern immer warten, bis sie auf einen zukommen, oder sie vorwarnen, wenn man sich ihnen nähert. Man sollte nie von hinten oder oben nach ihnen greifen und sie möglichst ansprechen, wenn man in ihre Nähe kommt. Die meisten Tiere möchten vom Menschen nicht gegriffen und auch nicht gestreichelt werden. Man sollte sie nicht dazu zwingen, sonst führt dies zu einem Vertrauensverlust bzw. es kann sich erst gar kein Vertrauensverhältnis zwischen Mensch und Tier aufbauen. Chinchillas brauchen Zeit, um Vertrauen zu fassen. Ein Chinchilla zeigt in den ersten Wochen in seinem neuen Zuhause noch nicht seine typischen Verhaltensweisen. Es braucht eine Weile, um sich wirklich einzuleben. Es gibt Tiere, die zuerst noch richtig bissig reagieren, wenn man sich ihnen nähert, später aber extrem handzahm werden, und andere, bei denen man zuerst den Eindruck hat, sie wären zutraulich, und die sich dann als kleine Biester entpuppen. Deswegen sollte man aus dem Verhalten in den ersten Wochen im neuen Zuhause nicht zu viel ableiten.

Vor allem in den ersten Tagen braucht das neue Chinchilla Ruhe vor uns. Nach

Hinweis!
Bekommt das Tier die nötige Ruhe und Zeit, sich zuerst auf die Umgebung einzustellen bevor es sich mit seinem Halter befassen muss, geht alles Weitere fast von alleine und erfordert lediglich ein wenig Geduld vom Halter.

Chinchillas lassen sich leicht mit Futter locken Foto: K. Aretz

ca. zehn Wochen ist die Eingewöhnung abgeschlossen, und die meisten Tiere sind schlagartig wie ausgewechselt. Obwohl es verführerisch leicht ist, Chinchillas mit Leckereien an die menschliche Hand zu gewöhnen, sollte darauf verzichtet werden. Die Kleinen sind von Natur aus so neugierig, dass sie sich im normalen Umgang schnell an den Menschen gewöhnen und später sogar richtig Freundschaft mit ihm schließen können (allerdings nie vergleichbar mit der Freundschaft zu Artgenossen!). Die Tiere sollen sich auf uns freuen und nicht auf Knabbereien, die gereicht werden könnten.

In den ersten Tagen sollten neue Tiere komplett in Ruhe gelassen werden. Sie bekommen lediglich frisches Futter und Wasser. Erst nach drei bis fünf Tagen beginnt man mit der Kontaktaufnahme, sofern sie nicht von den Tieren schon vorher gesucht wird. Ängstliche Chinchillas bleiben vorerst dem Freilauf fern, da es durch die Überflutung an neuen Eindrücken zu einer Verzögerung in der Eingewöhnung kommen kann. Nach den ersten Tagen, je nach Verhalten der Chinchillas, fängt man an, die Käfigtür länger offen zu lassen und sich davor zu setzen oder davor zu stellen (je nach Höhe des Käfigs). Im Normalfall bietet sich hierfür der Tag an, an dem auch die Käfigreinigung ansteht. Hält man Hände oder Arme in den Käfig, kommen die meisten Tiere an und untersuchen vorsichtig das für sie noch unbekannte Wesen. Bewegungen verscheuchen sie zuerst wieder, allerdings immer nur kurzfristig. So kann man ihnen Zeit geben, bis sie die Hand nicht mehr als ungewöhnlich ansehen.

Wenn sie bei kleinen Bewegungen nicht mehr gleich wegrennen, kann man vorsichtig versuchen, sie an der Nase, den Bereich vor den Ohren und an den Seiten zu kraulen. Hierbei kann man sanft mit ihnen reden. Chinchillas reagieren sehr auf Stimmen und lauschen neugierig. Es dauert oft ein paar Tage, bis die Tiere in diesen Situationen nicht zurückweichen oder leise meckern, sondern abwarten, was weiter geschieht. Darf man den Bereich zwischen Nase und Ohren sowie die Seiten kraulen, dann dauert es auch nicht lange, bis sie es zulassen, dass man sie hinter den Ohren und am Bauch berühren darf. Die meisten Tiere haben zu diesem Zeitpunkt schon begonnen, kurz auf die Hände zu springen und sie von oben zu untersuchen. Dann kann man vorsichtig mit einem Finger das Fell streicheln. Später sind sie auch bei der ganzen kraulenden Hand entspannt – sofern ihnen danach ist. Dies muss aber jedes Tier selbst entscheiden. Einige sind schnell dafür zu begeistern, andere brauchen länger, ein paar wenige lassen es nie zu. Alles was man braucht ist Geduld, Geduld und noch einmal Geduld.

> **Tipp!**
> Nach dem Einzug kann es passieren, dass Chinchillas die ersten Nächte einen lauten Warnruf ausstoßen. Dies ist zurückzuführen auf die neuen Eindrücke, die eine große Unsicherheit bei den Tieren auslösen, und so werden einige neue Chinchillahalter nachts von diesem für sie ungewohntem Geräusch überrascht. Es kann in diesen Fällen leise nachgeschaut werden, ob alles in Ordnung ist. Das Chinchilla sollte aber nur gestört werden, wenn tatsächlich ein für den Halter sichtbarer Auslöser das Chinchilla verängstigt hat.

Vergesellschaftung

Durch die Individualität der einzelnen Tiere kann sich eine Vergesellschaftung einfach oder schwer gestalten. Vorherige Erfahrungen der Chinchillas sind mit ausschlaggebend, aber auch überängstliches oder aggressives Verhalten kann eine große Rolle spielen. Wie wichtig die Tierauswahl für die Zusammenführung ist, wurde ja bereits erläutert, und hier kommt sie zum ersten Mal zum Tragen. Chinchillas neigen dazu, jeden fremden Artgenossen erst einmal als Feind zu betrachten. Aufgrund von Unsicherheit und Angst kann Abwehrverhalten bis hin zu Bissigkeit auftreten. Gehäuft treten solche Auseinandersetzungen auf, wenn die Tiere über ein großes Platzangebot verfügen, während sie auf den möglichen neuen Partner treffen. Hierbei lässt sich nicht feststellen, wodurch Chinchillas manchmal massiv überreagieren. Vermutlich ist es die fehlende Rückendeckung, die viele Chinchillas dazu verleitet, sehr aggressiv zu reagieren.

> **Hinweis!**
> Ein nicht ganz unproblematisches Thema ist die Zusammenführung zweier oder mehrerer Tiere. Leider bieten nicht alle Züchter und auch nur wenige Zoofachgeschäfte Hilfe bei der Vergesellschaftung von Chinchillas an, und die wenigsten Halter wissen, dass es bei Zusammenführungen zu Schwierigkeiten kommen kann. Hier kann es helfen (z. B. im Internet) Kontakte zu suchen und sich mit anderen Chinchillahaltern auszutauschen.

Vorsichtige Kontaktaufnahme zweier Chinchillas Foto: K. Aretz

Vergesellschaftung

Allerdings kann man massive Angriffe auch dann beobachten, wenn ein Tier in einem Versteck sitzt und ein fremdes Chinchills sich ihm nähert. Chinchillas verteidigen naturgemäß ihr Revier gegen Eindringlinge. Somit ist davon abzuraten, neue Tiere einfach in den Lebensraum eines oder mehrerer ansässiger Tiere zu setzen. Die sich hieraus ergebenden Kämpfe würden nämlich sehr heftig ablaufen. Haben die Tiere schon schlechte Erfahrungen gemacht, kann dies eine Vergesellschaftung erschweren, macht sie aber im Normalfall nicht unmöglich. Nur selten sind Chinchillas durch extrem schlechte Erfahrungen so verhaltensgestört, dass von einer Vergesellschaftung abzuraten ist. Vor jeder Vergesellschaftung sollte man sich dem Verhalten der Tiere widmen und schauen, ob sie eher dominant oder unterwürfig sind, ob sie zickig reagieren oder eher zu den Sanftmütigen zählen. Das Verhalten dem Menschen gegenüber gibt allerdings nicht unbedingt Rückschlüsse darauf, ob die Tiere sich ebenso einem Artgenossen gegenüber verhalten. Einige Chinchillas reagieren beim Menschen eher mit Vorsicht, sind aber gegenüber ihren neuen Partnertieren sehr offen. Andersherum gibt es Chinchillas, die „ihren" Menschen sehr lieben und anhänglich sind, fremden Artgenossen gegenüber aber eher Misstrauen zeigen. Auch Tiere, die über einen langen Zeitraum einer Fehlprägung auf den Menschen unterlagen oder lange Zeit zu Einzelhaft verdammt waren, können Artgenossen gegenüber sehr unterschiedlich reagieren. Im Prinzip gibt es fünf Formen einer Vergesellschaftung. Zwei davon sind – vor allem für Neueinsteiger – nicht anzuraten. Sie werden trotzdem erwähnt, damit sich jeder seine eigene Meinung bilden kann. Die dritte Methode ist für die Tiere mitunter sehr stressig und kann ihr künftiges Verhalten stark beeinflussen.

> **Hinweis!**
> Durch die Reaktionen, die einige Chinchillas bei unvorsichtiger Zusammenführung zeigen, wird nicht selten angenommen, dass sie nicht zu vergesellschaften seien und lieber alleine leben wollen. Das stimmt nicht! Die Wahrscheinlichkeit, auf ein Tier zu treffen, für das sich kein passender Partner finden lässt, ist äußerst gering, auch wenn eine Zusammenführung bei verhaltensauffälligen Tieren durchaus Zeit erfordert.

Vorsichtige Kontaktaufnahme Foto: K. Aretz

Wichtige Hinweise zur Vergesellschaftung

Eine Vergesellschaftung dient dazu, zwei oder mehr Tiere zusammenzuführen, wobei versucht wird, natürliche Abwehrreaktionen zu kanalisieren. Eine Abneigung zwischen Chinchillas kann dabei nicht ausgeschlossen werden. Wenn sich zwei Tiere überhaupt nicht verstehen und es zu einer blutigen Auseinandersetzung kommt, dann sollten die Tiere umgehend getrennt werden! Es hat wenig Sinn, mit Gewalt zu versuchen Tiere zusammenzubringen, da dies schwere Verletzungen und Schockzustände hervorrufen kann.

Wenn Menschen sich konzentrieren, können sie bestimmte Situationen durch ihr Bauchgefühl erfassen. Vertrauen Sie diesem Gefühl! Eigene Angst oder Unsicherheit können das Gefühl leider überdecken und führen zu Fehleinschätzungen. Deswegen sollten alle Personen, die der Vergesellschaftung beiwohnen, ruhig und entspannt sein. Die eigene Unruhe, sollte man unsicher sein, überträgt sich auf die Tiere. Dies kann zum Scheitern einer Vergesellschaftung führen. Innere Ruhe und Kraft hingegen geben auch den Tieren ein wenig Sicherheit und können sie un-

> **Tipp!**
> Jede Vergesellschaftung ist leichter, wenn man sie zu zweit durchführt. Zu viele Personen können allerdings die Tiere überfordern. Deswegen sollten sich möglichst nicht mehr als zwei Personen im Raum oder in der Nähe der Tiere befinden.

Die Vergesellschaftung junger Chinchillas ist i.d.R. unproblematisch Foto: K. Aretz

terstützen. Wer sich dies nicht zutraut, sollte sich jemanden an die Seite holen, der ihm helfen kann.

Das Aufrichten voreinander und das gegenseitige Anmeckern ist ein normales Verhalten der Chinchillas. Es signalisiert Vorsicht, Unsicherheit, teilweise auch Angst, und dass ein Chinchilla sich Respekt verschaffen möchte. Geübte Halter oder Züchter erkennen die Unterschiede, alle anderen sollten das Verhalten genau beobachten, um es einschätzen zu können. Es darf bei einer Vergesellschaftung auch mal zu einer der berühmten „Pipi-Duschen" kommen, bei denen sich die Tiere aufrichten und mit gezielt eingesetztem Urinieren versuchen, ihr Gegenüber zu verscheuchen.

Nach erfolgreicher Vergesellschaftung sollten die Versteckmöglichkeiten im Käfig anfangs über mindestens zwei Ausgänge verfügen Foto: K. Aretz

Auf keinen Fall aber dürfen sich die Tiere gegenseitig verletzen. Chinchillas beißen schnell und kräftig, wenn sie aggressiv oder panisch sind. Wenn einem die Erfahrung fehlt, übersieht man durch das dichte Fell schnell, ob gebissen oder nur gedroht wurde. Die Tiere müssen deswegen immer im Auge behalten werden. Die Verletzungen sind im Normalfall nicht tief oder groß, können sich aber natürlich entzünden. Es gibt auch immer wieder Fälle, in denen Chinchillas ihr Gegenüber wirklich innerhalb von wenigen Sekunden schwer verletzen. Solche Tiere sollten bei späteren Integrationen gut beobachtet werden, da hier auch eine Verhaltensstörung vorliegen kann. Wenn die Chinchillas sich beißen, dann bitte nicht mit den Händen dazwischen gehen. Die Tiere geraten in einen richtigen Rausch und beißen wirklich alles, was vor ihre Nase kommt. Im Notfall hilft es, ein Handtuch zwischen die beißenden Chinchillas zu halten oder die Tiere, mit einem dicken Handschuh bewaffnet, vorsichtig zu trennen.

Chinchillas verlieren sehr schnell aus Unsicherheit oder Angst ein wenig Fell. Somit ist es auch nicht dramatisch, wenn ab und an ein Fellbüschel herumfliegt, da die Tiere sich auch beim aufgeregten Herumspringen gegenseitig berühren und

Wichtige Hinweise zur Vergesellschaftung

kleine Bisse ins Fell der normalen Abwehr dienen. Das Tier, welches sich rangniedriger glaubt, versucht oft, von unten die Mundpartie des anderen Tieres zu erreichen und dort anzustupsen. Gelegentlich testet auch ein später ranghöheres Tier mit diesem Stupsen die Reaktion des Gegenübers. Dieses Zeichen der Anbiederung ist sehr gut, muss allerdings vom anderen Tier auch angenommen werden, indem es den Kopf leicht hebt und sich anstupsen lässt. Wenn nicht, dreht es sich meist schnell zum anderen Tier hin und schnappt ein Mal zu. Wenn es nur ein Mal zuschnappt, dient dies der Abwehr. In diesem Fall sollte der Mensch sich nicht einmischen, da die Tiere auf diese Weise ihre Rangordnung klären müssen. Setzt das Chinchilla aber nach und beißt weiterhin zu, dann wird es den potentiellen Partner wahrscheinlich nicht annehmen, und eine rasche Trennung ist ratsam.

Es gibt zwischen den Tieren zuerst durchaus Verständigungsschwierigkeiten. Ihr Aufwachsen und die eigene Familie prägen ihr Verhalten, welches sich von anderen Chinchillas unterscheidet. Somit muss man, wenn sie z. B. anfangen zu meckern, nicht davon ausgehen, dass sie sich gar nicht mögen. Meckern ist im gewissen Rahmen normal, man erkennt beim genauen Beobachten, ob dieses Meckern zur normalen Kommunikation gehört oder ein ernsthaftes Drohen darstellt. In solchen Momenten sollte der Halter auf das eigene Bauchgefühl hören, welches einem

Die Zusammenführung junger Chinchillas ist meistens innerhalb kurzer Zeit erfolgreich Foto: K. Aretz

Wichtige Hinweise zur Vergesellschaftung

am besten sagt, ob eine Situation gefährlich ist oder nicht. Auch leichtes Zuschnappen heißt nicht gleich, dass die Tiere sich nicht verstehen. Chinchillas kommunizieren zwar über Lautsprache miteinander, aber die Zähne werden durchaus eingesetzt, um bestimmte Dinge durchzusetzen. Wenn dies aus diesem Grund heraus geschieht, dann deuten die Chinchillas Bisse nur an, packen auch mal ein wenig Fell, beißen aber nicht richtig zu. Aus Unerfahrenheit kann man dieses Verhalten schnell fehldeuten, und eine vorzeitige Trennung kann die Zusammenführung endgültig zum Scheitern bringen. Wenn ein Chinchilla anfängt, das andere zu akzeptieren, dann beginnt es meist, die Ohren, die Mundpartie und seltener die Augen zu putzen. Das kann ein kritischer Punkt sein, denn nicht alle Tiere lassen einen Fremden an diesen Bereich, und wenn dann abwehrend gemeckert wird, kann das durchaus Streit auslösen.

Der beste Zeitpunkt, Chinchillas zu vergesellschaften, ist morgens. Ein am Abend richtig munteres Chinchilla steckt viel mehr Energie in das Vertreiben eines möglichen Eindringlings als ein Chinchilla, das noch müde und träge ist. Des Weiteren ist man selber tagsüber anwesend, schläft normalerweise nachts und kann die Tiere deswegen besser im Auge behalten. In den ersten Tagen der Vergesellschaftung sollten die Tiere grundsätzlich gut beobachtet werden, damit der Halter bei starken Auseinandersetzungen eingreifen kann.

Jedes Tier hat seine Eigenarten. Diese gilt es bei der Partnerwahl zu berücksichtigen, und natürlich wird es auch Ausnahmetiere geben, die bei allem Neuen gereizt reagieren und Unbekanntes nicht akzeptieren wollen. Gerade Einzelhaltungstiere mit Fehlprägung brauchen viel Geduld und einen Partner, der bei Missverständnissen nicht gleich die Zähne einsetzt.

> **Hinweis!**
> Trächtige Chinchillaweibchen sollten unter keinen Umständen vergesellschaftet werden. Zum einen sind andere Chinchillas eine Gefahrenquelle für ihre Nachkommen, die sie von sich abwehren wollen, und zum anderen kann der Stress auch eine Fehlgeburt auslösen.

Chinchillas dürfen sich nicht verletzen und müssen bei starken Auseinandersetzungen getrennt werden. Gelegentlich wird ein „Fellfliegen" falsch interpretiert. Zwischen „es fliegt ein wenig Fell" und „es fliegt ein wenig Fell" können nämlich Welten liegen. In dem einen Fall kommt es nicht zu Verletzungen, in dem anderen hingegen schon. Deswegen sind Sichtkontakt und genaues Beobachten unumgänglich. Bei dem normalen Zurecht- und Zurückweisen durch Andeutungen von Beißereien lassen die Tiere sich meist mit Zureden sofort beruhigen und ablenken. Wenn nicht, dann handelt es nicht um eine kleine Zurechtweisung, sondern um eine ernsthafte Auseinandersetzung, und die Tiere müssen getrennt werden.

Im Anschluss an die Zusammenführung der Tiere sollte man Streitpunkte vorerst vermeiden. So entfernt man z. B. zuerst für ein paar Tage die Häuschen oder stellt mehrere ein, die aber mindestens über zwei Ausgänge verfügen sollten. Ein

Chinchilla, das sich bedroht und in die Ecke gedrängt fühlt, reagiert dementsprechend. Auch sollten Leckerli vermieden werden, da Chinchillas einfach gerne vom anderen klauen und dies Streit auslösen kann, der bei einer gefestigten Partnerschaft kein Problem ist, aber in einer neuen Partnerschaft durchaus in eine ernsthafte Beißerei ausarten kann. Alles was begehrt ist und zu Streit führen kann, muss vorerst von den Tieren fern gehalten werden. In der ersten Nacht ist es ratsam, neben dem Vergesellschaftungskäfig zu schlafen. Es kann immer noch zu einer brenzligen Situation zwischen den Tieren kommen, die aus mangelnder Kenntnis über das Verhalten des neuen Partners zu Streit führen kann. Ist ein Vergesellschaftungsversuch gescheitert und kam es zu Beißereien, sollte die Zusammenführung nicht gleich wiederholt oder mit dem nächsten Tier ausprobiert werden. Die Tiere sollten sich erst einmal entspannen, damit sie die negative Erfahrung verarbeiten können. Je nach Ausgang des vorherigen Versuches und der Sensibilität der Tiere kann der Zeitrahmen, den sie zum Verarbeiten benötigen, durchaus vier Wochen betragen.

Vergesellschaftung im Freilauf

Diese Form der Vergesellschaftung ist für die Tiere riskant und teilweise gefährlich. Um sie überhaupt anzuwenden, ist eine extreme Grundkenntnis über das Verhalten der jeweiligen Tiere notwendig, über die aber vor allem neue Chinchillahalter nicht verfügen. Aber auch erfahrene Halter können sich hierbei sehr täuschen. Bei dieser Form der Vergesellschaftung werden die Tiere zuerst einander vorgestellt, indem man sie auf den Arm nimmt und sich beschnuppern lässt. Wenn sie sich neugierig und friedlich verhalten, werden sie auf einem neutralen, gesicherten Gebiet zusammengeführt. Der Raum muss unbedingt sicher sein, damit die Chinchillas in der eventuell auftretenden Panik nicht irgendwohin springen können, wo sie sich verletzen. Beim Aufeinandertreffen wird das Verhalten der Tiere beobachtet, damit man im Notfall schnell eingreifen kann. Wenn die Tiere sich das erste Mal begegnen, berühren sie sich wahrscheinlich zuerst mit den Nasen, um zu schauen, mit wem sie es zu tun haben. Ist ihnen ihr Gegenüber sympathisch, trennen sie sich meist erst wieder, um ihr Umfeld unter die Lupe zu nehmen und treffen nur gelegentlich aufeinander. Bleibt dieses Zusammentreffen über längere Zeit friedlich, können die Tiere in einen für beide neutralen Käfig gesetzt werden, sollten allerdings weiterhin unter Beobachtung bleiben. Erst wenn sich innerhalb der nächsten Tage bzw. Wochen keine Streitigkeiten ergeben, ist die Zusammenführung gelungen. Leider gibt es bei dieser Form der Vergesellschaftung nur selten einen Erfolg. Viele Chinchillas reagieren beim ersten Zusammentreffen trotz vorherigen Beschnupperns auf dem Arm des Halters und ohne sichtbare Anzeichen von Unbehagen oder Abneigung sofort mit Aggressionen und greifen ihr

Gegenüber an. Bei der hieraus resultierenden sehr wilden Jagd ist es durch den vorhandenen Platz schwer, die Tiere zu trennen. Da das gejagte Tier nicht selten in Panik verfällt, rennt es auch ziellos umher, was Verletzungen hervorrufen kann. Das jagende Tier hingegen ist kaum davon abzubringen, wild um sich zu beißen, und wird alles, was sich ihm in den Weg stellt, wahllos attackieren.

Vergesellschaftung im neuen Käfig

Auch diese Vergesellschaftungsform ist sehr riskant. Hierbei wird ebenfalls zuerst geschaut, wie die Tiere unter gesicherten Bedingungen auf dem Arm beim gegenseitigen Beschnuppern reagieren. Verläuft dieses friedlich und neugierig, werden die Tiere in einem neutralen Käfig zusammengesetzt. Danach verläuft es nach einem ähnlichen Schema wie bei der Vergesellschaftung im Freilauf und man beobachtet das Verhalten. Bleiben die Tiere freundlich miteinander und verlaufen ihre Begegnungen friedlich, beobachtet man sie weiterhin über mehrere Stunden, um sicherzustellen, dass sie sich wirklich verstehen. Wie auch die vorherige Methode, verläuft auch diese meist negativ. In einem Käfig besteht die Gefahr schwerer Verletzungen, da die Tiere hier während einer Jagd abstürzen können.

Eine Vergesellschaftung im Freilauf ist gemeinhin nicht zu empfehlen Foto: K. Aretz

Vergesellschaftung durch Käfig-an-Käfig

Dies ist eine Vergesellschaftungsform, die durchaus zum Erfolg führt, allerdings sehr lange dauert und dementsprechend stressiger ist als eine schnelle Vergesellschaftung. Bei dieser Vergesellschaftung werden die Chinchillas in getrennten Käfigen nebeneinander gestellt und so über einen gewissen Zeitraum gehalten. Hierbei soll ein Kontakt insofern stattfinden, als dass die Tiere sich sehen und riechen können, aber nicht die Möglichkeit haben, sich anzugreifen. Dabei ist zu beachten, dass manche Tiere versuchen, durch die Gitterstäbe die Zehen des Chinchillas gegenüber zu erwischen, was natürlich durch ausreichend Abstand zwischen den Käfigen verhindert werden sollte. Ein Zentimeter zwischen zwei Käfigen, je nach Gitterabstand, kann ausreichend sein, um Nasenkontakt herzustellen, ohne dass eines der Tiere die Zehen des anderen Chinchillas erwischen kann. Verhalten sich die Tiere neugierig und friedlich, fängt man im Laufe der Folgetage an, regel-

Bei der Käfig-an-Käfig-Vergesellschaftung werden zunächst die verschiedenen Einrichtungsgegenstände ausgetauscht Foto: K. Aretz

mäßig die Sandbäder auszutauschen, Futternäpfe gegeneinander auszutauschen und die Häuschen zu tauschen, damit der Geruch des bis dahin fremden Tieres vertraut wird. Hat man den Eindruck, dass die Chinchillas hier neugierig und offen reagieren, tauscht man die Käfige und setzt beide Tiere in den jeweils anderen Käfig um. Nach und nach wird der Geruch des künftigen Partners immer vertrauter, sodass man die Tiere auch mal auf die Hand nehmen und sich gegenseitig beschnuppern lassen kann. Diese Zeit verläuft über ein paar Wochen, und danach testet man beim gemeinsamen gesicherten Freilauf aus, wie die Tiere bei einem direkten Aufeinandertreffen reagieren. Verläuft alles ruhig und bleiben die Tiere aufgeschlossen, können sie gemeinsam in einen der Käfige oder einen neutralen Käfig ziehen, sollten aber auch hier noch ein paar Stunden beobachtet werden, ob sie friedlich bleiben. Diese Vergesellschaftung dauert sehr lange und ist deswegen nicht für jeden geeignet. Trotzdem führt sie manchmal zum Erfolg. Probleme können natürlich auch hier auftreten, da es selbst nach Wochen des Kontakts durch Käfig-an-Käfig sein kann, dass die Tiere sich beim Aufeinandertreffen nicht verstehen.

Vergesellschaftung durch Käfig-in-Käfig

Diese Vergesellschaftungsform basiert auf einem ähnlichen Prinzip wie die Vergesellschaftung durch Käfig-an-Käfig, allerdings wird hierbei der zweite Käfig bewusst kleiner gewählt und in den größeren gestellt. Dem dort lebenden Chinchilla soll somit der „Eindringling" auf geschützte Weise in seinem Gebiet vorgestellt werden, damit es erkennt, dass ihm nichts Böses droht. Dies bedeutet in der Regel massiven Stress für beide Tiere. Das in dem großen Käfig lebende Chinchilla hat in seinem Gebiet ein fremdes Tier, das es nicht vertreiben kann. Das in dem kleinen Käfig lebende Tier ist seinem Gegenüber ausgeliefert. Der kleinere Käfig ist meist von allen Seiten offen, und dem dort lebenden Chinchilla bleiben kaum Rückzugsmöglichkeiten, in denen es sich sicher und unbeobachtet fühlt. Häufig sind kleine Käfige nach oben nur vergittert, sodass das Chinchilla im größeren Käfig auch von oben drohen kann. Da zu den natürlichen Feinden der Tiere Greifvögel zählen, sind sie bei Gefahren von oben unter starker Anspannung, die sich bis zur Panik steigern kann. Das Chinchilla im kleinen Käfig kann versuchen, den von oben nahenden „Feind" anzugreifen. Hierbei kann es zu Bissen in die Füße und dem Verlust von Zehen kommen. Möchte man diesen Weg wählen, ist unbedingt darauf zu achten, dass der kleine Käfig von mindestens drei Seiten geschlossen ist und dadurch eine Rückzugsecke bietet. Der weitere Verlauf ist ähnlich wie bei der Käfig-an-Käfig-Vergesellschaftung. Die Käfiginhalte wie Haus oder Sandbad werden regelmäßig ausgetauscht, und irgendwann dürfen die Chinchillas sich geschützt auf der Hand erstmals beschnuppern, damit sie hinterher gemeinsam im großen Käfig leben können. Risiken sind hierbei ähnlich wie bei der Käfig-an-

Vergesellschaftung durch Käfig-in-Käfig

Käfig-Vergesellschaftung, lediglich der vorherige Stress beeinflusst oft zusätzlich das Verhalten.

Situationen, in denen sich solch eine Form anbietet, sind Rangordnungsprobleme in einer Gruppe, die ein Zerbrechen der Gruppe bedeuten können. Hier kann das Tier für kurze Zeit (z. B. über Nacht) von der Gruppe abgegrenzt werden, damit es sich beruhigen und hinterher wieder in die Gruppe integriert werden kann, sofern man dem Chinchilla Rückzugsmöglichkeiten zur Sicherheit bietet. Auch wenn ein Chinchillaböckchen nach der Geburt seiner Nachkommen dem Weibchen zu sehr zusetzt, bietet es sich an, ihn auf diese Weise erst einmal fernzuhalten, damit das Weibchen sich entspannen und Kräfte sammeln kann.

Durch ein Austauschen der Käfigeinrichtung kann versucht werden, die Tiere an den Geruch ihres fremden Artgenossen zu gewöhnen Foto: K. Aretz

Box-Methode

Diese Form der Vergesellschaftung ist die, die am schnellsten zum Erfolg führt und am ehesten zeigt, wenn zwei Tiere sich nicht verstehen. Auf diesem Weg wurden schon viele Chinchillas erfolgreich vergesellschaftet. Probleme treten hier selten auf, wobei nicht auszuschließen ist, dass es auch hier zu einem Scheitern der Vergesellschaftung kommen kann. Um die Box-Methode auszuführen, benötigt man eine Transportbox oder einen sehr kleinen Käfig bzw. etwas Vergleichbares. Hierfür eignen sich z. B. Ausstellungskäfige oder kleine Hamsterkäfige. Der Käfig oder Behälter sollte so beschaffen sein, dass sich die Tiere, die vergesellschaftet werden, darin bewegen können, aber hierbei dauerndem Körperkontakt ausgesetzt sind. Die Box sollte möglichst zwei Eingänge oder eine große Öffnung von oben

Die Tiere können bei der Vergesellschaftung von einem kleinen in einen etwas größeren Ausstellungskäfig gesetzt werden Foto: K. Aretz

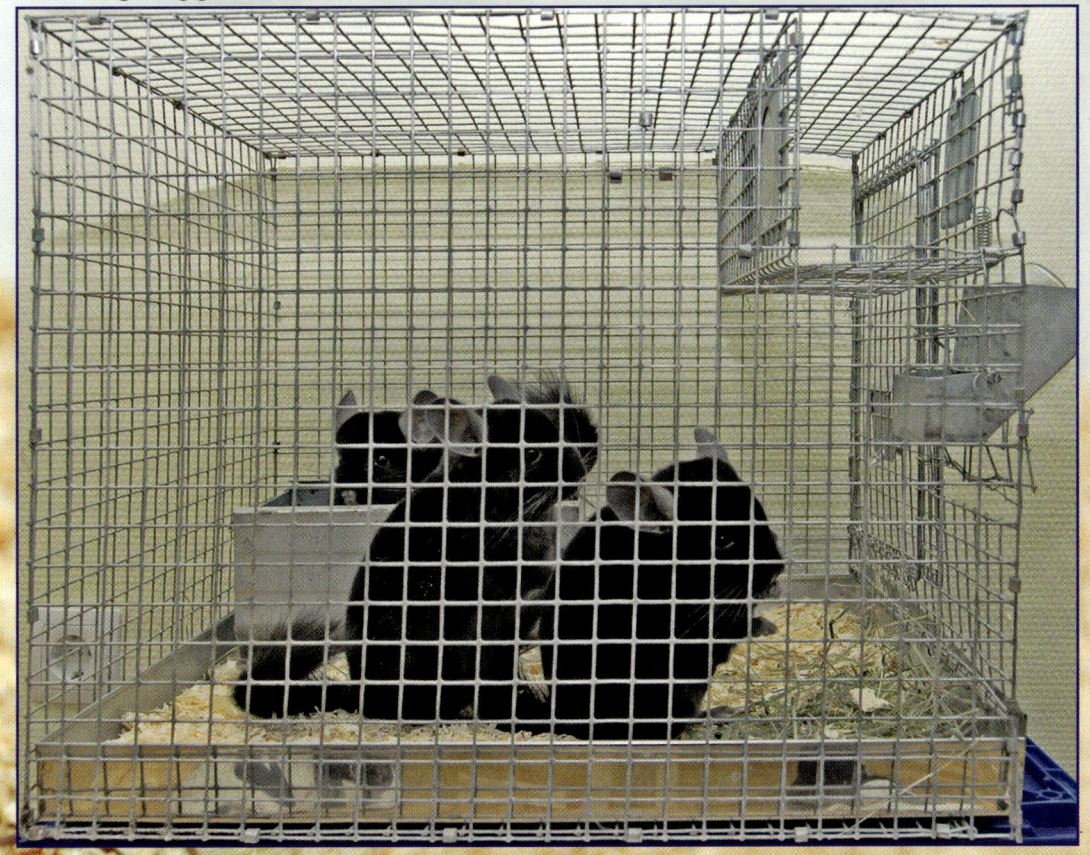

Box-Methode

Zwei Chinchillas in einem kleinen Ausstellungskäfig, der die optimale Größe für eine Vergesellschaftung zweier Tiere hat Foto: K. Aretz

haben, da dies das eventuell erforderliche Eingreifen erleichtert. Bitte aufpassen bei Katzentransportern oder ähnlichen großen Boxen – diese sind oftmals nicht eng genug und besitzen oft Türen mit weiten Gitterabständen, in denen Chinchillas sich einklemmen können. Notfalls lässt sich der Raum eines Katzentransporters mit gestapelten Handtüchern ein wenig verkleinern.

Früher wurde dazu angeraten, die Box flach zu halten, damit die Chinchillas sich darin nicht aufrichten können, weil dies ihre Abwehrhaltung ist, die auch einen Angriff ankündigen kann. Da es für die Tiere wichtig ist, dass sie ihren natürlichen Bewegungen nachgehen können, weil man nur so ihr Verhalten genau einschätzen kann, sollten Boxen bzw. Transportkäfige genutzt werden, die dieses Verhalten ermöglichen. Ebenfalls wichtig ist, dass Box und Käfig so gestaltet sind, dass sich die Tiere nicht an ihnen verletzen können. Dies muss unbedingt ausgeschlossen sein. Am praktischsten ist es (falls möglich), die Tiere schon beim Kauf auf diese Weise zu vergesellschaften, da man hierbei gleich erkennen kann, ob sich die ausgesuchten Chinchillas vertragen. Dadurch kann man verhindern, dass man sich ein Chinchilla dazuholt, welches nachher wegen Unverträglichkeit wieder zurückgebracht werden muss.

Wie bei allen Vergesellschaftungen werden die Tiere einander auch hier zunächst durch gesicherten Kontakt vom Arm aus vorgestellt. Bleiben sie gegenüber dem potentiellen Partner freundlich und aufgeschlossen, werden sie in die Box gesetzt, welche verschlossen wird. Im Normalfall krabbeln die Tiere umeinander herum und schauen, ob es nicht einen Weg nach draußen gibt. Da sie sich ständig berühren, nimmt hierbei jedes Tier den Geruch des anderen auf. Meist bemerken sie ihr

Gegenüber erst nach ein paar Minuten ganz bewusst, vor allem, wenn man sie von außen noch ein wenig ablenkt oder es für sie etwas Interessantes zu sehen gibt. Dadurch, dass das andere Chinchilla nun nicht mehr ganz so fremd riecht, verläuft die Begegnung in der Regel friedlicher, wobei sich jedes Chinchilla auch hier meist zuerst nach der ersten Kontaktaufnahme wieder anderen Dingen zuwendet und nur gelegentlich vorsichtig schaut, was das andere Tier treibt. Bei diesen Erkundungen krabbeln sie weiterhin aufeinander, untereinander und nebeneinander her, was den Geruch vertrauter macht. Finden sie die Umgebung nicht mehr interessant, widmen sie sich dem jeweils anderen Tier intensiver. Hierbei sollte man genau beobachten, wie die Kontaktaufnahme verläuft. Bleiben beide Tiere friedlich und zeigen kein Abwehrverhalten, ist die erste Hürde überwunden. Dies ist auch die Gelegenheit, sich auf den Nachhauseweg zu machen, wodurch die Tiere erneut abgelenkt werden. So ergibt sich ein längerer Zeitraum, in dem die Tiere sich dauernd berühren. Wenn die Tiere über mehrere Stunden bzw. die ganze Nacht konstant friedlich bleiben, können sie in einen neutralen, allerdings noch nicht zu großen Käfig gesetzt werden, wobei sie, wie bei allen Vergesellschaftungen, noch ein einige Stunden unter Beobachtung bleiben sollten.

Gefahren kann es natürlich auch hier geben. Gehen die Tiere aufeinander los und beißen sich, sollten sie umgehend getrennt werden. Dazu reicht es im Normalfall, entweder die Tür zu öffnen, auf deren Seite sich das angegriffene Chinchilla befindet, damit es herausspringen kann, oder – falls vorhanden – hierfür die obere Öffnung zu nutzen. Sobald ein Tier draußen ist, wird umgehend die Box geschlossen, und die Tiere sind getrennt. Bei einem bevorstehenden Heimweg sind entsprechende Maßnahmen zu treffen. Eine zweite Transportbox sowie eine Begleitperson, die die Tiere im Fall einer Beißerei trennen kann, sollten dafür eingeplant werden. Bei der Vergesellschaftung in der Transportbox sollte diese von allen Seiten einsehbar sein. Geschlossene Plastikkisten, die als Nagertransportboxen erhältlich sind, lassen meistens keinen klaren Blick auf die Tiere zu. Sind bisherige Vergesellschaftungsversuche zweier oder mehrerer Tiere gescheitert und dient die Box-Methode nur einem weiteren Versuch, ist die Gefahr des Nichtverstehens leider um einiges größer. Tiere, die sich auf anderem Wege schon begegnet sind und nicht mochten, werden hier eher noch aggressiver reagieren. Es ist wichtig, ausreichend Zeit vergehen zu lassen und einen neutralen Raum zur Vergesellschaftung zu suchen. Allerdings kann man davon ausgehen, dass es keine Chancen mehr gibt, etwas an der Situation zu ändern, da sich zwei Tiere, die sich nicht mögen, nicht zum Zusammenleben zwingen lassen. Die Box-Methode funktioniert in erster Linie bei Tieren, die sich bis dahin vollkommen fremd waren.

Achtung!
Es ist generell nicht sinnvoll, Tiere ein zweites Mal zu vergesellschaften, wenn der erste Versuch gescheitert ist. Dies gilt insbesondere dann, wenn die Chinchillas aufgrund einer Beißerei getrennt werden mussten.

Zusammenfassende Worte zur Vergesellschaftung

Vergesellschaftungen bedeuten immer Stress für die Chinchillas. Es gibt leider keine Vergesellschaftung, die vollkommen stressfrei abläuft, da Chinchillas allgemein sehr empfindlich auf Veränderungen reagieren und ein neues Tier eine große Veränderung bedeutet.

Bei der Käfig-an-Käfig-Methode oder Käfig-in-Käfig-Vergesellschaftung nimmt ein Chinchilla z. B. tage- oder sogar wochenlang den Geruch eines potentiellen Eindringlings wahr. Die Methoden im Freilauf und im neutralen großen Käfig können die Tiere stark überfordern, da die neue Umgebung Unsicherheit und Angst auslösen kann und zudem schlagartig ein unbekannter Artgenosse präsent ist. Somit ist keiner der Wege stressfrei. Wenn bei der Zusammenführung im Freilauf plötzlich ein potentieller Kontrahent auftaucht, dann ist der Schrecken mitunter sehr heftig, und ein neues Terrain in Verbindung mit einem neuen Chinchilla kann eine massive Reizüberflutung auslösen. Nicht jeder hat den Platz und die Möglichkeit zum ständigen Probieren und nicht jeder Züchter nimmt Tiere im Notfall zurück, Zoohandlungen meist sowieso nicht. Wer ein Zuchttier sucht, der muss bei der Tierauswahl besonders bedacht vorgehen (siehe auch Kapitel „Partnerwahl"). Somit sind nicht funktionierende, lang andauernde Vergesellschaftungen mit dem Risiko verbunden, dass man nach und nach immer mehr und mehr Tiere bei sich hat, die entweder weitervermittelt werden müssen oder ebenfalls einzeln sitzen, weil sich nicht auf Anhieb ein perfekter Partner findet. Ständige Umgebungswechsel, die durch die wochenlange Probehaltung bei z. B. einer misslungenen Käfig-an-Käfig-Methode in der Rückgabe des Tieres enden können, bedeuten massiven Stress, der die Tiere krank machen kann. Hinzu kommt, dass man ungern ein ausgesuchtes Tier wieder zurückbringen möchte, weil man es nach ein paar Tagen ins Herz schließt, man aber im Regelfall keine große Anzahl von Chinchillas bei sich einziehen lassen kann oder möchte, um darunter vielleicht den gewünschten Partner für das eigene Tier zu finden. Und selbst wenn die Tiere sich beim Ausprobieren vor Ort beim ersten Schnuppertest sympathisch sind, bedeutet es nicht, dass sie auf Anhieb zusammenpassen. Somit ist die Zusammenführung in der Box schon in dieser Hinsicht vorteilhaft. Man sieht innerhalb weniger Stunden, ob zwei Tiere sich mögen oder nicht, und kann im Falle des Nichtverstehens einfach auf die Mitnahme des eigentlich geplanten neuen Tieres verzichten.

Die Chance, dass eine Zusammenführung funktioniert, ist bei den Vergesellschaftungsmethoden Käfig-an-Käfig oder Box etwa gleich hoch. Entweder mögen sich die Tiere oder nicht, egal ob man über Tage bzw. Wochen wartet oder es schnell austestet. Meistens ist der erste Eindruck der entscheidende, sodass auch Wochen der Gewöhnung aneinander kaum einen Unterschied machen. Hat eine Vergesell-

Zusammenfassende Bemerkungen zur Vergesellschaftung

schaftung geklappt und bleibt die Beziehung über mehrere Wochen und Monate stabil, hat man sich innig liebende Tiere, die fast alles gemeinsam machen und eine sehr enge Bindung zu ihrem Partner aufbauen.

Bei diesem Pärchen ist die Vergesellschaftung geglückt
Foto: K. Aretz

Quarantäne

Eine Quarantäne wird bei der Anschaffung von Chinchillas von vielen Haltern leider oft nicht durchgeführt, obwohl sie sehr wichtig ist, um eine Krankheitsübertragung zu vermeiden. Die Quarantäne dient darüber hinaus der Eingewöhnung von neuen Tieren an das Wohnungsklima. Da man häufig zu einem bestehenden Tier ein Partnertier dazuholt und die Vergesellschaftung eigentlich mit dem Kauf abgeschlossen werden sollte, ist eine Quarantäne oft schlecht durchführbar. Um sie trotzdem soweit einzuhalten, ist es möglich, die neuen Pärchen oder Gruppen immer gemeinsam in den Quarantäneraum zu setzen. Die Gefahr einer Ansteckung ist dann zwar auch bei den eigenen Tieren in diesem Raum gegeben, aber nicht gleich für alle weiteren Chinchillas, die bei einem leben.

Bei Chinchillas können Krankheiten auftreten, die man nicht immer auf Anhieb erkennen kann. Nicht selten kann man bei Chinchillas, die einen Umzug hinter sich haben, Giardienbefall feststellen. Auch von einer Pilzinfektion kann ein Chinchilla betroffen sein. Das Immunsystem fällt unter Stress ab, was eine Infektion begünstigt. Erfahrungsgemäß ist es ratsam, eine Quarantänezeit von 6–10 Wochen einzuhalten.

Tipp!
Möchte man mit seinen Tieren eine Ausstellung besuchen, sollten sie hinterher in Quarantäne bleiben. Viele verschiedene Tiere aus vielen verschiedenen Zuchten in einem Raum bergen eine große Gefahrenquelle. Hinzu kommt, dass jede Ausstellung auch Stress, d. h. eine Schwächung des Immunsystems bedeutet, was eine Erkrankung begünstigen kann.

Nur gesunde Tiere sollten miteinander vergesellschaftet werden
Foto: K. Aretz

Chinchillas verstehen

Hochheben und Tragen

Chinchillas zu greifen ist nicht einfach. Sie sollten nicht am Körper gefasst werden, da es für die meisten Chinchillas unangenehm ist, dort gegriffen zu werden. Chinchillas können sich winden wie Katzen und schnell entwischen. Der Griff in die Nackenhaut, wie man ihn bei einigen anderen Tierarten praktiziert, kann schlimmste Verletzungen hervorrufen und ist deswegen vollkommen ungeeignet bei Chinchillas. Lediglich Tierärzte können Chinchillas damit für bestimmte Untersuchungen gezielt fixieren, benötigen hierfür aber Übung. Ein Chinchilla, das durch das falsche Greifen Angst vor dem Menschen bekommt, wird sich nur umso schwerer einfangen lassen. Schon deswegen ist der richtige Griff sehr entscheidend. Vorzugsweise hat ein Chinchilla sich schon an einen Menschen gewöhnt und kennt das Greifen. Dann springt es häufig von alleine auf die Hände, und man kann es an der Schwanzwurzel sichern, damit es nicht herunterfällt oder springt. Ist ein

Der sichere Griff: Das Chinchilla wird an der Schwanzwurzel gehalten und der Körper mit der Hand stabilisiert
Foto: T. Jonca

Hochheben und Tragen

Chinchilla das Greifen allerdings nicht gewöhnt, kann ein neuer Halter hierbei schnell überfordert sein. Chinchillas merken, wann man sie greifen möchte und sind flink im Entwischen. Ruhe, Geduld und Übung sowohl bei Mensch als auch Tier sind sehr wichtig. Das Jagen eines Chinchillas hat wenig Sinn. Es wird im Regelfall schneller sein als ein Mensch, und man kann das Tier aus Versehen falsch packen und verletzen. Aus diesem Grund sollte man dies nicht versuchen. Hat das Chinchilla Vertrauen gefasst, sollte man üben, dass es freiwillig auf die Hände kommt. Dies erfordert allerdings viel Geduld. Beim Kraulen kann man versuchen, beide Hände unter das Tier zu schieben, sodass es auf die Hände klettern muss. Beim Freilauf bietet sich ebenfalls die Gelegenheit, das Tier auf die Hände zu locken, indem man ihm angewöhnt, erst auf die Hände zu klettern und es von dort in den Freilauf entlässt. Um ein Chinchilla in diese Haltung zu bekommen, lockt man es an, was im Normalfall wegen der Neugier kein Problem darstellt, greift dann rasch und gezielt zu und geht mit der Hand unter den Bauch des Tieres. Danach kann man es sicher hochheben. Bitte hierbei die Tiere nicht aus dem Sprung greifen oder im vollen Lauf, da es hierbei zu Verletzungen kommen kann.

Tipp!
Der sicherste Griff ist der Griff an der Schwanzwurzel (bitte nicht an der Spitze, da diese auch abreißen kann) mit gleichzeitigem Stabilisieren des Körpers durch eine Stützhand. Man sollte von Anfang an üben, die Tiere auf diese Art zu greifen, damit man sie im Notfall schnell fassen kann. Grundsätzlich sollte das Chinchilla an den sicheren Griff der Schwanzwurzel gewöhnt werden, da man es hier am besten fixieren kann. Ohne diese Fixierung besteht die Gefahr, dass das Chinchilla plötzlich losspringt, auch aus großer Höhe, und dies kann bei einem Sturz schwerste Verletzungen hervorrufen.

Das Chinchilla wird vorsichtig an der Schwanzwurzel gegriffen
Foto: T. Jonca

Beim Greifen ist es wichtig, immer daran zu denken, dass die Tiere eine immense Kraft entwickeln können, wenn sie flüchten möchten. Ihre Hinterbeine sind zum Abdrücken wunderbar ausgestattet, und aus dem falschen Griff kann ein Chinchilla schnell vom Arm springen. Außerdem können sie natürlich auch zwicken, sodass der Halter die Tiere womöglich vor Schreck loslässt. Obwohl es einige Tiere gibt, die problemlos auf der Hand oder Schulter durch die gesamte Wohnung getragen werden können, sollte auf die Sicherung am Schwanz nie verzichtet werden, denn man kann nicht beurteilen, ob die Tiere nicht doch durch irgendetwas erschreckt werden und losspringen. Es gibt aber auch die Möglichkeit, sie anstatt auf dem Arm oder der Hand an einer anderen Stelle des Körpers herumlaufen zu lassen und sie dabei am Schwanz zu sichern.

Ein Chinchilla am Körper zu greifen, wie z. B. ein Meerschweinchen, bedeutet meistens Stress für das Tier, da es sich eingeengt fühlt. Hat das Chinchillas Vertrauen zum Menschen gefasst, klettert es auch alleine auf die Hände und kann mit Fixierung des Schwanzes hochgehoben werden. Sollte es erforderlich sein, ein Chinchilla am Körper zu greifen, z. B. bei Untersuchungen, dann ist es wichtig, keinen zu festen Griff anzuwenden, um das Chinchilla nicht zu verletzen. Greift man mit Zeigefinger und Daumen um den Brustkorb unter den Vorderbeinen durch und stützt das Tier unter dem Hinterteil oder an den Hinterbeinen, dann ist ein sicherer Griff möglich.

Verhalten im Umgang mit Chinchillas

Chinchillas brauchen das Gefühl, sich jederzeit zurückziehen und in Sicherheit bringen zu können. Nur wenn es unbedingt notwendig ist, sollte man die Tiere greifen und festhalten, z. B. beim Wiegen, Routinecheck usw.

Chinchillas erkennen ihren Menschen irgendwann und reagieren ihm gegenüber dementsprechend vertrauensvoll. In Gegenwart von Fremden sind sie häufig jedoch recht misstrauisch und sollten dann nicht auf Zwang vorgeführt werden. Bei Kindern reagieren Chinchillas eher zurückhaltend bis ängstlich, da sie mit den lauten hohen Tönen, die Kinder gerne so von sich geben, und der eher wilden Art nicht gut zurechtkommen. Hektische Töne, schrille Laute oder Ähnliches schrecken Chinchilla sehr ab und lassen sie auf Abstand gehen. Auch sehr tiefe Stimmen scheinen ihnen nicht immer zu behagen. Am besten ist es, mit den Tieren leise und ruhig zu reden. Sie reagieren auf unterschiedliche Stimmlagen, scheinen einen richtig zu verstehen und man

> **Hinweis!**
> Chinchillas sollten nicht „geärgert" werden. Je nach Charakter sind sie recht nachtragend, wenn man sie aus ihrer Sicht ungerecht behandelt hat, und signalisieren dies auch deutlich. Das Vertrauen zu einem Tier aufzubauen, braucht recht lang, es zu verlieren, geht sehr schnell. Dass man vermeiden sollte, den Tieren im Umgang weh zu tun, sollte selbstverständlich sein.

Verhalten im Umgang mit Chinchillas

Ein ängstliches Chinchilla zeigt Abwehrverhalten Foto: T. Jonca

Das Chinchilla beobachtet aufmerksam seine Umgebung Foto: T. Jonca

bekommt den Eindruck, dass sie z. B. auch ganz genau wissen, wenn mit ihnen mal geschimpft wird. Trotzdem kann man natürlich nicht erwarten, dass sie wirklich wissen und verstehen, was wir von ihnen wollen, oder dies gar voraussetzen. Chinchillas spielen gerne – auch mit uns. Natürlich nicht wie beispielsweise ein Hund, aber doch so, dass man eine ganze Menge Freude dabei haben kann. Die Neugier der Tiere ist hierbei ein ganz entscheidender Faktor, der im Spiel und beim Vertrauensaufbau ausgenutzt werden kann. Die meisten Tiere mögen es, nachdem sie erst einmal Vertrauen gefasst haben, auf ihren Menschen herumzuklettern. Sie haben Spaß daran am Pulli zu nagen, Socken und Haare anzuknabbern und noch vieles mehr. Ringe, Halsketten und Brillen sind auch ganz beliebt und werden eingehend untersucht. Gerade im Freilauf bieten sich unendliche Möglichkeiten, die Beziehung zwischen Mensch und Tier zu festigen und gemeinsam Zeit zu verbringen. Das Chinchilla tagsüber zu stören oder den Schlafrhythmus umzustellen, sollte allerdings vermieden werden. Durch ihre Neugier lassen sich einige Tiere zwar auch tagsüber schnell aufwecken, dies verursacht auf Dauer jedoch gesundheitliche Probleme. Wenn das Chinchilla tagsüber neugierig ankommt, ist es ratsam, es zu ignorieren. Die meisten sind in dieser Zeit ohnehin müde. Chinchillas, die man regelmäßig tagsüber weckt, neigen dazu, irgendwann sehr schreckhaft und ängstlich zu werden. Wenn das Chinchilla einem signalisiert, dass es in Ruhe gelassen werden möchte, sollte dies befolgt werden. Dies gilt vor allem, wenn die Tiere sich aufrichten und einen anmeckern. Ansonsten riskiert man, das Vertrauen zu verlieren und eine der berühmten Urinduschen einzufangen.

Mit viel Geduld kann man Chinchillas auch ein paar Dinge beibringen. Natürlich reagiert auch hier jedes Chinchilla anders, aber viele ihrer Eigenarten lassen sich spielerisch ausnutzen. So kann man ihre Naschsucht dazu nutzen, ihnen ein paar Verhaltensweisen anzutrainieren. Es gibt Chinchillas, die auf Klopfzeichen oder beim Rufen ihres Namens reagieren. Recht viele lassen sich durch regelmäßige Futterzeiten nach dem Freilauf durch das Geräusch von Futterdosen oder Ähnlichem in den Käfig locken. Sogar kleine Spielereien lassen sich den Chinchillas beibringen, z. B. mit Hilfe des Clicker-Trainings, welches auch bei anderen Tierarten immer mehr Beliebtheit erlangt. Man darf nur nie den Fehler machen vorauszusetzen, dass sich jedes Chinchilla trainieren lässt. Die Tiere haben ihren eigenen Kopf.

Chinchillas verstehen

Chinchillas haben ein sehr ausgeprägtes Sozialverhalten. So suchen sie oft und gerne die Nähe ihres Partners. Sind sie alleine, verkümmert ihre Seele. Ihr Alltag ist sehr komplex, und nicht immer kann ein neuer Halter die Verhaltensweisen richtig einordnen. Auch erfahrene Halter entdecken immer wieder neue Verhaltensweisen an ihren Tieren. Von ihrer Lautsprache bekommt man nicht alles mit, vor allem wenn einem während ihrer Hauptaktivitätszeit am Abend und in der Nacht nicht so viel Zeit bleibt, da viele ihrer Töne sehr leise sind und ihre Kommunikation auch auf anderem Wege stattfindet. Man sollte sich viel Zeit nehmen, um den verschiedenen „Gesprächen" zwischen den Tieren zu lauschen, nur so lernt man, sie zu verstehen. Relativ oft kann man das Meckern von Chinchillas

Chinchillas verstehen

Begegnung zwischen Mutter und Jungtier Foto: T. Jonca

miterleben, wenn ihnen etwas missfällt. Die Tiere meckern mal kräftig, mal weniger kräftig, mal kurz, mal lang. Das Meckern klingt wie ein abgehacktes und bellendes Keckern in höheren oder auch in tieferen Tonarten, mal laut, mal leise, je nachdem, wofür es eingesetzt wird, und wenn sie sehr in Bedrängnis geraten, wird es mit Zähneklappern untermauert. Partnertiere werden angemeckert, wenn sie im Weg sitzen oder sich im Haus zu breit machen, es wird gemeckert, wenn der Schlaf gestört wird, aber auch einfach dann, wenn ein Chinchilla nicht die gewünschte Ruhe bekommt.

Beunruhigt sind viele Halter, wenn sie das erste Mal den Warnruf eines Chinchillas hören. Er kann laut und durchdringend sein, wenn Chinchillas unsicher sind oder durch irgendetwas stark geängstigt werden, kürzer, tiefer und sanft, wenn sie nur leicht beunruhigt sind. Gerade in der Zeit der Eingewöhnung oder wenn ein neuer Partner ins Spiel kommt, kann es vorkommen, dass dieser Warnlaut ausgestoßen wird. Meist wird von uns Menschen die Ursache nicht erkannt, da die feinen Sinne eines Chinchillas mehr wahrnehmen als unsere eigenen. Auch liegt der

Verdacht nahe, dass Chinchillas träumen, hierbei plötzlich aufwachen und den Warnruf von sich geben. Trotzdem sollte man versuchen, den Auslöser herauszufinden, insbesondere wenn man diesen Laut öfter zu hören bekommt. Mitunter kündigen Chinchillas hiermit auch eine Erkrankung ihres Partners an oder eine bevorstehende Geburt. Eine Kontrolle ist daher immer notwendig.

Zur normalen Kommunikation werden eine Reihe leiser Töne eingesetzt, z. B. wenn zwei Tiere aufeinandertreffen, wenn sie zusammen kuscheln oder als Ruflaut zwischen zwei Tieren. Vieles wird begleitet von leisen, fiependen und teilweise glucksenden Tönen, bei denen man sich sehr anstrengen muss, um sie wahrzunehmen. Sehr oft kann man den Ruflaut beim Freilauf in für Chinchillas noch unbekannten Gebieten hören. Hier tastet sich ein Chinchilla in die neuen Gefilde vor und lockt das andere Tier hinzu zu kommen. Durchdringender werden die Töne, wenn ein Chinchillaböckchen um ein Weibchen wirbt. Hierbei steigert sich das leise Fiepen bis zu einem schnellen, durchdringenden Keckern. Stößt das Böckchen allerdings auf Widerstand oder ist seine Herzensdame unerreichbar, gibt er tiefe wehmütige Töne von sich. Auch bei Chinchillaweibchen ist dieses Tuten zu hören, allerdings sehr selten. Sehr laut, hoch und durchdringend ist der Angstschrei, der ebenfalls mehrfach hintereinander ausgestoßen wird. Ein Chinchilla, das derart schreit, hat große Panik. Meistens ist ein Angstschrei in Verbindung mit Menschen zu hören, selten wenn Chinchillas untereinander kommunizieren. Sehr gesprächig sind Jungtiere oder Babys. Hier kann man oft in leiser Form eine ganze Reihe quiekender Laute hören. Sie fiepen in der Nähe der Mutter, betteln darum, geputzt zu werden, rufen ihre Mutter, wenn sie diese nicht sehen können und brummeln zufrieden vor sich hin, wenn sie unter dem Bauch der Mutter liegen dürfen. Kommt ein Baby in eine Situation, in der es sich bedrängt oder eingeengt fühlt, dann quiekt es durchdringend.

Eine Wasserflasche kann zu einem Streitobjekt werden, wenn zwei Tiere gleichzeitig trinken möchten Foto: T. Jonca

Chinchillas verstehen

Zu einer der Besonderheiten von Chinchillas gehört das Einsetzen der Urinduschen. Fühlen sie sich bedroht und möchten jemanden abwehren, dann richten sie sich auf und spritzen gezielt mit Urin. Dabei treffen sie nicht selten genau ins Ziel. Erfahrungsgemäß ist dies oftmals der Mensch, der etwas getan hat, was dem Tier missfällt. Die meisten Chinchillas warnen allerdings vor. Sie suchen sich eine in ihren Augen sichere Ecke, richten sich auf und drohen mit Meckern und Zähneklappern. Vielfach werden hierbei die Mundpartien gekräuselt, und man hat den Eindruck, die Tiere möchten die Zähne zeigen. Fühlen sie sich weiterhin bedroht, erfolgt die Dusche. Gerade bei Chinchillas, die vorher schlechte Erfahrungen gemacht haben, kann derartiges häufiger auftreten, da sie zur Sicherheit lieber erst einmal in Abwehrhaltung gehen, bevor sie sich auf etwas Neues einlassen. Kommt die Urindusche mehrfach zum Einsatz, sollte man die Gruppe beobachten, um zu erkennen, wodurch dies ausgelöst wird. Häufig verstecken sich dahinter Rangordnungsprobleme, teilweise ist es schon ein Anzeichen für das Zerbrechen einer Gruppe.

Sehr vieles läuft bei Chinchillas über die Körpersprache ab. Ihre Ohren, ihr Schwanz, die Augen, die Füße, das Maul und auch die Zähne werden dafür eingesetzt. Doch

Durch eine vielfältige Mimik zeigen Chinchillas ihre Empfindungen
Foto: T. Jonca

verfügen sie auch über eine erstaunliche Mimik, die zu ihren besonderen Eigenheiten gehört. Mit dem Schwanz wird Entspannung oder Anspannung signalisiert, er peitscht hin und her, wenn ein Chinchilla richtig wütend ist, oder kreist aufgeregt, wenn es unter freudiger Anspannung steht. Letzteres ist z. B. zu beobachten, wenn ein aufgeregtes Böckchen ein hitziges Weibchen umwirbt. Natürlich dient der Schwanz auch zum Ausbalancieren. Ein gesundes Chinchilla trägt den Schwanz leicht nach oben gebogen. Ist

Auch im Käfig springen Chinchillas viel Foto: T. Jonca

ein Chinchilla müde oder schwach, dann liegt der Schwanz oft auf dem Boden auf. Die Ohren werden ebenfalls zur Kommunikation genutzt. Sie werden nach unten geklappt, wenn ein Tier sich entspannt, aufgestellt, wenn es neugierig oder angespannt ist und nach hinten geklappt, wenn es Angst hat. Gestresste, ängstliche und nervöse Chinchillas blähen auch ihre Nasenflügel auf, sodass die schmalen Nasenschlitze kreisrund werden. Ebenso sorgt Aufregung für ein schnelles Vibrieren der Nasenlöcher und auch der ganzen Nase. Aber auch wenn sie sehr neugierig sind, werden die Nasenlöcher schnell auf und zugeklappt. Die Barthaare zittern dann mit der Bewegung. Viele Chinchillahalter sind erstaunt, wenn sie feststellen, dass die Barthaare eines oder mehrerer Chinchillas plötzlich kurz sind. Dies ist nichts Schlimmes. Vorwiegend stutzt das ranghöhere Chinchilla die Barthaare der anderen Tiere, gelegentlich brechen die Haare auch mal ab, wenn ein Tier mit ihnen hängen bleibt. Es gehört zum Chinchillaalltag also durchaus dazu, und die Barthaare wachsen wieder nach. Zum arttypischen Verhalten gehört auch, dass die Tiere sich als Zeichen von Zuneigung gegenseitig putzen. Sensibel sind dabei insbesondere der Bereich des Mauls und der Ohren. Tiere, die sehr vertraut miteinander sind, putzen auch die Augen ihres Partners.

Die Tiere beißen in der Regel nur, wenn das Meckern keine Wirkung erzielt. Das ist nicht immer als bösartig anzusehen, da die Tiere sich, sofern sie harmonisch leben, auch mit Bissen zurechtweisen, um Grenzen aufzuzeigen. Die Zähne sind eine wirkungsvolle Waffe, dienen aber auch der Kommunikation. So klappert ein Chinchilla zur Abwehr leise mit den Zähnen oder knirscht laut, wenn es sich unwohl fühlt. An der Art des Zähneknirschens kann ein geübter Halter eine Menge ableiten. Es gibt das Zähneknirschen beim Wohlfühlen, welches in der Regel leise und kaum zu hören ist, aber auch das etwas lautere Zähneknirschen, wenn ein Chinchilla Schmerzen hat.

Die zierlichen Vorderfüßchen eines Chinchillas werden ebenfalls in der Körpersprache eingesetzt. Sie werden abwehrend beim Spielen oder auch im Streit erhoben. Manchmal schieben Chinchillas damit auch sehr energisch die Hand ihres Halters weg, wenn dieser sie kraulen möchte.

Jagen sich Chinchillas vermehrt, beißen sich häufiger und kräftig, versuchen hierbei den Nacken- oder Kopfbereich des anderen Tieres zu erreichen, oder nehmen die Urinduschen überhand, dann sollten die Tiere getrennt werden. Derartige Kämpfe lassen sich schwer klären. Selbst nach Jahren harmonischen Zusammenlebens kann es Probleme geben, und nur wer seine Chinchillas aufmerksam beobachtet, kann hier Auslöser erkennen und rechtzeitig einschreiten, um ein komplettes Zerbrechen einer Gruppe zu verhindern. Kleine Auseinandersetzungen können durchaus zu leichteren Verletzungen führen, wie z. B. Bissverletzungen an den Ohren. Hier ist eine Abklärung nötig, da Verletzungen meist auf grundlegende Probleme hinweisen und diese auch größere Ausmaße annehmen können. Es zeigt allerdings auch, dass Chinchillas in ihrem Zusammenleben nicht zimperlich sind.

> **Hinweis!**
> Ist ein Chinchilla krank, wird es meist von seinen Artgenossen liebevoll umhegt und bekuschelt. Handelt es sich hierbei allerdings um das ranghöchste Tier, kann eine Erkrankung die Rangordnung einer Gruppe zerstören und demzufolge auch zu Auseinandersetzungen führen. Bei einer stabilen Gruppe klärt sich das schnell von alleine, aber es kann durchaus vorkommen, dass die Gruppe durch eine solche Situation zerbricht. Aber auch andere Umstände wie das Erreichen der Geschlechtsreife, Brunst oder Trächtigkeit können Auslöser für Unruhe innerhalb der Gruppe sein. Hier ergeben sich oftmals Rangordnungsprobleme, die bei zwei oder mehr gleich starken Tieren durchaus in einem handfesten Kampf ausarten können, der eine Trennung notwendig macht.

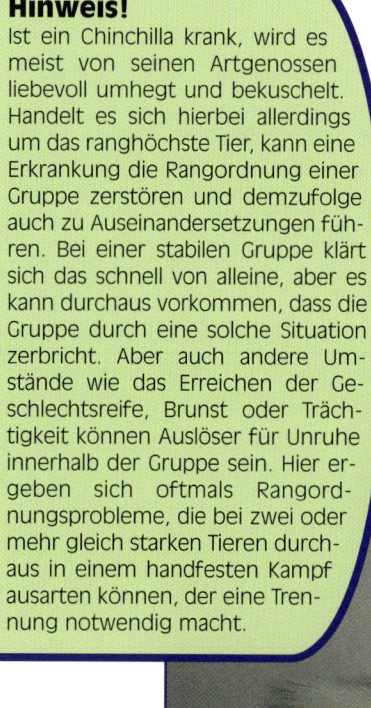

Nicht nur tragende Chinchillaweibchen schlafen auf der Seite
Foto: T. Jonca

Chinchillas im Alter

Junge Chinchillas gibt es viele, alte trifft man hingegen nur selten. Viele Halter denken deswegen, dass die Tiere schon mit 10 Jahren sehr alt seien und schieben Wesensveränderungen oder körperliche Veränderungen darauf zurück, obwohl ein Abbau in dieser Altersphase eher auf eine mangelhafte Ernährung zurückzuführen ist. Aus eigener Erfahrung kann ich sagen, dass die Tiere mit 10–15 Jahren noch sehr munter und fit sind. Ein gesundes Tier zeigt so gut wie keine Alterserscheinungen, wird allerdings natürlich ein wenig sensibler.

Ab dem 15. Lebensjahr fallen ein paar Eigenarten auf, die man vorher nicht bemerken konnte. Senioren werden ruhiger, souveräner und teilweise neutraler auch fremden Chinchillas gegenüber, allerdings auch phasenweise „launischer". Körperlich reagieren sie aber nicht wesentlich anders als jüngere Tiere. Erst ab dem 16. bis 17. Lebensjahr verändern sich die Tiere auch körperlich. Sie brauchen mehr Ruhephasen, springen nicht mehr ganz so viel, der Nacken fällt ein wenig mehr auf, die Seiten werden ein wenig schmaler, die Haut weicher. Das Fell wächst mit den Jahren immer schlechter, wodurch die Tiere gerupfter aussehen. Nachwachsende Haare verlieren ein wenig an Kraft, und mit zunehmendem Alter tauchen am Kopf graue Härchen auf. Altersbedingte Erkrankungen gibt es im Normalfall selten. Die Augen können trübe werden, Zahnprobleme treten häufiger auf und die Mineralstoffaufnahme sollte beobachtet werden. Wenn ein Chinchilla so viele Jahre bei einem verbracht hat, dann ist oft ein inniges Vertrauensverhältnis entstanden, das man genießen sollte. Schwer wird es, wenn man zwei alte Tiere hat und eines vorzeitig verstirbt. Ein altes Tier zu vergesellschaften ist natürlich möglich, aber junge Chinchillas verschaffen dem alten Tier sehr viel Unruhe. Sinnvoll ist es, zu einem alten Tier zwei Tiere im mittleren Alter zu setzen, die nicht mehr ganz so wild sind. Zwei neue Tiere sind besser als eines, weil sonst wieder eines alleine wäre, wenn das alte Tier verstirbt.

Der letzte Weg

Jedes Chinchilla wird irgendwann sterben. Dieses Thema möchte man am liebsten weit von sich schieben und nicht darüber nachdenken. Altert ein Tier, kann man sich langsam darauf vorbereiten, wird es aber unheilbar krank, belastet das den Halter normalerweise sehr. Bei unseren Tieren haben wir die Möglichkeit, sie im Falle des Leidens durch einen Tierarzt zu erlösen. Viele Halter zweifeln, ob sie es schaffen, den richtigen Zeitpunkt dafür zu erkennen. Dazu kommt die Angst vor einer falschen

Hinweis!
Selbst im Alter von 10–12 Jahren sind gesunde Chinchillas kaum zu unterscheiden von 3- bis 4-jährigen Tieren, wobei zum Teil die Fellwechsel langsamer ablaufen, was vor allem bei fell dichten Tieren zu vorstehendem Haar führen kann. Aus diesem Grund ist es auch schwer, das Alter der Tiere einzuschätzen, sobald sie ausgewachsen sind.

Chinchilla und andere Tiere

> **Wussten Sie schon …?**
> Man sollte dem hinterbliebenen Tier die Möglichkeit geben, mit dem verstorbenen Artgenossen noch einmal Kontakt aufzunehmen. Auch Tiere können und müssen den Tod begreifen. Sonst läuft man Gefahr, dass der tote Gefährte gesucht wird. Das kann auch von Angstschreien begleitet sein.

Entscheidung. In solchen Momenten sollte man sich vom Gefühl leiten lassen. Die Augen eines Chinchillas verraten ihrem Menschen dabei sehr viel. Ein Tier, das zum Sterben bereit ist, hat trübe leblose Augen. Für die Tiere ist die richtige Begleitung besonders wichtig, wenn sie eine Bindung zum Menschen aufgebaut haben. Viele Tierärzte helfen bei der Wahl des richtigen Weges. Oftmals ist es möglich, dass der Tierarzt für den letzten Weg ins Haus kommt. Ob man Partnertiere zum Abschied dabei lässt, ist auch von Tier zu Tier verschieden. Leiden lassen sollte man allerdings kein Tier. Kommt der Zeitpunkt, dann sollte man gemeinsam mit dem Tierarzt seines Vertrauens dem Chinchilla helfen, möglichst schmerzlos seine letzte Reise anzutreten.

Chinchillas und andere Tiere

Chinchillas sind im Normalfall sehr umgänglich was andere Tierarten betrifft. Sie haben nur selten Angst vor größeren Tieren wie Hunden oder Katzen und untersuchen recht neugierig Meerschweinchen, Kaninchen und andere Kleintiere. Somit ist es eigentlich kein Problem, die verschiedenen Tierarten in getrennten Unterkünften unter einem Dach zu halten. Aber im Umgang mit Hund oder Katze sollte natürlich das Verhalten dieser Tierarten bekannt sein. Ein vor dem Käfig stehender, wild bellender oder unruhiger Hund kann natürlich bei einem schreckhafteren Chinchilla einen echten Schock auslösen. Auch eine jagende Katze ist gefährlich. Solche Tiere haben in der Nähe eines Chinchillas nichts verloren. Bei Raubtieren ist die Unfallgefahr sehr hoch, denn ein laufendes Chinchilla löst den Jagdtrieb aus, und der endet leider schnell tödlich für das Chinchilla. Selbst im Spiel können Hund und Katze ein Chinchilla tödlich verletzen. Sogar bei wirklich friedlichen Hunden oder Katzen ist ein direkter Umgang nicht ratsam, selbst wenn das Chinchilla nicht sofort in Panik gerät. Bevor man diese Tiere in die Nähe des jeweils anderen lässt, sollte man das Verhalten der Chinchillas genau beobachten und den Hund oder die Katze wirklich kennen. Ohne Aufsicht sollten die Tiere niemals zusammen gelassen werden! Freigängerkatzen und Hunde können auch neue Keime mit ins Haus bringen, die den Chinchillas schaden können.

Nicht geeignet als weitere Haustiere sind Vögel, da sie bei Chinchillas oft Angst auslösen. Deshalb – und aufgrund ihrer Lautstärke – sollten sie vollkommen getrennt gehalten werden. Andere Kleinsäuger sind da problemloser. Chinchillas sind auch hier neugierig. Meerschweinchen und Kaninchen werden meist nur neugierig beschnuppert, allerdings können Kaninchen ein Chinchilla durch Kratzen und Beißen stark verletzen. Somit ist ein direkter Kontakt nicht empfehlenswert. Abgesehen davon, kann es Probleme geben im Hinblick auf die verschiedenen Schlafphasen und potentielle Krankheiten. Bei Chinchillas gibt es bisher nur wenige ansteckende Krankheiten, bei Meerschweinchen und Kaninchen hingegen mehrere. Was unbedingt ausgeschlossen werden muss, ist die gemeinsame Haltung im selben Gehege. Nicht nur die Ernährung dieser Tiere ist grundverschieden, auch die Lebensweise. Kann ein Meerschweinchen relativ gefahrlos mal an Pellets für Chinchillas knabbern, ist Meerschweinchenfutter für ein Chinchilla grundsätzlich ungesund. Auch werden sowohl Kaninchen als auch Meerschweinchen in erster Linie mit Frischfutter versorgt, welches für Chinchillas nicht geeignet ist. Auch Hamster, Farbratten, Mäuse und Co. sollten wegen der verschiedenen Ernährungs- und Lebensweisen nicht gemeinsam mit Chinchillas gehalten werden.

> **Hinweis!**
> Obwohl Chinchillas im Regelfall keine Scheu vor anderen Tierarten haben, birgt das Zusammentreffen einige Risiken. Größere Tiere können Chinchillas auch unabsichtlich schwerste Verletzungen zuführen, kleinere Tiere können durch die hektischen Bewegungen der Chinchillas verschreckt werden. Dies spricht grundsätzlich gegen Begegnungen, selbst wenn diese unter Aufsicht stattfinden.

Chinchillas und Kaninchen können unter Aufsicht gemeinsamen Auslauf erhalten, wenn sich die Tiere friedlich begegnen
Foto: K. Aretz

Freilauf

Allgemeines zum Freilauf

Chinchillas benötigen regelmäßigen abendlichen Freilauf. Sie sollten täglich ihren Bewegungsdrang ausleben dürfen, was selbst im größten Käfig nicht möglich ist. Die Tiere brauchen außerdem Abwechslung, und der Freilauf steigert ihre Kondition und unterstützt die Gesundheit. Daher sollte sich jeder Halter überlegen, wie er es ihnen ermöglicht, dass sie sich mindestens ein Mal am Tag richtig austoben können.

Ein Freilauf unter Zeitdruck ist zu vermeiden. Wird man hektisch, weil man Zeitdruck hat, dann überträgt sich dies auf die Chinchillas, und sie werden kaum wieder in den Käfig wollen. Deswegen sollte der Zeitpunkt für den Freilauf so gewählt werden, dass Zeitdruck vermieden wird. Hält man beim Freilauf regelmäßige Uhrzeiten ein, warten viele Chinchillas nach ein paar Tagen zum gewohnten Zeitpunkt schon ungeduldig an der Tür. Wo man den Chinchillas im Wohnraum Freilauf gestattet, hängt natürlich von der Sicherheit der einzelnen Räume ab. Die meisten gestalten hierfür ihr Wohn- oder Schlafzimmer um. Lange Flure sind ebenfalls sehr beliebt. Wie lange ein Chinchilla Freilauf bekommen sollte, variiert. Einige Chinchillas sind schon nach 30 Minuten k.o., andere sind auch nach drei Stunden noch nicht müde. Wer mehrere Gruppen hält, kann dem vollen Freilaufdrang nur schwer gerecht werden. Dennoch sollte sich jeder Halter bemühen, den Freilauf so ausgiebig wie möglich zu gewähren.

> **Hinweis!**
> Die Zeiten, in denen der Freilauf stattfinden soll, sind sehr entscheidend. Ein Freilauf am Mittag hilft den dämmerungs- und nachtaktiven Chinchillas wenig, da sie dann müde sind und ihre Ruhe wollen. Ganz früh morgens oder abends lässt sich der Freilauf am besten realisieren.

Für den sicheren Freilauf kann ein Teil des Wohnraums abgetrennt werden Foto: T. Jonca

Gefahren beim Freilauf

Gerade beim Freilauf passieren die meisten Unfälle. Alles was giftig ist, muss für den Freilauf entfernt werden! Chinchillas kommen überall hin, wo man nicht mit ihnen rechnet. Einen Sprung von einem Meter Höhe schaffen normalerweise alle Tiere. Ein einfaches Hochstellen von gefährlichen oder giftigen Gegenständen und Pflanzen reicht somit nicht aus. Schränke und Regale können gefährlich sein, wenn das Chinchilla sie erklimmen kann. Falls das Chinchilla beim Freilauf eine Höhe von mehr als 1,50 m erreicht hat, ist Vorsicht angesagt. Man sollte aufpassen, dass es nicht hinunterspringt, da aus dieser Höhe Verletzungen bis hin zum Genickbruch sehr wahrscheinlich sind. Wenn ein Chinchilla auf einen hohen Schrank springt, sollte man beim Einfangen nicht hastig vorgehen, weil es sich sonst erschrecken und erst recht losspringen kann. Besser ist, man lockt es an eine Stelle, an der es entweder ohne Gefahr alleine hinuntergelangt oder an der man es greifen kann. Einige Chinchillas quetschen sich auch hinter Schränke und zwischen Wand und Schrank nach oben. Solche Stellen sollten abgesichert werden, da es natürlich auch passieren kann, dass es für das Tier eng wird und es alleine nicht wieder herauskommt. Auch Fenster können eine Gefahr darstellen, wenn sie nicht geschlossen sind. Ein Chinchilla kann entwischen und sich zwischen offenen Kippfenstern einklemmen. Viele Chinchillas lieben Schnürsenkel und Socken und springen ihren Menschen gerne vor die Füße. Hierbei kann es passieren, dass sie unbeabsichtigt getreten und verletzt werden. Sehr beliebt sind auch Kabel. Einige Chinchillas fressen sogar Teppiche an, um an eventuell darunterliegende Kabel zu kommen. Somit sollten sämtliche Kabel komplett außer Reichweite gebracht werden. Angeknabberte Stromkabel enden für die Tiere meist tödlich. Pflanzen sind natürlich ebenfalls ein großer Anziehungspunkt für Chinchillas. Somit ist es ratsam, alle Pflanzen aus dem Freilaufzimmer zu entfer-

Chinchillas springen überall hoch
Foto: T. Jonca

Gefahren beim Freilauf

nen. Außerdem muss man damit rechnen, dass Chinchillas auch Möbel und Wände anknabbern.

Aquarien oder ähnliche zugängliche Wasserquellen können ebenfalls zur tödlichen Gefahr werden, wenn ein Chinchilla hineinfallen kann. Die Nager sind keine guten Schwimmer, da ihr Fell sich vollsaugt und sie unter Wasser gezogen werden. Auch Toiletten sind Gefahrenquellen. Nicht wenige Chinchillahalter lassen ihre Tiere zusätzlich zum Flur oder Wohnraum auch im Badezimmer herumlaufen, weil dort am wenigsten Gefahren lauern. Doch es sollte immer kontrolliert werden, ob der Toilettendeckel heruntergeklappt ist. Aus einer Toilette kommt ein Chinchilla nicht alleine heraus und kann ertrinken. Ein nasses Chinchilla kann sich auch sehr schnell erkälten, was zu einer schweren Lungenentzündung führen kann. Chinchillas sollten beim Freilauf immer beaufsichtigt werden. Wie kleine Kinder machen sie einen meist erst auf Gefahren aufmerksam, wenn sie etwas Interessantes entdeckt haben, und es ist schwer, alle Gefahrenquellen im Vorfeld auszuschließen.

Wichtig!
Beim Freilauf bitte besonders auf Türen und Füße achten. Chinchillas sind blitzschnell und schon einige Tiere wurden aus Versehen zwischen Türen eingeklemmt oder zertreten. Es empfiehlt sich, selbst wenn man meint, die Tiere im Blick zu haben, mit schlurfendem Gang durch den Raum zu gehen und die Füße nicht richtig anzuheben.

Beim Freilauf knabbern Chinchillas gerne Tapeten, Teppiche, Möbel etc. an Foto: K. Aretz

Der Freilauf

Der erste Freilauf sollte erst stattfinden, wenn sich die Chinchillas eingelebt haben. Die vielen neuen Eindrücke können sie sonst verunsichern, und dies verlängert die Eingewöhnungszeit. Vorzugsweise sollte der Raum beim ersten Freilauf nicht zu groß sein und nicht zu viele Versteckmöglichkeiten haben. Erst nach und nach kann man den Freilauf abwechslungsreicher gestalten und den Tieren dadurch jeden Tag etwas Neues bieten. Es ist sinnvoll, den Raum zu vergrößern, wenn das bisher Bekannte nicht mehr vorsichtig, sondern übermütig erkundet wird und die Tiere signalisieren, dass sie Neues entdecken möchten. Es ist nicht ratsam, ein Chinchilla zum Freilauf aus dem Käfig zu zwingen. Ein Halter sollte dem Tier die Zeit lassen, die es braucht, um sich sicher genug zu fühlen. Viele Chinchillas schnuppern erst einmal an der offenen Käfigtür und zögern bei den ersten Schritten. Je nachdem, wie sicher sich ein Chinchilla fühlt, kommt es nach ein paar Minuten oder auch erst nach einigen Tagen heraus. Es entfernt sich vorerst nicht weit vom Käfig, sondern macht ein paar Sprünge und rennt schnell wieder zurück. So wird nach und nach der Abstand zum Käfig vergrößert. Nur wenige Tiere springen gleich los und untersuchen alles. Ist ein Tier erst einmal draußen, lockt es das zweite mit leisen Gluckergeräuschen. Viele Chinchillas bewegen sich zuerst an der Wand entlang und schlüpfen in alle Winkel, die sich bieten. Von da aus wird dann immer mehr erkundet. Sollten die Chinchillas auch nach Tagen noch keine Anstalten machen, den Käfig zu verlassen, dann kann der Halter sie behutsam locken. Hierbei ist Ruhe und Gelassenheit wichtig, damit die Tiere nicht verunsichert werden. Findet der Freilauf immer zur selben Uhrzeit statt, bekommt auch das ängstlichste Tier ein Gefühl der Sicherheit und wird das neue Umfeld erkunden wollen.

Um das Benagen an der Wohnungseinrichtung zu verhindern und den Chinchillas ein wenig zusätzlichen Spaß zu verschaffen, kann es helfen, den Freilauf für die Tiere auf eine ungefährliche und weniger zerstörbare Art zu gestalten. Mit frischen Na -

Chinchillas erkunden während des Auslaufs gerne ihre komplette Umgebung Foto: K. Aretz

> **Tipp!**
> Chinchillas lassen sich wegen ihrer Neugier gut locken. Verbindet man das Ende des Freilaufes mit der Fütterungszeit oder der Gabe eines Leckerchens, dann dauert es meist nicht lang, und die Chinchillas springen von alleine in den Käfig oder auf die Hand, die sie zum Käfig bringt. Hier muss man austesten, was das jeweilige Chinchilla bevorzugt. Sollte es wider Erwarten doch nötig sein, ein Chinchilla einzufangen, dann ist es unklug, es zu jagen. Ratsamer ist es, das Tier anzulocken oder zu warten, bis es kommt, und dann rasch und vorsichtig zuzugreifen.

gezweigen und anderem Knabberspielzeug sowie ein paar Hindernisläufen kann man versuchen, die Tiere von den Dingen abzulenken, die nicht angefressen werden sollen. Einige Chinchillas springen im Freilauf gerne von Versteck zu Versteck, sodass Tonröhren, Pappröhren, Tontöpfe und Ähnliches sehr nützlich sind. Natürlich ist der Freilauf auch eine willkommene Gelegenheit, um die Beziehung zwischen Mensch und Tier zu festigen. Einigen Chinchillas macht es Spaß, wenn sie ihrem Menschen dauernd entwischen können und sie dadurch eine Art Spiel veranstalten. Auch macht es vielen eine große Freude, sich von hinten anzupirschen und dann auf ihren Menschen heraufzuspringen oder an seiner Kleidung zu zupfen. Wer aufmerksam die Freuden seiner Tiere beobachtet, kann die Neugier ausnutzen und ihnen mit Hilfe von kleinen Leckerli ein paar Dinge beibringen. So kann man ihre Suche nach Leckereien dazu nutzen, ihnen zu zeigen, dass es beim Rufen oder Klopfen kleine Knabbereien gibt.

Das Ende des Freilaufes bestimmen meistens die Halter. Chinchillas wollen in der Regel nur ungern wieder in den Käfig zurück. Wilde Jagden sind für die Beziehung zwischen Mensch und Tier allerdings sehr schlecht, da die Chinchillas hierdurch das Vertrauen zum Menschen verlieren können. Beim Einfangen sollte ein Jagen also vermieden werden. Auch würde es ansonsten nicht lange dauern, bis ein Chinchilla sich ein sicheres Versteck sucht, aus dem es nur schwer herauszubekommen ist.

Mit Leckerbissen wie z. B. Apfelchips lassen Chinchillas sich leicht locken Foto: K. Aretz

Pflege

Das Sandbad sollte den Tieren täglich oder ständig zur Verfügung stehen Foto: K. Aretz

Fellpflege

Zur Fellpflege gehört natürlich das schon erwähnte Sandbad. Nicht nur, dass es dazu dient, Stress abzubauen, es ist auch wichtig für das körperliche Wohlbefinden. Chinchillas betreiben keine Fellpflege wie Katzen, sie putzen sich zwar auch, aber das ist nicht vergleichbar. Fettiges Chinchillafell sorgt für starkes Unwohlsein, ruft Juckreiz hervor, kann eine Grundlage für Parasiten- oder Pilzbefall bilden und kann auch ein Auslöser für Verhaltensstörungen sein. Aus einer Haarwurzel wachsen 40–80 Haare. Bei Chinchillas kommt es nicht zu einem Fellwechsel von Sommer- zu Winterfell. Auch wenn das Fell im Sommer ein wenig dünner ist, bei ihnen wechselt das Haar in kleinen Zyklen, wobei die Umgebungstemperatur einen Einfluss darauf ausübt. Chinchillahaare sitzen sehr locker in den Wurzeln. Wird ein Chinchilla falsch gegriffen, lösen sie sich und zurück bleibt eine kahle Stelle. Da die Haare sehr fein und leicht sind, lösen sie sich beim Haarwechsel nicht immer vollständig aus dem Fell und können so Haarknoten bilden. Das richtige Sandbad verhindert ein Verkleben und Verfetten, löst die lockeren Haare und zieht die Feuchtigkeit aus dem Fell.

> **Tipp!**
> Für das Sandbad wird von Chinchillahaltern oftmals Sand auf der Basis von Attapulgit oder Sepiolit angeboten. Hierbei handelt es sich um Tonminerale, welche aufgrund ihrer Eigenschaften gut Feuchtigkeit aufnehmen, das Fell nicht schädigen und die Chinchillahaut nicht reizen.

Allerdings kommt es auch darauf an, dass der richtige Sand verwendet wird. Um zu schauen, ob es sich um einen geeigneten Sand handelt, kann man ihn vorsichtig zwischen den Fingern zerreiben und ertasten, ob er sich weich anfühlt. Leicht angefeuchtet, lässt sich aus dem richtigen Sand auch eine Kugel formen, die nach dem Trocknen fest bleibt und nicht wieder in einzelne Körner zerfällt. Als Badesandzusatz nutzen einige Halter „Blue Cloud", ein Pulver auf Zementbasis, welches dem Fell noch einen zusätzlichen weichen und flauschigeren Touch verleiht. Da „Blue Cloud" allerdings extrem staubt, sollte man nur eine kleine Menge in das eigentliche Sandbad untermischen. Ob derartiges wirklich notwendig ist, ist eigenes Ermessen. Grundsätzlich belastet Staub die Lunge, somit sollte im Bereich des Sandbades gut gelüftet werden und beim Durchsieben des Sandes (zum Entfernen des Kotes) ist es durchaus ratsam, einen Mundschutz zu tragen, damit man den feinen Staub nicht einatmet. Den Tieren scheint auch eine dauernde Benutzung über Jahre hinweg nicht zu schaden, im Gegenteil, allerdings sind komplett geschlossene Sandbäder mit kleinem Einstiegsloch trotzdem wegen der zarten Lungen nicht optimal. Mitunter kann es hilfreich sein, den Sand im Freien einmal durchzusieben, der Wind trägt dann den feinen Staub aus dem Sand heraus, und das Baden gestaltet sich für die Tiere angenehmer. Wie lange das Sandbad täglich zu Verfügung stehen sollte, ist Ansichtssache. Einige Halter schwören darauf, dass Chinchillas es rund um die Uhr benötigen, andere stellen das Sandbad zwei Mal am Tag für im Durchschnitt 15–30 Minuten zur Verfügung. Damit sie trotzdem ausreichend in den Genuss des Sandbades

Chinchillas nehmen mehrmals täglich Sandbäder Foto: T. Jonca

Gesundheitscheck

Links Attapulgus, rechts Blue Cloud, vergrößert aufgenommen
Foto: T. Jonca

kommen, kann man in diesem Fall einmal die Woche für eine ganze Nacht das Sandbad in die Käfige stellen. Ob man das Sandbad ständig zur Verfügung stellt oder nur zu bestimmten Zeiten anbietet, macht im Großen und Ganzen keinen wesentlichen Unterschied. Wichtig ist nur, dass die Tiere täglich Zugang zum Sandbad haben.

Achtung!
Das Kämmen von Chinchillas ist eigentlich nicht notwendig, und die meisten Tiere mögen es überhaupt nicht. Bei einem starken Fellwechsel können sich mal kleine Knötchen im Fell bilden. Rechtzeitig entdeckt, kann man einzelne kleine Haarknoten oft durch einen sanften Ruck herauslösen. Dies tut den Tieren nicht weh. Haben sich aber schon richtige Kletten gebildet, ist es ratsam, hier eher die Schere zu Hilfe zu nehmen, wobei Chinchillas natürlich dann gut fixiert werden müssen, damit sie sich nicht verletzen. Wasser im Chinchillafell sollte vermieden werden. Das Fell braucht recht lange um zu trocknen, sodass stets Erkältungsgefahr besteht.

Gesundheitscheck

Zur Pflege gehört auch, die Tiere regelmäßig zu untersuchen, um Krankheiten rechtzeitig zu erkennen. Vorzugsweise wiegt man seine Tiere ein Mal die Woche und führt ein Gewichtsprotokoll. Ein Gewichtsverlust wird durch das dichte Fell schnell übersehen, da er aber oft auf Krankheiten hinweist, ist es notwendig ihn rechtzeitig zu erkennen. Geringe Schwankungen fallen in der Regel unter „normal", können aber schon die ersten Anzeichen sein. Bei Stress oder einer Umstellung können Chinchillas durchaus schon einmal bis zu 70 g verlieren (je nach Körpergewicht). Es ist dann am Halter, zu erkennen, ob ein Stressfaktor vorgelegen hat oder nicht. Sollte im Lebensrhythmus des Tieres keine Veränderung eingetreten sein, ist ein Tierarztbesuch ratsam. Bei einem stärkeren Gewichtsverlust besteht schnell Lebensgefahr für das Chinchilla. Deswegen ist es wichtig, Veränderungen rechtzeitig zu erkennen.

Vorbereiten auf die Rückenlage Foto: T. Jonca

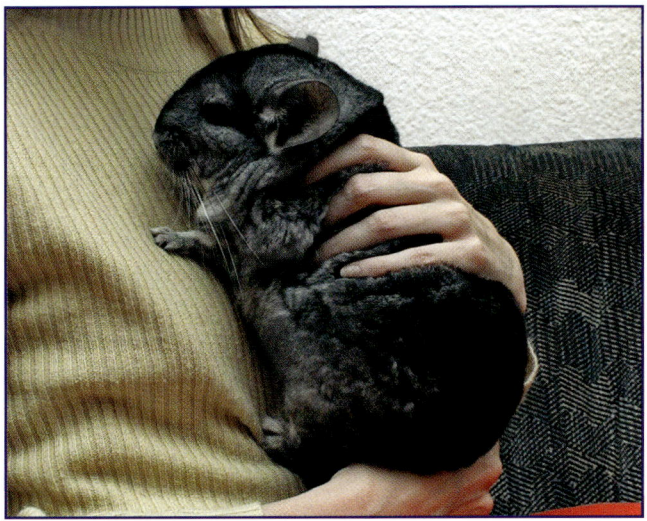

Das Wiegen eines Chinchillas ist aber nicht unbedingt einfach. Kaum ein Chinchilla mag gerne ruhig in einer Waagschale sitzen. Einige Chinchillas lassen sich mit Leckerli „bestechen", andere haben richtig Angst vor einer Waagschale und sträuben sich, dort hineingesetzt zu werden. Hier kann es helfen, wenn man die Tiere in eine Transportbox setzt, die Box samt Chinchilla darin wiegt und hinterher das Leergewicht der Box vom Gesamtgewicht abzieht. Einige Halter stellen die Waage auch in den Käfig und warten bis ihre Chinchillas darauf springen. Es reicht aus, eine Waagschale mit hohem Rand zu nehmen und die Hände während des Wiegevorganges darüberzuhalten, sodass die Chinchillas nicht herausspringen können. Durch die Regelmäßigkeit gewöhnen sich einige Tiere auch schnell daran und bleiben sitzen.

> **Wichtig!**
> Das rechtzeitige Erkennen von Krankheiten kann nur geschehen, wenn man seine Tiere aufmerksam beobachtet. Da Chinchillas Symptome meist sehr spät zeigen, sind regelmäßige Gesundheitschecks der wichtigste Weg der Vorbeugung!

Ebenso wichtig wie das Wiegen ist die regelmäßige Kontrolle der Anogenitalregion, des Kotes und der Vorderzähne. Auch hier kann man Krankheiten im Anfangsstadium oft erkennen. Eine verklebte Analregion deutet auf Magen-/Darmprobleme hin und muss beim Tierarzt abgeklärt werden. Zahnprobleme können an den Schneide- und/oder Backenzähnen auftreten. Auch Mangelerscheinungen kann man hier oftmals gut erkennen. Die Kontrolle der Vor-

Die Zähne sollten regelmäßig kontrolliert werden Foto: T. Jonca

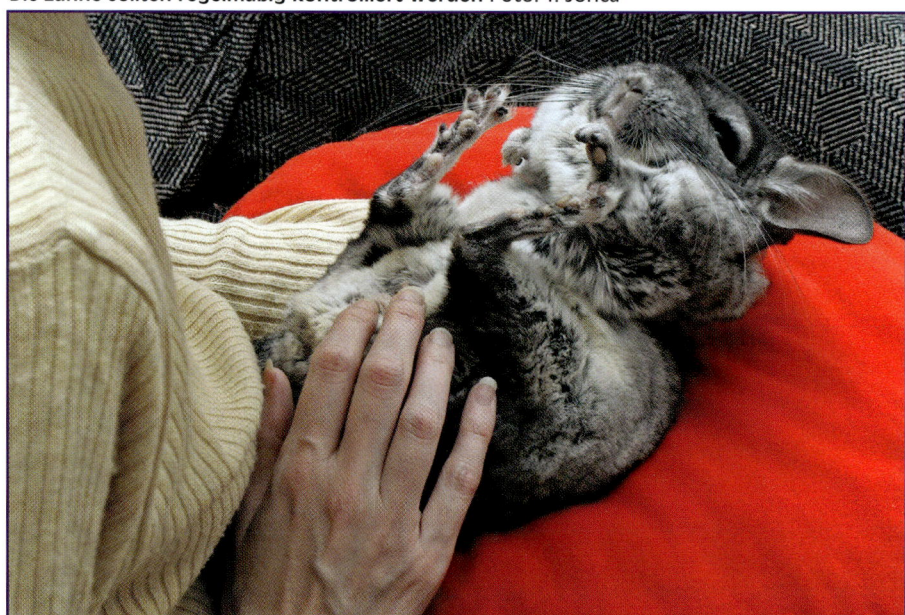

derzähne stellt für viele Halter ein Problem dar. Die wenigsten Chinchillas zeigen freiwillig ihre Zähne. Hilfreich kann es sein, wenn man ein Leckerli dicht vor das Käfiggitter hält, sodass das Chinchilla bei dem Versuch, an den Leckerbissen heranzukommen, in das Gitter beißt, wodurch ein kurzer Blick auf die Schneidezähne möglich ist. Dies ist allerdings sehr ungenau, und besser ist es, die Tiere mindestens ein Mal im Monat gründlich zu untersuchen. Eine Möglichkeit ist, die Tiere hierzu auf den Rücken zu legen, damit man nicht auf Hilfe angewiesen ist. In dieser Haltung kann man die Zähne gründlich begutachten. Um kleinere Veränderungen an der Haut unter dem Fell zu erkennen, hilft es, die Tiere abzutasten. Beim Streichen über das Fell fühlt man kleinere Unebenheiten, die man durch das Hineinpusten an der betreffenden Stelle dann genauer ansehen kann. Derartiges ist wichtig, damit man z. B. eventuell aufgetretene kleine Bissverletzungen bei einer Vergesellschaftung oder bei einem kritischen Gruppenverhalten zeitig genug erkennt und beobachten kann, ob sich diese Stellen entzünden. Oftmals kann man aber auch eine beginnende Pilzinfektion auf diesem Weg rechtzeitig erkennen. Durch das Abtasten kann man auch eine eventuell zu starke Gewichtszunahme bzw. einen Gewichtsverlust erkennen, was durch die bloße Ansicht wegen des dichten Felles verhindert wird. Grundsätzlich ist es wichtig, das Verhalten der Tiere gut im Auge zu behalten. Veränderungen können immer Anzeichen von Erkrankungen darstellen. Da jedes Tier sich individuell verhält, sollte man als Halter in der Lage sein abzuschätzen, ab wann ein Tier erste Anzeichen von Unwohlsein zeigt.

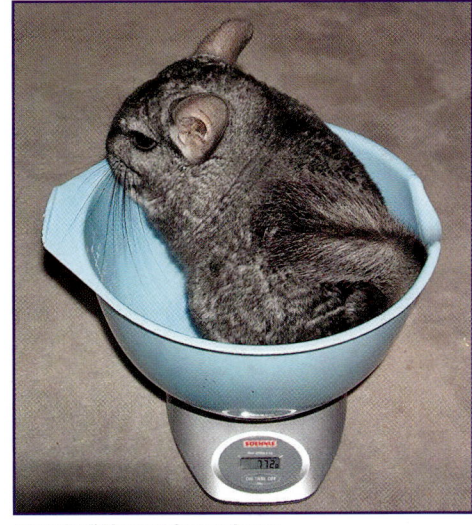

Regelmäßiges Wiegen kann helfen, Krankheiten rechtzeitig zu erkennen Foto: T. Jonca

In dieser Position halten die meisten Chinchillas still Foto: T. Jonca

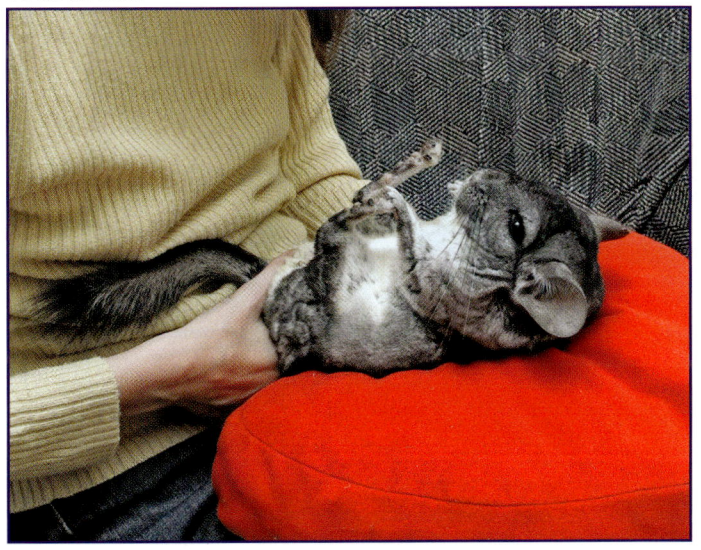

Pflegearbeiten am Käfig

Hygiene ist für Chinchillas sehr wichtig. Ein Chinchillakäfig sollte im Normalfall ein Mal pro Woche gereinigt werden. Je nach Größe und Anzahl der Tiere kann es notwendig sein, die in der Einstreu vorhandenen Pinkelecken mehrmals wöchentlich zu säubern. Ein Chinchillakäfig lässt sich recht gut mit klarem Wasser auswischen, Essigwasser oder auch Babyshampoo sind hilfreich bei etwas stärkerer Verschmutzung. Eine Desinfektion ist selten nötig, zu oft durchgeführt, kann sie eher schaden als nützen. Nur im Krankheitsfall oder bei sehr starker Verschmutzung ist ein Desinfizieren ratsam. Die meisten Sitzbretter lassen sich feucht abwischen, pinkeln die Tiere allerdings auf die Sitzbretter, hilft es, diese abzuschleifen oder gleich welche zu verwenden, die den Urin nicht aufsaugen. Notfalls muss das betroffene Sitzbrett ausgetauscht

Tipp!
Eingetrocknete Urinflecken auf dem Käfigboden sind recht schwer komplett zu entfernen, Chinchillas haben einen Urin, der sich fest einätzt. Bei den Entfernungsversuchen mit scharfen Putzmitteln wird meist der Boden des Käfigs mit beschädigt, und die Rückstände der Putzmittel können den Tieren schaden. Man sollte darauf achten, den Käfig so sauber zu halten, dass sich keine Urinflecken bilden. Notfalls kann Essigwasser helfen, und auch Zitronensaft kann Urinflecken lösen.

Zur Käfigreinigung gehören insbesondere der Austausch der Einstreu und das Fegen der Sitzbretter
Foto: K. Aretz

werden. Vorsicht ist angeraten bei Reinigungsmitteln. Viele sind einfach zu scharf und hinterlassen Rückstände, die für Chinchillas gefährlich sein können.
Trinkgefäße müssen täglich gereinigt werden. Viele Trinkflaschen gehen problemlos in den Geschirrspüler (ohne Reinigungsmittel) oder können ansonsten mit Hilfe einer Flaschenbürste gesäubert werden. Es muss sehr darauf geachtet werden, dass sich in den Flaschen und Röhrchen keine Algen absetzen, da sie die Chinchillas krank machen können. Röhrchen lassen sich mit Hilfe eines Wattestäbchens gut säubern. Futternäpfe sollten ebenfalls mindestens ein Mal pro Woche gründlich mit heißem Wasser gereinigt werden, je nach Verschmutzung auch häufiger. Das Sandbad sollte nach jedem Baden bzw. ein Mal täglich durchgesiebt werden, bei geringer Verschmutzung reicht es, den Sand alle 4–6 Wochen auszutauschen. Benutzen die Chinchillas das Sandbad gerne als Toilette, ist es aus hygienischen Gründen ratsam, den Sand häufiger zu erneuern.

Das Käfiginventar sollte regelmäßig gereinigt bzw. ausgetauscht werden Foto: K. Aretz

Gesunderhaltung und Krankheiten

Eigentlich gelten Chinchillas als robuste Tiere, die sich gut anpassen und dementsprechend selten krank werden. Durch suboptimale Haltungsbedingungen, Zuchtfehler und falsche Ernährung häufen sich Krankheiten allerdings. Aber selbst bei besten Haltungsbedingungen können Tiere erkranken. Man sollte sich immer bewusst machen, dass viele Krankheiten bei rechtzeitigem Erkennen wesentlich besser behandelt werden können. Da Chinchillas dazu neigen, Krankheitsanzeichen erst sehr spät deutlich anzuzeigen, sind die Kenntnisse über das Verhalten eines jeden Tieres sehr entscheidend. Kleine Veränderungen müssen keine Anzeichen sein, können aber schon auf beginnende Probleme hinweisen. Ebenfalls wichtig für die Genesung ist die Erreichbarkeit eines Tierarztes, der sich mit Chinchillas auskennt. Hier haben die meisten Halter, aber auch Züchter, die größten Probleme, was nicht selten wahre Odysseen von Tierarzt zu Tierarzt zur Folge hat. So sollte jeder neue Chinchillahalter sich gleich zu Beginn nach einem fachkundigen Tierarzt umsehen und sich gegebenenfalls mit anderen Chinchillahaltern austauschen.

Hinweis!
Chinchillas werden selten krank, und wenn, dann meistens ernsthaft. Aus diesem Grund sollten kranke Chinchillas stets einem Tierarzt vorgestellt werden!

Hausapotheke

Es ist nicht sinnvoll, eine umfangreiche Hausapotheke anzulegen oder zahlreiche Medikamente zu lagern. Zum einen verleiten im Hause befindliche Medikamente dazu, den Tierarzt nicht aufzusuchen, um Kosten zu sparen und den Patienten selbst zu behandeln, zum anderen sind Medikamente nicht ewig haltbar, sodass sie im Notfall möglicherweise schon abgelaufen sind. Grundsätzlich ist es aber empfehlenswert, eine frische Packung Ersatznahrungspulver bereitzuhalten. Ansonsten befinden sich in einer Hausapotheke möglichst noch der aktuelle Apothekennotdienstplan und die Notrufnummer des Vertrauenstierarztes. Mehr ist nicht notwendig, um eine schnelle und ausreichend medizinische Versorgung der Tiere zu gewährleisten.

Anatomisches

Kenntnisse über die Anatomie eines Chinchillas sind hilfreich, um Krankheiten rechtzeitig zu erkennen. Die folgende Auflistung gibt einen kleinen Einblick in den Körper des Chinchillas.

Anatomisches

Physiologische Daten
Körpertemperatur: schwankend, zwischen 35,4–38,4 °C
Atemfrequenz: 50–150/Min.
Herzfrequenz: 100–180/Min.
Geschlechtsreife: nach 4–6 Monaten, die Weibchen meist ein wenig früher als die Böckchen
Zuchtreife: nach ca. 8–12 Monaten
Tragzeit: 111 Tage (+/-2 Tage)
Wurfgröße: 1–3 Jungtiere, selten bis 6
Lebenserwartung: ca. 22 Jahre

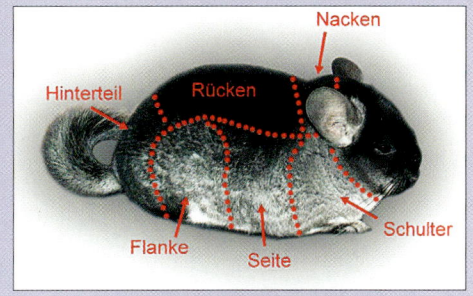

Körper: Die Körperlänge beträgt je nach Zucht und Linie 25–35 cm, die Form variiert von schmal bis rund. Gesunde Chinchillas haben keine eingefallenen Flanken, ihre Rippen sind spürbar, aber nicht stark hervortretend, ebenso sind Schulter- und Beckenknochen zu ertasten, allerdings mit spürbaren kleinen Polsterungen.

Schwanz: Auch hier hat die Zucht Einfluss, sodass die Länge des Schwanzes 10–18 cm betragen kann. Bei einem gesunden Tier wird der Schwanz leicht nach oben gebogen getragen und liegt nur bei Entspannung auf dem Boden auf. Er dient der Aussteuerung des Gleichgewichtes beim Springen und Laufen.

Fell: Chinchillas haben sehr dichtes Fell. Es wächst in Büscheln von ca. 40–80 Haaren pro Wurzel, was sich von Tier zu Tier und je nach Farbe und Zucht unterscheiden kann. Die Länge der Haare liegt zwischen ca. 1,5–4 cm, wobei diese an der Bauch- und Kopfpartie in der Regel kürzer sind. Das Fell am Schwanz ist fester und borstenartig, das Wollfell am Körper dagegen sehr weich. Das Wollfell wird gestützt durch einzelne, festere Grannenhaare, die sich über den Körper verteilen. Chinchillafell zeigt in der Regel ein Agouti-Muster, das sich in drei Farben unterteilt. Die Unterzone ist hierbei in der Regel blaugrau, das Band (der schmale Bereich, der sich an der Unterzone anschließt) ist weiß, die Haarspitzen sind hingegen in der Farbe, die das Chinchilla als solches aufweist. Bestimmte Farbschläge wie Ebony oder Tiere mit Velvet haben dieses Agouti-Muster nicht oder nicht durchgängig. Die dunklere Kopf- und Rückenpartie wird Schleier genannt. Die Haare von Chinchillas sind im Normalfall nicht

Einzelnes Haarbüschel eines Standard-Chinchillas
Foto: T. Jonca

Anatomisches

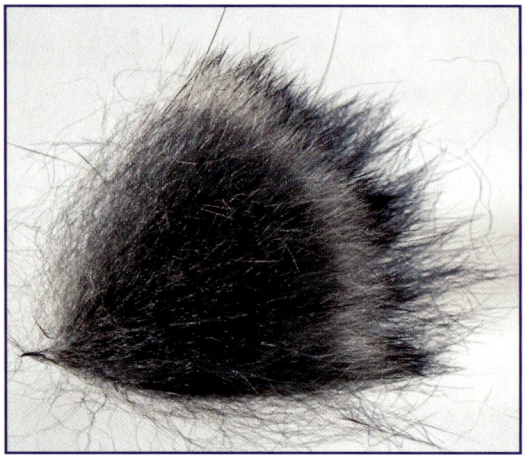

Agoutimuster beim Standard
Foto: T. Jonca

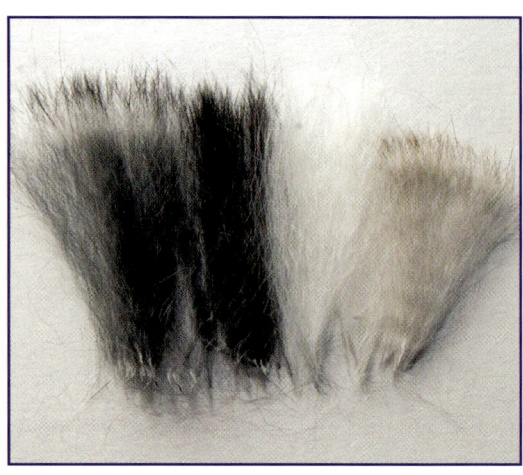

Farbvergleich von links nach rechts: Standard, Black-Velvet, Weiß, Beige Foto: T. Jonca

von einer Fettschicht umgeben und deshalb nicht wasserabweisend, deswegen kann eine hohe Luftfeuchtigkeit Auswirkungen auf die Gesundheit haben. Das Fell sitzt lose, sodass Fressfeinde beim Zupacken und manchmal auch der Tierbesitzer beim Handling anstelle des Tieres nur Fellbüschel zu fassen bekommen.

Haut: Chinchillas besitzen nur wenig Talg- oder Schweißdrüsen. Dies wirkt sich auf die Haut und die Haare aus, die deswegen nicht von einer schützenden Schicht umgeben sind. Die Haut reagiert daher auch recht empfindlich auf einen Pilzbefall, andererseits tritt deshalb nur selten ein Parasitenbefall auf.

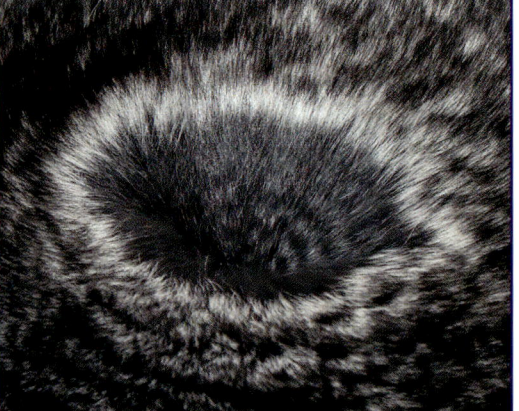

Pustet man ins Fell, wird die Unterzone mit dem weißen Band sichtbar Foto: T. Jonca

Augen: Chinchillas als dämmerungsaktive Tiere haben sehr große Augen, die seitlich am Kopf liegen und es ihnen ermöglichen, ihre Umgebung gut im Blick zu behalten. Über die Sehfähigkeit liegen verschiedene Untersuchungen vor. Die eigenen Beobachtungen zeigen, dass sie vor allem bewegte Objekte sehr gut erkennen, allerdings können sie bei Veränderungen der gewohnten Umgebung neue Hindernisse nicht immer sofort wahrnehmen. Das liegt in der Tatsache begründet, dass sich die monokulären Gesichtsfelder des rechten und linken Auges aufgrund der seitlichen

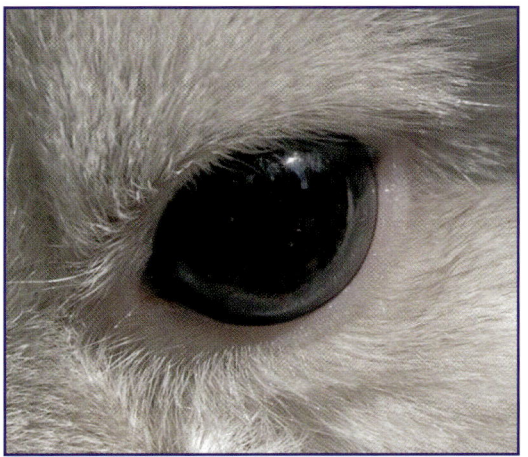
Mittelbraune Augen eines Beige-Schecken
Foto: T. Jonca

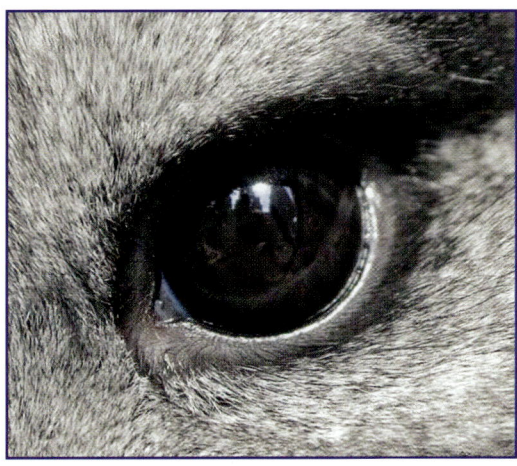
Dunkelbraune Augen eines Standard-Chinchillas Foto: T. Jonca

Lage der Augäpfel am Kopf nicht überschneiden, dadurch werden Objekte nicht dreidimensional wahrgenommen, die Tiefenschärfe fehlt und deshalb können Objekte leichter „übersehen" werden. In der Nacht bewegen sich die dämmerungsaktiven Tiere sicherer als tagsüber. Die Pupille ist ähnlich die der Katze je nach Lichteinfall elipsen- bis schlitzförmig und schützt tagsüber die empfindliche Netzhaut bei zu hoher Lichtintensität. Die Pupillen weiten sich bei wenig Licht kreisrund. Aufgrund ihrer Herkunft und ihrer natürlichen Feinde ist davon auszugehen, dass sie Bewegungen auch aus größerer Entfernung wahrnehmen können, was ich bei meinen Tiere in verschiedenen Situationen mehrfach beobachten konnte.

Die Iris zeichnet sich durch einen hohen Melaningehalt aus, die Irisfarbe variiert von dunkelbraun bis rot, es gibt aber auch Chinchillas mit blauen Augen. Bei einigen Chinchillas mit extrem hellroten Augen kann man Veränderungen der Pupille erkennen. Sie kann sich nicht mehr so stark zusammenziehen wie bei anderen Chinchillas, d.h. man muss davon ausgehen, dass eine erhöhte Lichtempfindlichkeit des Auges vorhanden ist. Diese Beobachtung trifft aber nicht grundsätzlich auf alle Chinchillas mit roten Augen zu.

Ohren: Die Ohrlänge beträgt zwischen ca. 4–6 cm. Chinchillas haben aufgrund ihrer verhältnismäßig großen Ohrmuscheln ein hervorragendes Hörvermögen, mit dem sie auch leisere Geräusche gut wahrnehmen. Die großen Ohren haben außerdem eine wichtige Funktion bei der Regelung der Körpertemperatur. Das Hörvermögen weist starke Ähnlichkeiten mit dem menschlichen Gehör auf.

Wussten Sie eigentlich...?
Die Ohrmuscheln können bewegt und recht weit gedreht werden. Damit signalisieren Chinchillas auch ihre Stimmungen. Bei Angst sind sie hinten angelegt, bei Aufmerksamkeit nach vorne gedreht.

Anatomisches

Nase eines Chinchillas Foto: T. Jonca

Nase: Die Nasenlöcher sind schlitzförmig, werden bei bestimmten Zuständen wie Angst oder Unruhe aber mitunter weit geöffnet. Chinchillas verfügen über einen guten Geruchssinn.

Tastsinn: Chinchillas nutzen zum Ertasten von Gegenständen oder Öffnungen ihre langen Barthaare. Die kürzeren Barthaare werden dazu genutzt, eventuell essbare Gegenstände, die sie nicht kennen, abzutasten, wobei sie zugleich ihre Nase zu Hilfe nehmen. Nicht selten erfühlen sie aber auch mit dem Vorderpfötchen, ob ihnen ein eventuell essbarer Gegenstand genehm ist. Kennt ein Chinchilla z. B. frischen Apfel nicht, kann es sein, dass es ihn zunächst ungern in die Pfoten nimmt, obwohl es ansonsten Interesse zeigt.

Füße: Chinchillas haben vier Zehen an jeder Vorderpfote, plus eine verkleinerte Zehe innen seitlich, die kaum zu erkennen ist. An den Hinterpfoten befinden sich drei größere Zehen an jedem Fuß, plus eine innen seitlich sitzende Zehe. Die Zehen weisen feine Krallen auf, die Fingernägeln ähneln. Sie müssen nicht geschnitten werden, sondern nutzen sich durch das tägliche Laufen ab. Mit den kleinen

Anatomisches

Vorderpfoten können sie greifen und so ihr Futter zum Mund führen. Die kräftigen Hinterbeine mit den großen Füßen sind so ausgelegt, dass hohe und weite Sprünge möglich sind.

Geschmackssinn: Chinchillas haben einen sehr feinen Geschmackssinn, was einhergehen dürfte mit dem ausgeprägten Geruchssinn. Hierbei bevorzugen nicht wenige Chinchillas süße, zugleich allerdings auch bittere Nahrungsmittel. Saures hingegen stößt eher auf Ablehnung.

> **Hinweis!**
> Aufgrund des lebenslangen Zahnwachstums ist es notwendig, dass sich die Zähne beim Abbeißen und Kauen aneinander abnutzen können, weswegen auf eine ausreichende Aufnahme von Heu geachtet werden und Nagematerial zur Verfügung stehen sollte.

Zähne: Chinchillas haben insgesamt 16 Backenzähne und vier Schneidezähne. Die Zahnformel lautet:

$$\frac{I1\ C0\ P1\ M3}{I1\ C0\ P1\ M3} = 20\ \text{Zähne}$$

Somit haben sie je Seite oben wie unten einen Schneidezahn (Incisivus), keinen Eckzahn (Caninus), einen Backenzahn mit einer Wurzel (Prämolar) und drei Backenzähne mit mehreren Wurzeln (Molare). Die unteren Backenzähne sind Richtung Zunge geneigt (lingual), die oberen Richtung Wange (bukkal). Vom ersten bis zum letzten Zahn nimmt diese Neigung ab. Die Zähne sitzen zu zwei Dritteln in den Alveolen (knöchernes Zahnfach welches die Zähne hält). Sie sind bis in den Bereich der Alveolen von einer Schmelzschicht überzogen. Im Gegensatz zu anderen Säugetieren, wie Hund oder Katze, bei denen die Zahnwurzeln spitz zulaufen, läuft die Wurzel nicht spitz zu und der Wurzelkanal der Chinchillazähne ist weit offen (offenes Foramen apicale). Deswegen wird auch von „wurzellosen" Zähnen gesprochen. Beim gesunden Tier sind die Schneidezähne gelb- bis orangefarben, die Backenzähne hingegen weißlich gefärbt. Allerdings sind die Zähne bei Jungtieren zuerst weiß und färben sich dann im Laufe der ersten Lebenswochen um. Der Milchzahnwechsel findet wie beim Meerschweinchen schon im Mutterleib statt.

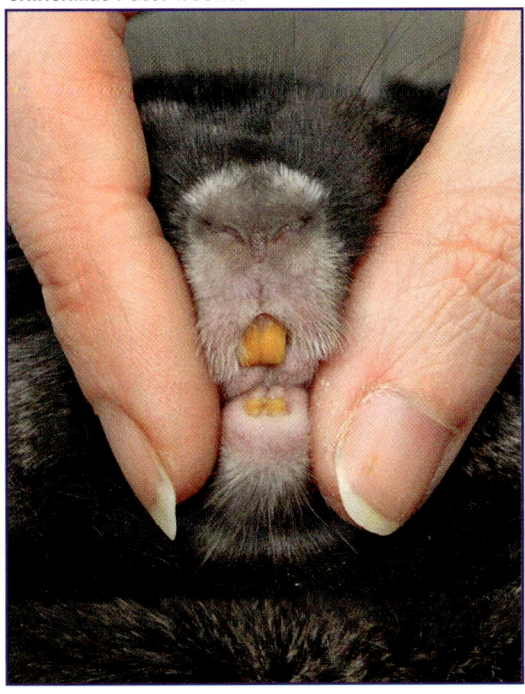

Orange Zähne eines adulten Chinchillas Foto: T. Jonca

Magen: Der große Magen befindet sich, geschützt von den Rippen, in der Brusthöhle hinter dem Zwerchfell und der Leber. Seine Form ähnelt dem Magen eines Pferdes. Der Chinchillamagen hat nur eine dünne Muskelschicht und einen kräftigen, den Mageneingang verschließenden Muskel, weswegen ein Erbrechen unmöglich ist. Durch die schwache Muskulatur kann der Mageninhalt nur in den Darm weitergeleitet werden, wenn laufend durch die regelmäßige Nahrungsaufnahme Nachschub in den Magen gelangt. Aus diesem Grund nehmen Chinchillas viele kleinere Mahlzeiten am Tag zu sich und dürfen deshalb auch nicht hungern. Bei fehlender Nahrungsaufnahme oder falschen Futtermitteln kann es zu Fehlgärungen im Magen kommen, die u. a. schwere Aufgasungen zur Folge haben können. Der Chinchillamagen kann sich sehr schnell und stark ausdehnen, die Aufgasung des Magens kann dann zur Folge haben, dass er über das Zwerchfell auf die anderen Organe Herz und Lunge drückt und deren Funktion beeinträchtigt.

Darm: Chinchillas haben einen sehr langen Darmtrakt von ca. 2,50 m Länge. Je nach Füllungszustand füllt er fast den kompletten Bauchraum aus. Chinchillas besitzen einen sehr großen Blinddarm, der bei der Verdauung eine wichtige Rolle spielt, da hier durch Bakterien wichtige Prozesse ablaufen, die für den Aufschluss und die Aufnahme von Nährstoffen notwendig sind. Durch das Fressen des regelmäßig ausgeschiedenen Blinddarmkotes nimmt das Chinchilla wichtige Vitamine

Der geübte Halter kann durch Abtasten seiner Tiere ggf. erste Krankheitsanzeichen frühzeitig erkennen Foto: T. Jonca

und Bakterien zu sich. Die Darmflora ist überwiegend grampositiv und sollte immer in einem konstanten Gleichgewicht sein. Aufgrund der Darmlänge und der empfindlichen Darmflora, die sich schnell aus dem Gleichgewicht bringen lässt, neigen Chinchillas zu Verdauungsbeschwerden. Wegen der ebenfalls schwachen Muskulatur funktioniert der Weitertransport des Verdauungsbreis in erster Linie durch den Nahrungsnachschub. Wird kein Futter aufgenommen oder werden unverträgliche Nahrungsmittel verabreicht, können leicht Aufgasungen im Darmbereich entstehen, die starke Schmerzen verursachen und schnell die komplette Darmtätigkeit zum Erliegen bringen können. Wegen der Darmbeschaffenheit reagieren Chinchillas auf stark krampflösende Medikamente empfindlicher als andere Nager. Daraus kann eine Darmlähmung entstehen und es ist dann schwer, die Darmmotorik wieder in Gang zu bekommen.

Kot: Der Kot eines gesunden Chinchillas ist in getrocknetem Zustand ca. einen Zentimeter lang, oval geformt und überwiegend von brauner Farbe. Natürliche Schwankungen sind bei jedem Tier gegeben, trotzdem sind bei einem gesunden Chinchilla ca. 70 % der ausgeschiedenen Kotbällchen gleichmäßig geformt, vor allem in den Phasen der Hauptaktivität. Chinchillas sind Dauerausscheider. Der Kot von frei lebenden Chinchillas ist hellbraun bis beige. Nach eigenen Erfahrungen kann ich sagen, dass die Form und Farbe des Kots sehr viel Aufschluss über mögliche Erkrankungen geben können und auch Fehlbelastungen des Darms bei falscher Ernährung gut anzeigen. Kleinerer oder schmalerer Kot oder auch Kot mit spitzen Enden deuten auf Erkrankungen insbesondere der Zähne hin. Weicher oder gar flüssiger Kot, der Spuren auf den Sitzbrettern hinterlässt, ist ein Zeichen für Durchfall. Schwarzer Kot geht nach meiner Erfahrung meist mit Darmentzündungen oder einer Überlastung des Darms mit zu hoch dosierten Rohproteinen oder Kohlenhydraten einher.

Körpertemperatur: Hinsichtlich der normalen Körpertemperatur liegen verschiedene Angaben in der Literatur vor. Meist wird von einem Temperaturbereich zwischen 37–39 °C gesprochen. Untersuchungen haben ergeben, dass die Körpertemperatur mit der Aktivitätszeit steigt und fällt. In den ruhigen Phasen liegt die Körpertemperatur etwa bei 35,4–36,8 °C und in der Hauptaktivitätszeit steigt sie bis auf ca. 37,5 °C an. Chinchillas regulieren ihre Körpertemperatur durch Wärmeabgabe über die großen Ohren und die Atmung, wobei sie nicht hecheln oder speicheln wie andere Tierarten. Bei anhaltender Kälte ziehen Chinchillas ihren Körper zu einer Kugel zusammen, um die Körpertemperatur zu halten. Bei starker Wärme suchen sie kühle Untergründe, auf denen sie sich lang ausstrecken, und spreizen ihre Ohren ab. Bei zu starker Wärme werden sie zusehends unruhiger, was für den Tierhalter ein wichtiges Anzeichen sein kann, um einen Hitzschlag zu verhindern.

Anatomisches

Weibliche Geschlechtsorgane: Zu einer Besonderheit gehört es, dass Chinchillas einen Uterus duplex haben, also zwei voneinander getrennte Gebärmutterhörner und zwei getrennte Gebärmutterkörper. Diese werden im Regelfall abwechselnd belegt, durch diese Eigenschaft kann es aber auch geschehen, dass vereinzelt sehr große Babys zugleich mit sehr kleinen Babys geboren werden. Die Scheide ist bis zur Hitze mit einer Membran geschlossen. Chinchillaweibchen kommen im Durchschnitt alle 28–35 Tage in die Hitze, wobei hier Schwankungen beobachtet werden können und nicht selten eine Hitze auch komplett ausfällt. Chinchillaweibchen haben sechs Zitzen, die sich seitlich am Körper befinden. Zwei liegen in der Nähe der Hinterbeine, zwei auf Seitenhöhe und zwei in der Nähe der Vorderbeine, etwa auf Höhe des Überganges zwischen Wamme und Seite. Während der Säugezeit werden allerdings nicht immer alle Zitzen genutzt.

> **Tipp!**
> Dunkle Flecken auf der Haut am Penis oder den Hoden müssen nicht auf eine Krankheit hinweisen, sondern können normale Pigmentflecke sein. Treten sie aber gehäuft im Laufe der Zeit auf, sollte sicherheitshalber ein Tierarzt aufgesucht werden.

Männliche Geschlechtsorgane: Die Hoden sitzen im Bauchinnenraum und werden zeitweilig sichtbar. Oftmals liegen im sichtbaren Bereich die Nebenhoden. Der Abstieg der Hoden aus der Nierengegend erfolgt etwa im Alter von 4–6 Monaten, womit dann auch die Geschlechtsreife eintritt. Der Penis ist von einer Vorhaut bedeckt und wird im Regelfall nur komplett sichtbar, wenn sich ein Chinchillaböckchen putzt oder erregt ist. Bei einem Chinchillabock besteht die Gefahr, dass sich am Penis Haare ansammeln, die sich im Laufe der Zeit ringförmig um den Penis anordnen können. Der Penisring kann dann derart eng werden, dass das Glied abstirbt. Dies ist, wenn die Vorhaut darüber liegt, von außen nicht erkennbar. Eine regelmäßige Kontrolle ist deshalb enorm wichtig, vor allem wenn ein Böckchen sich auffallend häufig in diesem Bereich putzt.

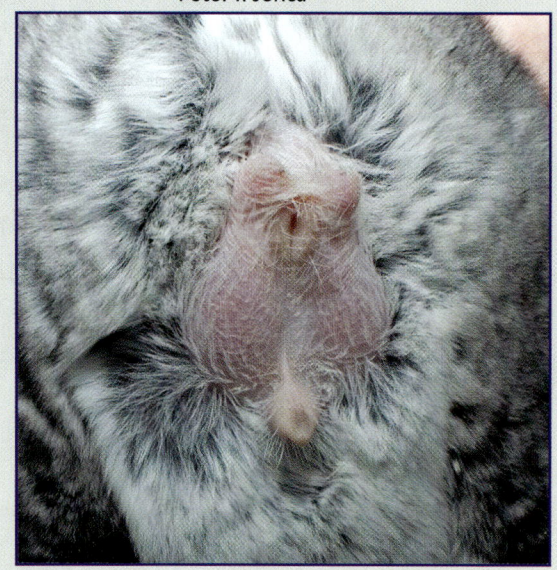

Männliche Geschlechtsorgane: oben die kleineren Nebenhoden, darunter die nur selten sichtbaren Hoden
Foto: T. Jonca

Entwicklung: Abgestillt werden Chinchillas in der Regel zwischen der 10. und 14. Lebenswoche, wobei sich die Säugedauer ab der 6. Woche verringert. Geschlechtsreif werden Chinchillas durchschnittlich im 4. bis 6. Monat, die Weibchen ein wenig früher als die Böckchen. Ausnahmen gibt es natürlich auch. Die Geschlechtsreife wird mit beeinflusst durch die körperliche Entwicklung. Größere Chinchillas werden in der Regel schneller geschlechtsreif. Die Zuchtreife liegt bei 8–12 Monaten. Ausgewachsen sind Chinchillas erst mit 12–18 Monaten.

Besonderheiten: Am After haben Chinchillas Analdrüsen und einen Analbeutel, der unter bestimmten Umständen einen Geruch absondert, der dem Duft von Vitamin-B-Präparaten ähnelt. Es wird vermutet, dass dies durch Unruhe oder Angstzustände ausgelöst wird. Allerdings konnte man schon mehrfach beobachten, dass dies auch bei vollkommen entspannten Chinchillas auftritt.

Krankheiten erkennen

Diese Auflistung der Krankheiten erwähnt nur mögliche Ursachen. Eine genaue Diagnose ist wichtig, um Behandlungsfehler zu vermeiden und kann nur von einem Tierarzt gestellt werden. Einige Symptome können auch bei verschiedenen Krankheiten auftreten, und hier kann die Behandlung auf Verdacht eine Verschlechterung des Gesundheitszustandes bewirken. Somit soll die Auflistung lediglich dazu dienen, dass auch ein unerfahrener Halter schneller erkennt, wann seine Tiere ein gesundheitliches Problem haben und er besser einen Tierarzt aufsuchen sollte.

Ein regelmäßiger Gesundheitscheck hilft Krankheiten rechtzeitig zu erkennen Foto: K. Aretz

Krankheiten erkennen

Das Körpergewicht der Tiere sollte regelmäßig kontrolliert werden
Foto: K. Aretz

Hinweis!
Darmerkrankungen können bei einem Chinchilla schnell lebensbedrohlich werden. Nicht selten sind Magen-/Darmstörungen Hinweise auf Haltungs- und/oder Ernährungsfehler. Mitunter verbergen sich Krankheiten dahinter, die rasche medizinische Versorgung erfordern, da sie zu spät erkannt tödlich verlaufen können. Die tägliche Kotkontrolle gilt als wichtigstes Merkmal zur Krankheitsvorbeugung und hilft, eine falsche Ernährung zu erkennen.

Körpergewichtsveränderungen

Kranke Chinchillas verlieren oftmals stark an Gewicht. Innerhalb von wenigen Tagen kann mitunter ein Gewichtsverlust von bis zu 150 g eintreten. Dies kann ein Chinchilla schnell in eine lebensbedrohliche Situation bringen. Gerade schmale und leichte Chinchillas kommen rasch an ihre Grenzen, aber auch kräftige Chinchillas sind schnell stark geschwächt. Es ist sehr wichtig, die Ursache für den Gewichtsverlust rechtzeitig herauszufinden, damit dem Tier geholfen werden kann. Mit Hilfe einer Zwangsernährung kann zunächst ein weiterer Gewichtsverlust verhindert werden. Ab wann eine Zwangsernährung zu erfolgen hat, sollte der Tierarzt entscheiden. Bei kompletter Futterverweigerung ist allerdings eine Zwangsernährung zwingend erforderlich. Nach einer Krankheit kann es sehr lange dauern, bis das Tier wieder an Gewicht gewinnt. Wenn man ein Tier dahingehend stabilisiert hat, dass das Gewicht nicht weiter sinkt, ist schon viel gewonnen. Es kann Wochen, durchaus auch Monate dauern, bis das Chinchilla nach einer Krankheit sein eigentliches Gewicht wiedererlangt. Getreide und ähnliche Zusätze, die eine schnelle Gewichtszunahme begünstigen würden, haben zu viele negative Auswirkungen und können auch die Leber schwer schädigen. Deswegen ist es nicht ratsam, ein Chinchilla hiermit zu einer Gewichtszunahme zu bringen.

Krankheiten erkennen

Durchfall

Durchfall ist ein Alarmzeichen und sollte stets mit dem Tierarzt abgeklärt werden. Chinchillas können schnell stark geschwächt werden, zuviel Flüssigkeit verlieren und austrocknen und an den Folgen sterben. Auch wenn Durchfall meist durch eine falsche Ernährung auftritt und nach Veränderung der Ernährung wieder verschwindet, kann dies gravierende Auswirkungen haben. Zudem gibt es eine Reihe anderer Krankheiten, die ebenfalls solch ein Symptom hervorrufen. Von Durchfall spricht man nicht erst, wenn der Kot flüssig ist, sondern schon dann, wenn er weich wird und die Kotbällchen an den Sitzbrettern kleine Spuren hinterlassen, hierbei allerdings noch ihre Form behalten haben. Eine verklebte Anogenitalregion weist schon auf stärkeren Durchfall hin.

Häufige Ursache leichteren Durchfalls kann die Gabe von (zu viel) Frischfutter, schlechtem Heu oder falschen Leckerli sein. Aber auch Stress oder eine Trächtigkeit können weicheren Kot auslösen. In solchen Fällen sollte man den weiteren Verlauf immer gründlich beobachten. Als Sofortmaßnahmen sollten mögliche Auslöser (z. B. falsches Futter) entfernt und auf eine ausreichende Flüssigkeitszufuhr geachtet werden. Eine geringe Menge von Haferflocken kann leichtere Durchfallsymptome beheben, allerdings sollte diese Maßnahme sorgfältig abgewogen werden, weil sich Getreide bei Durchfall eher negativ auswirkt. Auch die Gabe einer kleinen Menge frischer Karotte kann bei leichtem Durchfall gelegentlich helfen. Wichtig ist in solchen Fällen das ständige Angebot von gutem Heu. Wird über einen Zeitraum von mehr als zwei Tagen weicher Kot abgesetzt, ist eine Untersuchung durch den Tierarzt anzuraten. Wird der Kot richtig weich oder verliert sogar seine Form, ist ein Tierarztbesuch unumgänglich. Bei flüssigem Kot besteht akute Lebensgefahr, aber schon Kot, der nicht mehr in Form bleibt, kann ein sehr ernstes Problem darstellen. Ernsthafte Anzeichen sind auch mit Schleim überzogene Kotbällchen oder Blutspuren. Bei Durchfall verlieren die Tiere Mineralstoffe, Flüssigkeit und auch Energie. Ein Ausgleich über eine Elektrolytlösung kann erforderlich sein, die der Tierarzt im Bedarfsfall anordnen wird. Auch die Gabe eines Medikaments zur Unterstützung der Darmflora wird bei Bedarf vom Tierarzt angeraten. Da Durchfall auch durch Bakterien, Pilze

Normal geformter Chinchillakot
Foto: T. Jonca

Krankheiten erkennen

oder Parasiten ausgelöst werden kann, ist eine gründliche Untersuchung des Kotes gegebenenfalls erforderlich, damit die richtige Behandlung erfolgen kann. Grundsätzlich muss gemeinsam mit dem Tierarzt Ursachenforschung betrieben werden.

Verstopfungen

Von einer Verstopfung sind nicht wenige Chinchillas betroffen, obwohl einige Halter dies häufig gar nicht bemerken. Im Allgemeinen wird angenommen, dass bei einem feststellbaren Kotabsatz keine Verstopfung vorliegen kann, doch das ist nicht richtig. Kleiner werdende, aber auch schmalere Kotbällchen sind schon Anzeichen einer Verstopfung, wobei nicht immer gleich eine schwere Erkrankung zugrunde liegen muss, sondern auch Stress ein Auslöser sein kann. Die Ernährung spielt hier oft eine wichtige Rolle und sollte in solchen Fälle überprüft werden. Werden die Kotpillen ganz winzig oder fehlen völlig, dann besteht die Gefahr eines Darmverschlusses, der schwer zu behandeln ist. Daher ist auch hier die regelmäßige Kontrolle sehr wichtig, um rechtzeitig Veränderungen zu erkennen. Eine gelegentlich abweichende Kotform ist meistens kein Grund zur Besorgnis, da natürlicherweise auch die Darmtätigkeit durch verschiedene Umstände ein wenig variieren kann. Leichter, für uns nicht erkennbarer Stress sowie gelegentlich auftretende Bewegungsunlust bei warmen Temperaturen usw. können Schwankungen auslösen. Babys geben allgemein zu Beginn kleineren Kot ab, erst ab dem ca. 3. Lebensmonat wird der Kot größer.

Bei leichteren Verstopfungen kann mehr Bewegung helfen, auch ist die Gabe von Heu wieder sehr wichtig, da die enthaltene Rohfaser die Darmtätigkeit unterstützt. Auch während der Trächtigkeit neigen Chinchillaweibchen sehr oft zu Verstopfungen. Hier ist es hilfreich, mit gezielt eingesetzten Kräutern, einem Schuss Apfelessig im Trinkwasser oder auch frischem Apfel die Darmtätigkeit positiv zu beeinflussen. Eine Kontrolle der Ernährung ist sowohl bei leichterer, als auch bei schwerer Verstopfung angesagt, da oftmals eine falsche Fütterung verantwortlich ist. Zu

Links normal geformter Chinchillakot, in der Mitte und rechts kleiner Kot, der eine leichte Verstopfung anzeigt Foto: T. Jonca

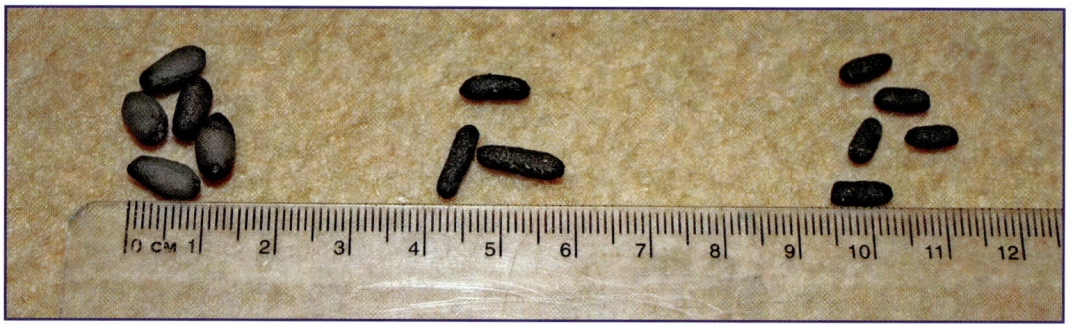

viel Rohprotein, zu viel Fett, mangelhaftes Heu, Zucker, Milchprodukte und Ähnliches können die Darmflora negativ beeinflussen und hierdurch Verstopfungen auslösen. Hält eine leichtere Verstopfung länger als drei Tage an oder wird zunehmend stärker, zeigt ein Tier zudem Verhaltensauffälligkeiten oder Bewegungsunlust, ist es angebracht, einen Tierarzt aufzusuchen. In Fällen von sehr kleinem oder spitzem Kot, Bewegungsunlust, Schmerzanzeichen oder sogar ausbleibendem Kot muss sofort und umgehend gehandelt werden. Medikamente mit Bakterien für die Darmflora können allgemein bei leichterer Verstopfung hilfreich sein. Hierbei ist allerdings die Rücksprache mit einem Tierarzt ebenfalls notwendig.

Aufgasungen

Luftansammlungen in Magen oder Darm können bei einem Chinchilla schwere Krampfanfälle auslösen und sogar zum Tode führen, wenn sie nicht schnell erkannt und behandelt werden. Oftmals entstehen sie durch unregelmäßige Futtergaben, die Gabe von Frischfutter oder schlechtem Heu. Allgemein können Ernährungsfehler eine Aufgasung verursachen. Zu erkennen ist solch eine Luftansammlung durch Abtasten eines Tieres, aber gelegentlich auch durch gluckernde Darmgeräusche. Viele hiervon betroffene Chinchillas beißen sich auch in den Bauch oder sitzen zusammengefallen in einer Ecke. Bewegungen tun den Tieren weh, sodass sie, wenn sie sich bewegen müssen, die Hinterbeine oft hochstellen und vorsichtig kriechen. Trotzdem ist Bewegung in solch einem Fall

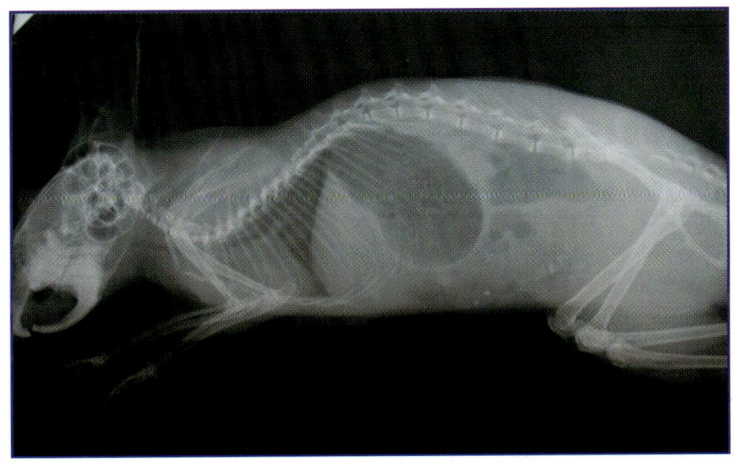

Schwere Aufgasung des Magens und Fremdkörper im Darm Foto: T. Jonca

sehr wichtig und nach Rücksprache mit dem Tierarzt kann es erforderlich sein, die Tiere notfalls im Freilauf zu Bewegung zu zwingen, damit die Darmbewegung angeregt, schmerzhafte Verspannungen gelöst und die Gase abgeleitet werden können. Es ist allerdings dringend erforderlich, die Ursache herauszufinden und das betroffene Chinchilla rasch zu behandeln. Ein Tierarzt wird in solchen Fällen Medikamente verabreichen, die die Bildung von Gasansammlungen stoppen und helfen, vorhandene schaumige Flüssigkeitsansammlungen durch Medikamente, die die Oberflächenspannung herabsetzen, aufzulösen.

Parasiten

Hautparasiten wie Haarlinge, Flöhe, Milben und Läuse kommen beim Chinchilla nur äußerst selten vor, da sowohl das Fell als auch die Haut so einzigartig beschaffen sind, dass die Parasiten diese nicht befallen, weil sie sich darin nicht wohl fühlen. Chinchillas werden allenfalls vorübergehend befallen, sie stellen dann einen Fremdwirt dar. In den meisten Verdachtsfällen handelt es sich deshalb um andere Ursachen für die beobachteten Hautsymptome. Ein möglicher Parasitenbefall macht sich durch vermehrtes Kratzen, Fellverlust, Hautrötungen und mitunter Schuppenbildung bemerkbar. Auch in den Ohren kann es zu einem Milbenbefall kommen, wobei auch dies nur selten vorkommt. In solchen Fällen neigen Chinchillas dazu, den Kopf schief zu halten und sich ebenfalls vermehrt zu kratzen, was teilweise durch blutige Verschorfungen sichtbar wird. Parasiten im Darm wie Giardien oder Magenwürmer kommen hingegen vor, allerdings sind Magenwürmer bei normaler Hygiene sehr selten. Während Giardien teils auch als normale Darmbewohner angesehen werden, ordnen andere sie wiederum als pathologisch ein. Ein Befall führt meistens aber erst dann zu Problemen, wenn die Anzahl der Erreger im Darm eine gewisse Grenze überschreitet. Bei Veränderungen der Kotkonsistenz oder verändertem Fressverhalten sollte der Haustierarzt gebeten werden, den Kot auch auf Giardien hin zu untersuchen. Auch Aufgasungen könnten hier ihre Ursache haben. Diese im Darm lebenden Parasiten können bei zahlreichen Tierarten und auch beim Menschen vorkommen. Der Nachweis ist jedoch schwierig, deshalb werden sie häufig nicht nachgewiesen. Durch Auslöser wie z. B. Stress können sie sich jedoch rasant vermehren und in der Folge Durchfall hervorrufen, der mitunter blutig und/oder schleimig wird und zum Tode des Tieres führen kann. Der Nachweis der Giardien erfolgt durch eine Kotuntersuchung. Bei einem Befall mit Giardien sollte eine Behandlung sowie eine Ursachenforschung erfolgen. Zeigt das Tier keine Auffälligkeiten, kann sich die Darmflora auch wieder alleine regeln. In solchen Fällen entscheidet ein Tierarzt individuell, ob eine Behandlung nötig ist oder nicht, da Medikamente nicht frei von Nebenwirkungen sind.

Pilzinfektionen

Pilzinfektionen kommen bei Chinchillas leider nicht selten vor. Sie entstehen durch Kontakt infizierter Tiere in Verbindung mit Stress, zu hoher Luftfeuchtigkeit oder auch mangelnder Hygiene. Pilzsporen können in der Luft, auf dem Körper, in der Einstreu oder auch sonst überall verteilt sein. Bei gesunden Tieren und auch beim Menschen verursachen sie im allgemeinen keine Infektion. Probleme machen Pilze erst, wenn das Immunsystem der befallenen Tiere nicht intakt ist. So hat der Pilz die Chance, sich auszubreiten. Ein Chinchilla mit Pilzinfektion bekommt kahle Stellen im Fell, teilweise brechen die Haare, die Haut ist an diesen Stellen oft leicht mit weißlichem oder blutigem Schorf überzogen und mitunter stark gerö-

Krankheiten erkennen

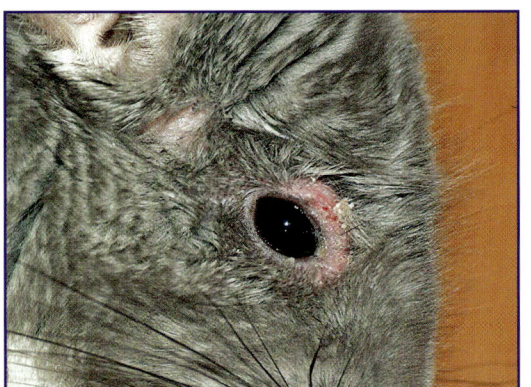

Pilzerkrankung am Auge Foto: T. Jonca

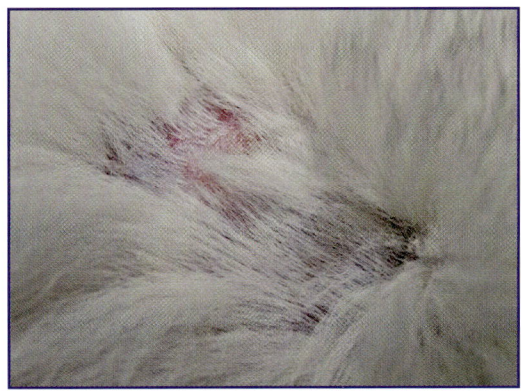

Pilzinfektion am Rücken im Anfangsstadium Foto: T. Jonca

tet. Mittels Woodscher Lampe können nur bestimmte Hautpilze nachgewiesen werden, da nur bestimme Pilzarten fluoreszieren. Den sichersten Nachweis liefern deshalb ein Abstrich und das Anlegen einer Pilzkultur durch den Tierarzt.

Mit einer gegen Hautpilze gerichteten Salbe lassen sich die betroffenen Stellen gut behandeln. Die Salbe sollte sehr dünn und vorsichtig aufgetragen werden, um zu vermeiden, dass das Tier sie sich nicht in die Augen reiben kann. Bei falscher oder unterbleibender Behandlung besteht die Gefahr, dass die betroffenen Stellen zusätzlich durch Bakterien infiziert werden. Es gibt für die Behandlung von Pilzinfektionen auch Puderpräparate auf der Basis von Schwefel, die man dem Sandbad zufügt, wobei ich diese für nicht ungefährlich halte, da der entstehende Staub dem Tier in die Augen und Atemwege gelangen kann. Bei den Zusätzen zum Sandbad ist immer zu bedenken, dass ein Chinchilla nie ohne Aufsicht im Sand baden sollte. Da die Zusätze giftig sind und Chinchillas den Sand teilweise fressen, kann dies zu schweren Vergiftungserscheinungen und auch zum Tode führen. Grundsätzlich sind Behandlungen nur nach Absprache mit dem Tierarzt durchzuführen, denn nur er kann sicher bestätigen, dass es sich um einen Pilz handelt, und einschätzen, welche Behandlung am sinnvollsten erscheint. Sinnvoll kann es sein, gleichzeitig das Immunsystem zu stärken, damit die Behandlungszeit verkürzt und eine Wiederansteckung verhindert wird. Bei extremem Pilzbefall oder wiederholter Infektion kann eine Impfung mit einem allerdings nicht für Chinchillas zugelassenem Impfstoff gegen Hautpilze durch den Tierarzt erfolgen. Da solche Impfungen möglicherweise Nebenwirkungen hervorrufen können, bedarf es einen erfahrenen Tierarzt und einer genaueren Beobachtung.

> **Hinweis!**
> Viele Hautpilzarten können auch auf Menschen übertragen werden (Zoonose). Deswegen ist es wichtig, im Krankheitsfall Handschuhe zu tragen bzw. nach dem Berühren des betroffenen Tieres die Hände gut zu waschen und möglichst zu desinfizieren.

Krankheiten erkennen

Fellbeißen

Fellbeißen oder Fellfraß tritt meist bei nervösen und unruhigen Chinchillas auf. Deutlich dunklere Stellen im Fell weisen darauf hin. Das Haar sieht aus wie abgeschnitten oder abgebrochen, wobei dies bei Tieren mit weißem Fell selten sofort auffällt, da hier die Kontraste zwischen Deckhaar und Wollhaar fehlen. Meist liegt eine Verhaltensstörung vor, die durch Langeweile, zu wenig Bewegung oder auch aufgrund eines fehlenden Sandbades entstehen kann. Diese Verhaltensstörung zu beheben gelingt nur schwer oder nie. Chinchillas, die diese Störung zeigen, hören nur selten damit auf. Hilfreich kann es sein, Ton- oder Korkröhren anzubieten, die so schmal sind, dass das Tier gut hineinpasst, sich aber nicht drehen kann. Dadurch wird erreicht, dass in den Momenten, in denen das Tier sich in der Röhre befindet, ein Fellfressen verhindert wird (auf die Größe achten, damit das Tier nicht stecken bleibt!). Manchmal helfen auch Nagemöglichkeiten als Ablenkung sowie mehr Bewegung.

Nicht immer kann man unterscheiden, ob das betroffene Tier selber der Fellfresser ist oder ob ein Partnertier die Löcher im Fell verursacht. Sind Stellen am Kopf, Hals oder Schulterbereich betroffen, liegt es nahe, dass das Partnertier dafür verantwortlich ist, da Chinchillas diese Stellen nicht selbst erreichen können. Handelt es sich bei der betroffenen Fellpartie um den hinteren Rückenbereich oder den Hinterleib, ist das betroffene Tier wahrscheinlich selbst dafür verantwortlich. Manchmal entsteht das Fellbeißen auch, weil der Käfig in einer Ecke steht, in der das Tier sich nicht wohl fühlt. Ein Raum- oder Platzwechsel kann in solchen Fällen Abhilfe schaffen und ist als Therapiemöglichkeit in Betracht zu ziehen. Sollte das Fellfressen aufgrund von Unruhe des Tieres entstehen, kann sich diese auf die Nachkommen übertragen. Deswegen sollten Fellfresser nicht für die

Chinchilla mit Fellfraß
Foto: T. Jonca

Zucht eingesetzt werden. Es gibt allerdings durchaus Tiere, die aufgrund von Mangelerscheinungen ihr Fell anfressen. Fehlendes Heu kann hier eine Ursache sein. Deswegen ist eine Ursachenforschung bei Fellbeißern angebracht. Da sich natürlich auch Krankheiten wie Pilzinfektionen dahinter verbergen können, sollte eine Untersuchung durch den Tierarzt erfolgen.

Mangelerscheinungen

Mangelerscheinungen kommen bei Chinchillas relativ häufig vor. Sie werden oft durch falsches Futter ausgelöst. In solchen Fällen hilft auf Dauer nur eine langsame Futterumstellung und im ersten Schritt die zusätzliche Gabe von Vitaminen sowie Mineralstoffen. Mangelerscheinungen können aber ebenso eine Folge von länger andauernder Überversorgung bestimmter Nährstoffe sein. Wenn die Tiere durch Mischfutter oder übermäßige Zugabe von Obst, Gemüse und zu viel Kräutern über längere Zeit mit Mineralstoffen und Vitaminen überversorgt werden und der Körper diese dann irgendwann nicht mehr richtig verarbeitet, kann durch Organfunktionsstörungen ein massiver Mangel eintreten. Deswegen ist eine gründliche Untersuchung durch den Tierarzt nötig, sofern man sich nicht sicher ist, dass es sich wirklich um eine Mangelerscheinung handelt. Auch über längere Zeit gereichtes schlechtes Heu bzw. das Weglassen von Heu kann

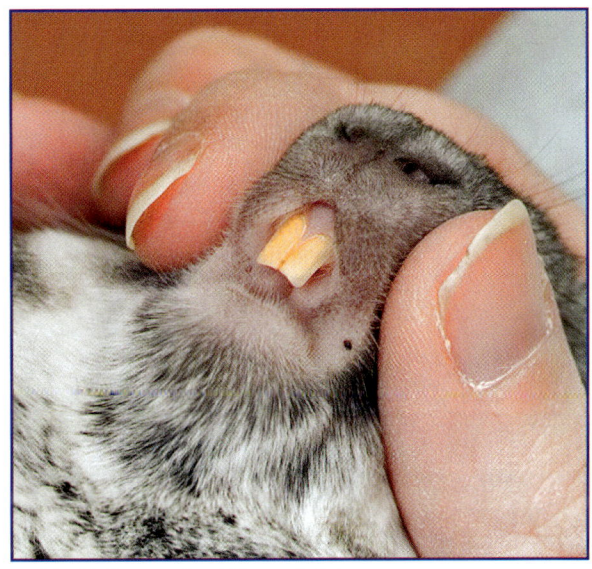

Weiße Stellen an den Zähnen infolge von Mangelerscheinungen Foto: T. Jonca

Mängel auslösen. Eine weitere Ursache kann eine Krankheit sein, bei der das Tier nicht genug Nahrung zu sich nimmt oder auch eine Trächtigkeit bzw. die Säugezeit. Mangelerscheinungen machen sich häufig zuerst an den Zähnen bemerkbar. Diese bekommen weiße Flecken oder werden sogar ganz weiß. Deswegen sollte man immer regelmäßig die Zähne kontrollieren, um hier rechtzeitig auf eventuelle Mängel aufmerksam zu werden. Auch Krämpfe können in Folge von Mangelerscheinungen auftreten. Weitere Anzeichen sind das Fellfressen (sofern dieses nicht durch Nervosität bedingt ist), ein starker Haarverlust (bitte nicht verwechseln mit dem natürlich Haarverlust), Veränderungen im Verhalten, Anzeichen von Schwäche und auch Grindstellen, die häufig um das Maul herum auftreten. In solchen Fällen ist ein Tierarztbesuch dringend ratsam.

Krampfanfälle

Durch bestimmte Einflüsse wie Hungerphasen (auch kurzzeitige) oder andauernden Stress können Krämpfe auftreten. Auch Krankheiten können dahinter stecken. Während eines Krampfes fällt das betroffene Tier um, zeigt eine stark angespannte Körperhaltung, häufig in Verbindung mit abgespreizten, steifen Beinen, einen tonischen Krampf und reagiert nur sehr langsam, teilweise überhaupt nicht, auf Reize von außen. Die Auslöser sind breit gefächert. Neben Organerkrankungen resultieren Krämpfe in sehr vielen Fällen aus falscher Ernährung. Der Vitamin-B-Mangel kommt ebenfalls als Ursache in Frage wie auch eine Unter- aber auch Überversorgung an Vitaminen und Mineralstoffen, aber auch eine länger andauernde massive Überversorgung an Rohproteinen, Kohlenhydraten oder Ähnlichem.

Sollten Krampfanfälle auftreten, ist eine Abklärung der Ursache durch den Tierarzt dringend erforderlich. Es kann angeraten sein, den Tierarzt im akuten Fall kommen zu lassen, um den Transportstress zu vermeiden. Eine Epilepsie als Ursache für Krampfanfälle ist bei Chinchillas sehr selten, wird aber häufig fälschlicherweise diagnostiziert.

> **Achtung!**
> Bei einem akuten Krampfanfall sollte man das Chinchilla sehr vorsichtig in einen abgedunkelten Bereich setzen und ganz in Ruhe lassen. Weiteren Stress sollte man vermeiden. Häufig kommt es durch absolute Ruhe und Dunkelheit schnell wieder auf die Beine. Ein krampfendes Chinchilla sollte nicht hochgehoben werden. Ein Telefonat mit einem erfahrenen Tierarzt kann sehr schnell klären, ob dem Tier ein Transport in die Praxis zugemutet werden kann oder ob der Tierarzt das Chinchilla sicherheitshalber vor Ort untersucht.

Husten und Schnupfen

Hat ein Chinchilla eine verklebte oder ständig feuchte Nase, deutet dies auf einen Schnupfen hin. Atmet es schwer, betrifft der Infekt möglicherweise die gesamten oberen Atemwege. Hier heißt es schnell handeln, da solche Infektionen sich rasch zu einer Lungenentzündung entwickeln können. Eine Lungenentzündung ist lebensbedrohlich und erfordert die Gabe von Antibiotika. Der Tierarzt wird dementsprechend eine Therapie einleiten. Es können sich auch Fremdkörper in der Nase befinden, die für eine vermehrte Schleimbildung verantwortlich sind und entfernt werden müssen, bevor es zu einer Infektion kommt.

> **Hinweis!**
> Ein gelegentliches Niesen ist normal. Es kann durch ein wenig Staub in der Nase ausgelöst werden. Häuft sich das Niesen jedoch, ist es ratsam, den Tierarzt aufzusuchen.

Entzündungen und Verletzungen der Mundschleimhaut

Entzündungen der Mundschleimhaut oder Zunge können durch verschiedene Ursachen ausgelöst werden. Mitunter verletzen sich Chinchillas beim Nagen. Stürze können ebenfalls verantwortlich sein, ebenso wie Zahnspitzen und zersplitterte

Zähne, die sich in die Mundschleimhaut bohren. Häufig werden Verletzungen durch ein verändertes Fressverhalten angezeigt. Einige Chinchillas reißen dann beim Fressen das Maul weit auf oder putzen sich das Maul vermehrt mit den Vorderpfoten. In einem solchen Fall sollte ein Tierarzt die Mundhöhle gründlich untersuchen, da Verletzungen und Entzündungen im Mundraum auch Abszesse hervorrufen können, die sehr schwer zu behandeln sind.

Zahnanomalien

Zahnanomalien gehören zu den Hauptproblemen vieler Chinchillas. Da Chinchillas Nagetiere sind, wachsen ihre Zähne ein Leben lang. Durch Kontakt der Zähne beim Abbeißen und Nagen nutzen sich die Zähne ab. Deswegen ist es auch besonders wichtig, dass die Tiere stets Heu zur Verfügung haben, da beim Abbeißen und Zerkleinern von Heu der notwendige Abrieb der Backenzähne erfolgt. Pellets und Getreidekörner erfordern weniger Aufwand zur Zerkleinerung und gewährleisten deshalb keinen ausreichenden Zahnabrieb. Auch die Härte der Pellets ist hier ohne Relevanz, da sie teils im Mund durch Speichel aufgelöst und schnell zu Brei werden. Heu hingegen wird zunächst abgebissen und dann gemahlen (Vor- und Zurückschieben des Kiefers). Ein Chinchilla braucht für den Kauvorgang wesentlich länger, und so können sich die Backenzähne aneinander abschleifen. Um die Abnutzung der Schneidezähne zu fördern, können auch harte Nagemöglichkeiten wie Ytong-Steine, Obstbaumzweige und ähnliche ungiftige Materialien angeboten werden. Allerdings fördern diese Materialien bei einigen Tieren die Harnsteinbildung, da sie häufig einen Kalziumanteil enthalten.

Kieferfehlstellung mit verdrehten oberen Schneidezähnen und überlangen unteren Schneidezähnen Foto: T. Jonca

Die Zähne werden überlang, wenn ein Chinchilla z. B. aufgrund einer Krankheit keinen Appetit hat, nicht ausreichend Heu erhält oder aus anderen Gründen nicht genug nagen bzw. richtig fressen kann. Das betroffene Chinchilla entwickelt dann häufiger Zahnspitzen, die im Unterkiefer teilweise richtige Brücken bilden können und damit sogar das Schlucken behindern, weil so die Zunge eingeklemmt wird.

Es ist auch nicht selten der Fall, dass die Zahnspitzen

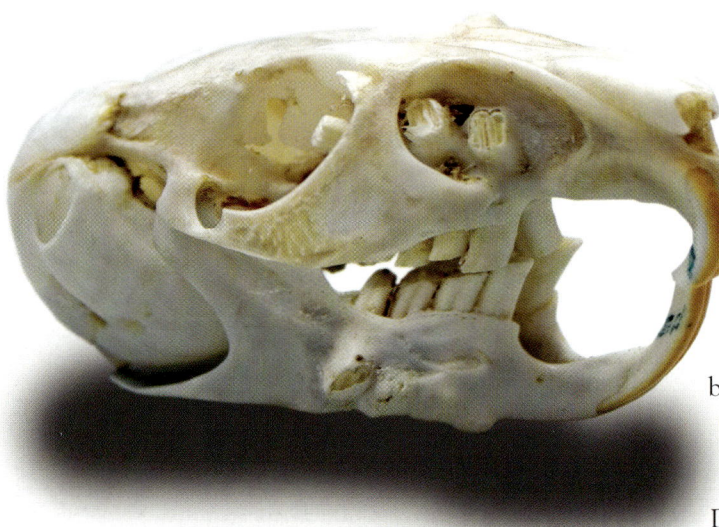

Durchbruch der Backenzähne durch den Unter- und Oberkiefer in den Nasen-Kanal und die Augenhöhle
Foto: T. Jonca

für Verletzungen der Mundschleimhaut verantwortlich sind, die wiederum zu Abszessen führen können. Werden die Backenzähne nicht abgenutzt, können sie, wenn sie zu lang geworden sind, durch den Druck des gegenüberliegenden Zahnes tiefer in den Kieferbereich verlagert werden bzw. es entsteht ein sogenanntes treogrades Wachstum, d.h. die Zähne wachsen entgegengesetzt in Richtung der Zahnwurzel. Dies führt zu Auftreibungen an Ober-, vor allem aber am Unterkieferknochen. Die übermäßige Zahnlänge wird dann bei einer reinen Sichtkontrolle über den Mundraum häufig übersehen, weshalb eine Röntgenuntersuchung angeraten wird. Bestimmte Formen der Zahnanomalie vererben sich allerdings. Hier sind die Zähne von Anfang an nicht korrekt angelegt, was man oftmals schon bei sehr jungen Tieren ebenfalls anhand eines Röntgenbildes erkennen kann. Kleinere Zahnfehlstellungen werden mit dem Alter durch falsches Kauverhalten verstärkt, bis das betroffene Tier nicht mehr fressen kann. Aber auch Mangelerscheinungen kommen als Auslöser für Zahnanomalien in Frage, sie führen durch Knochenabbau zu wackelnden Zähnen, die durch eindringende Bakterien in entstehenden Zwischenräumen teilweise bis tief in die Wurzel verfaulen bzw. dort schwere Entzündungen hervorrufen. Die Ursache von Zahnanomalien ist für den Verlauf bedeutend. Zahnanomalien aufgrund von Fütterungsfehlern mit der Folge fehlender Abnutzung können bei raschem Erkennen und Korrektur geheilt werden, dagegen gelingt dies nicht bei vererbbaren Anomalien.

Tiere die von Zahnanomalien betroffen sind, verändern ihr Fressverhalten. Häufig vermeiden sie es, Heu zu sich zu nehmen, da das Kauen ihnen Schmerzen bereitet. Teilweise kauen sie nur einseitig, um die schmerzenden Bereiche zu entlasten. Es ist deswegen sehr wichtig, die Tiere regelmäßig beim Fressen zu beobachten. Außerdem kommt es zu vermehrtem Speichelfluss, der sich durch nasse Stellen am Maul und Kinnbereich bemerkbar macht. Im späteren Verlauf kann das

Tipp!
Eine regelmäßige tierärztliche Kontrolle der Schneide- und Backenzähne hilft beginnende Anomalien rechtzeitig zu erkennen. Schief abgenutzte Schneidezähne können auch auf Probleme der Backenzähne hinweisen.

betroffene Tier tränende Augen aufweisen, da die retrograd wachsenden Backenzähne im Oberkiefer anfangen, den Knochen zu durchbrechen und in die Nasengänge und die Augenhöhlen gelangen. In solchen Fällen kann man häufig auch am Unterkiefer die Knochenauftreibungen oder die durchgetretenen Wurzeln ertasten. Irgendwann wird der Schmerz zu groß, und das betroffene Chinchilla verweigert die Nahrungsaufnahme komplett.

Die Backenzähne können nur vom Tierarzt beurteilt werden, der die Zähne mit einem Endoskop und entsprechendem Aufsatz gründlich untersuchen kann. Überlange Zähne müssen schnellstens gekürzt werden! Hier empfiehlt es sich, die Backenzähne abschleifen zu lassen, damit sie nicht zersplittern. Kleinere Spitzen können zwar abgekniffen werden, Schleifen ist jedoch stets weniger traumatisierend. Die Schneidezähne werden entweder mit der Zange gekürzt oder abgeschliffen und dadurch in die richtige Länge gebracht. Bei Zahnproblemen ist es immer ratsam, ein Röntgenbild anfertigen zu lassen, um z. B. Veränderungen im Kieferbereich deutlich erkennen zu können und zu sehen, ob ein Fehlwachstum der Zähne vorliegt oder ob sie noch ihre normale Länge aufweisen. Ebenso sind tiefergehende Wurzel- und Knochenentzündungen in der Regel nur durch ein Röntgenbild zu erkennen. Viele Halter haben die Erfahrung gemacht, dass bei ihren Tieren nur die Mundhöhle kontrolliert wurde und daher Veränderungen im Kieferbereich übersehen wurden, wodurch es zu einer dauernden Appetitlosigkeit und Verschlechterung des Allgemeinzustandes des betroffenen Chinchillas kam. Bei genauerer Röntgenuntersuchung konnten dann Entzündungen, Abszesse und Ähnliches ausgemacht werden. Erst nach deren Behandlung ging es den Tieren sichtlich besser, sodass sie wieder selbstständig fressen konnten. Eine Genesung ist nur dann möglich, wenn das Chinchilla wieder in die Lage versetzt wird, seine Zähne durch das Fressen von Heu selbstständig abzunutzen.

Erfolgte die Zahnanomalie nur durch fehlende Abnutzung oder durch andere Erkrankungen, die ein Fressen verhinderten,

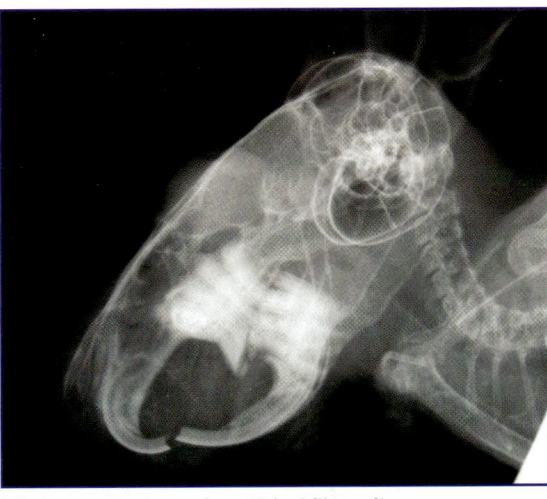

Röntgenaufnahme eines Chinchillas mit Zahnanomalie Foto: T. Jonca

> **Hinweis!**
> Bei erblich bedingten Zahnanomalien müssen die Zähne oftmals ein Leben lang regelmäßig gekürzt werden. Dies muss nicht gleich das Todesurteil sein, nur sollte mit diesen Tieren auf keinen Fall gezüchtet werden! Es ist noch nicht ganz klar, wie sich die Veranlagung zu Zahnanomalien vererbt. Allerdings treten diese Probleme bei den Nachkommen, mitunter auch erst nach ein paar Generationen, gehäuft auf. Da man nie sicherstellen kann, ob eine Anomalie angeboren oder nur durch Fehlernährung entstanden ist, sind Tiere mit Zahnerkrankungen grundsätzlich von der Zucht auszuschließen.

Krankheiten erkennen

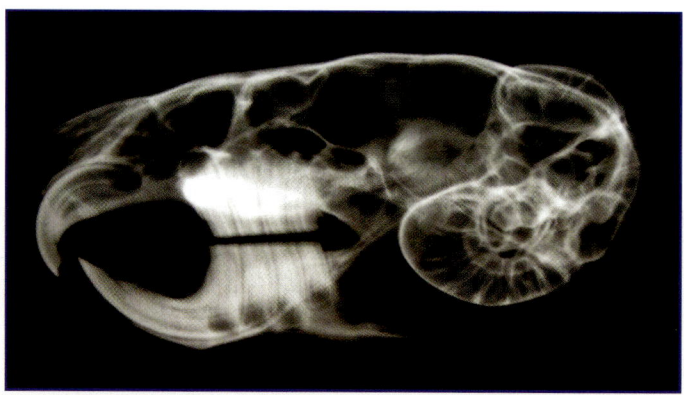

Gesunde Zähne mit optimalem Biss Foto: T. Jonca

ist ein Kürzen der zu langen Zähne normalerweise eine einmalige Sache, wenn die Grundursache beseitigt wurde. Wenn das Tier nach der Behandlung länger braucht, um wieder alleine zu fressen, sind unter Umständen auch zwei oder mehr Korrekturen der Zähne erforderlich, weil die Zähne sich nicht abnutzen. Nach dieser Prozedur muss das Tier häufig oft ein paar Tage zwangsernährt werden. Doch dann sollte ein Chinchilla anfangen wieder Heu zu fressen. Die Gabe von vorsichtig dosierten Schmerzmitteln kann eine schnellere selbstständige Futteraufnahme unterstützen. Bei einer eventuell notwendigen Entfernung eines Zahnes ist die Schmerzmittelgabe ebenfalls hilfreich.

Augenerkrankungen

Bei einem gesunden Chinchilla ist das Auge klar und glänzend. Gelegentlicher minimaler weißlicher Ausfluss ist meist unbedenklich und tritt vor allem im Alter auf. Feuchte Augen und eitriger Ausfluss hingegen müssen umgehend tierärztlich behandelt werden, da zahlreiche Augenprobleme zur Erblindung führen können. Augenentzündungen können u. a. durch Zugluft entstehen. Ein eingedrungener Fremdkörper kann die Hornhaut verletzen und ebenfalls schwere Entzündungen hervorrufen. Ein derartiger Fremdkörper muss schnellstmöglich entfernt werden. Da dies bei einem Chinchilla schwierig ist, ohne das Auge

Die Augen sollten klar und frei von Ausfluss sein
Foto: K. Aretz

Krankheiten erkennen

weiter zu beschädigen, empfiehlt es sich, einen Tierarzt heranzuziehen. Für tränende Augen kann auch ein verstopfter Tränenkanal die Ursache sein. Ebenso können Infektionen vorliegen, bei denen dann die Gabe antibiotischer Augentropfen oder Salben notwendig ist.

Manchmal tränt das Auge infolge von Zahnanomalien. In Fällen, in denen eine medikamentelle Behandlung keinen oder nur wenig Erfolg zeigt, ist es ratsam, eine Röntgenuntersuchung des Oberkiefers durchzuführen. Ebenso kann im Bereich der Augen eine Tumorbildung vorliegen, die sekundär eine Entzündung begünstigen kann. Ein Hinweis für eine Tumorerkrankung ist außerdem, wenn ein Augapfel ein wenig stärker hervorsteht. Ein weiteres Anzeichen für eine Augenerkrankung ist eine gräuliche oder milchig gefärbte Linse. Bei gesunden Chinchillas ist die Linse durchsichtig und erscheint aufgrund der pigmentierten Netzhaut dunkel. Trübungen können verschiedene Ursachen haben, wie z. B. ein angeborener Defekt, Verletzungen, Vergiftungen oder selten Diabetes. Sollte ein Chinchilla trotz aller tierärztlichen Bemühungen erblinden, kommt es damit relativ gut zurecht. Vorteilhaft ist es dann, den Käfig nicht mehr umzudekorieren und im Freilauf keine neuen Gegenstände aufzustellen. Damit lassen sich Zusammenstöße oder Abstürze weitestgehend vermeiden, da das Chinchilla in der Vergangenheit aufgrund der meist langsamen Erblindung gelernt hat, wie es zu laufen hat, wo Gegenstände stehen oder wie weit es springen kann. Zudem lässt es sich auch von seinem Partnertier leiten.

> **Wussten Sie eigentlich…?**
> Das erkrankte Auge sollte auf keinen Fall mit Kamille behandelt werden! Eine Anwendung mit Kamille kann wegen der austrocknenden Wirkung die Symptomatik verschlechtern und auch zu Blindheit führen.

Harnblasen-, Harnleiter-, Harnröhren- und Nierensteine

Vor allem eine Ernährung mit übermäßiger Vitamin-D- und Kalziumzufuhr, möglicherweise auch eine andauernde Vitamin-C-Überversorgung kann erheblich zu einer Steinbildung in Blase, Niere und Harnröhre beitragen (die Steinbildung ist multifaktoriell bedingt). Eine Steinformation ist für Chinchillas äußerst schmerzhaft, und wenn die Erkrankung nicht rechtzeitig bemerkt wird, können sie auch daran sterben. Betroffene Tiere zeigen beim Urinabsatz Schmerzen, krümmen häufig den Rücken und drücken den Hinterleib auf den Boden. Teilweise krampfen die Tiere sogar und fallen um. Auch kann es zu Blut im Urin kommen, da die Harnblasenwand durch den Stein heftig gereizt werden und sich entzünden kann. Deutliche weiße Ränder im getrockneten Urin deuten auf eine zu hohe Kalziumzufuhr hin. In diesen Fällen ist es vorteilhaft, wenn man den Urin rechtzeitig untersuchen lässt, um eine Blasenschlammbildung, eine Vorstufe von Blasensteinen, rechtzeitig zu bemerken. Grundsätzlich sollte bei der Ernährung darauf geachtet werden, dass die Einnahme von Vitamin D und Kalzium ausgewogen

> **Hinweis!**
> Meistens ist eine falsche Ernährung die Ursache für das Auftreten von Harnblasen-, Harnleiter- oder Nierensteinen. Kräuter sollten nur in geringen Mengen verfüttert werden, da eine übermäßige Gabe die Bildung von Harnsteinen begünstigen kann. Das gleiche kann falsches Pelletfutter bewirken. Bei betroffenen Tieren sollte nach erfolgreicher Behandlung mit dem Tierarzt besprochen werden, wie die künftige Ernährung der Tiere aussehen sollte.

bleibt. Studien bei anderen Tierarten bzw. dem Menschen zeigen, dass auch ein Zuviel an Vitamin C vermieden werden sollte. Meist ist es nötig, die Steine operativ entfernen zu lassen. Der Halter sollte damit nicht zu lange warten, da sich der Gesundheitszustand mit der Zeit verschlechtert und sich die Steine z. B. festsetzen können. Die Neigung zu Blasen-, Harn- und Nierensteinen ist möglicherweise vererbbar. In erster Linie sind aufgrund der engeren Harnröhre Chinchillaböcke davon betroffen, nur selten Weibchen, aber da es auch Jungtiere trifft, sollte in diesen Zuchtlinien verstärkt darauf geachtet werden.

Vergiftungen

Durch die Aufnahme giftiger Stoffe kann es zu Vergiftungserscheinungen kommen. Nicht selten sind unverträgliche oder verdorbene Futtermittel, unverträgliche Medikamente oder deren unsachgemäße Anwendung Auslöser für Vergiftungen. Wenn sich Symptome zeigen, ist eine Behandlung oft zu spät. Bei ersten Anzeichen sollte schnellstmöglich der Tierarzt aufgesucht werden, damit er versuchen kann, das Chinchilla zu retten. Häufige Symptome einer Vergiftung sind Krampfanfälle, Durchfall, schnelle Atmung und torkelnde Bewegungen.

Diabetes mellitus

Ein Diabetes kommt bei Chinchillas nur selten vor. Meist haben Symptome, die auf Diabetes hinweisen könnten, andere Hintergründe. Sollte ein Chinchilla unnatürlich viel trinken und stark abmagern, kann eine Diabeteserkrankung vorliegen. Andererseits können auch Erkrankungen der Leber, der Galle oder der Nieren ebenfalls mit vergleichbarer Symptomatik einhergehen. Weiterhin typisch für einen Diabetes ist eine Kataraktbildung, eine Trübung der Augenlinse. In diesen Fällen sind gezielte Untersuchungen beim Tierarzt erforderlich. Meist wird er eine Zuckerwertmessung im Urin vornehmen. Trotzdem sollte stets auch nach anderen Ursachen der Symptome gesucht werden, da ein Diabetes oft fälschlicherweise diagnostiziert wird, weil der Zuckernachweis im Urin eine andere Ursache hat. Eine Ursache für einen Diabetes kann eine andauernde Fehlernährung durch ein Zuviel an zuckerhaltigen Futtermitteln sein.

Verletzungen

Es kann vorkommen, dass sich Chinchillas beim Springen verschätzen. Bei einem Absturz kann es dann zu Verletzungen oder Knochenbrüchen kommen. In diesen Fällen ist natürlich sofort ein Tierarzt aufzusuchen. Brüche der Vorderbeine lassen

Krankheiten erkennen

sich meist recht gut tierärztlich behandeln, während sich bei Brüchen an den Hinterbeinen nicht selten Komplikationen einstellen können. Rippenbrüche entstehen häufig auch durch falsches Greifen. Brüche, Quetschungen und Verletzungen sind oft auch eine Folge der Unaufmerksamkeit des Tierhalters. Mitunter sind die Freilaufbereiche nicht ausreichend gesichert oder die Tiere werden eingeklemmt bzw. es wird versehentlich auf sie getreten. Jeder Halter sollte deshalb größte Aufmerksamkeit auf derartige Gefahrenquellen legen.

Ebenfalls häufig kommt es zu Bissverletzungen. Diese heilen normalerweise gut ab, jedoch kann es auch zu Entzündungen und Abszessbildung kommen. Selbst wenn eine Wunde äußerlich gut verheilt zu sein scheint, kann unter der Haut eine Infektion vorliegen, die sich ausbreiten kann. Deswegen sind auch kleine Wunden stets gründlich zu untersuchen und bei Veränderungen umgehend einem Tierarzt zu zeigen. Schwellungen und Wunden sind wegen des dichten Fells nicht immer zu sehen, aber oftmals gut zu

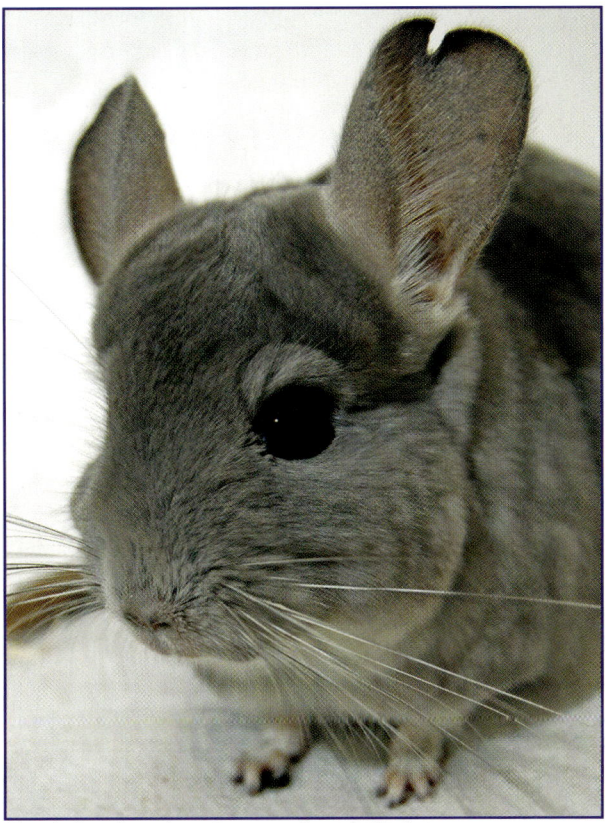

Durch Auseinandersetzungen innerhalb der Gruppe entstehen leicht Verletzungen an den Ohren, die aber i.d.R. problemlos verheilen Foto: K. Aretz

ertasten. Je nach Größe der Wunde muss diese eventuell genäht werden. Handelt es sich um kleinere Wunden, kann man sie mit klarem Wasser reinigen und anschließend mit einer entsprechenden Salbe oder Tinktur behandeln. Hierbei ist allerdings Erfahrung nötig, so kann eine Selbstbehandlung auch die Wundheilung verlangsamen und Infektionen begünstigen. Bei infizierten oder gebrochenen Gliedmaßen kommt es nicht selten zu Nervenschäden. Die Chinchillas neigen dann dazu, sich die betroffenen Stellen durch Nagen selber zu amputieren. Erreichbare infizierte Bereiche werden von den Tieren auch durch dauerndes Lecken irritiert und häufig wieder geöffnet, was sich nachteilig auf die Heilung auswirkt. Daher kann es erforderlich sein, den Tieren eine Halskrause umzubinden, die allerdings der Tiergröße entsprechend angepasst werden sollte, manchmal ist dann einiges an Basteleien erforderlich.

Bakterielle Infektionen

Bei Chinchillas treten recht selten bakteriell bedingte Krankheiten auf. Kommen Chinchillas häufiger auch mit anderen Tieren in Kontakt, stecken sie sich möglicherweise schneller mit einigen Krankheiten an. Eine der schlimmsten davon ist die Pseudotuberkulose. Diese Krankheit ist auch auf Menschen übertragbar und ist gerade für kleine Kinder und ältere Menschen gefährlich. Die Pseudotuberkulose wird durch Pasteurellen hervorgerufen. Die Inkubationszeit beträgt bei Chinchillas 8–14 Tage. Leider kann man nicht immer sofort erkennen, ob das Tier sich angesteckt hat, auch wenn es in dieser Zeit schon Überträger sein kann. Die Bakterien sind sehr hartnäckig und können sich in der Umgebung aufhalten. Da die Symptome unspezifisch sind und der Erkrankung nicht genau zugeordnet werden können (Abmagerung, Apathie, Durchfall, Fieber oder Verstopfung), ist eine genaue Diagnose nur bei verstorbenen Tieren möglich. Ein Tier, bei dem die Symptome schon erkennbar sind, ist oft nicht mehr zu retten. Deswegen sollten Tiere, die aus unerklärlichen Gründen sterben, stets zur Obduktion gegeben werden.

> **Hinweis!**
> Grundsätzlich gilt bei allen bakteriellen Infektionen, dass Züchter in diesem Zeitraum keine Tiere abgeben und strikte Quarantäne einhalten sollten, bis gesichert ist, dass alle Tiere wieder gesund sind.

Andere Bakterien, die bei Chinchillas relativ häufig vorkommen, sind die der Gattung Pseudomonas. Eine Infektion mit *Pseudomonas aeruginosa*, einem Bakterium, welches sich im Boden und Wasser befindet und darüber hinaus auch über Pflanzen, Obst und Gemüse und anderen Nahrungsmitteln übertragen werden kann, ist ebenfalls nur durch einen direkten Nachweis über einen mikrobiologischen Abstrich möglich. Eine Enterocolitis, Meningitis, Augenentzündungen, mitunter Gebärmutterinfektionen und auch Lungenentzündungen können durch diese Bakterien hervorgerufen werden.

Des Weiteren kann auch eine Listeriose vorkommen, die durch sehr widerstandsfähige Bakterien (den Erreger *Listeria monocytogenes*) hervorgerufen wird und zum Glück nur sehr selten auftritt. Diese Bakterien befinden sich im Wasser und Erdboden, werden über das Futter aufgenommen und durch die Kotaufnahme verbreitet. Eine Übertragung kann ebenfalls auftreten durch verdorbene oder verschmutzte Futtermittel. Bei dieser bakteriellen Infektion beträgt die Inkubationszeit 5–8 Tage. Auch bei der Listeriose sind die Symptome unspezifisch. Darmvorfälle, Durchfall, Apathie und Fressunlust sind u. a. wichtige Symptome, die sich häufig erst im Endstadium bemerkbar machen.

Escherichia coli, kurz *E. coli* genannt, sind die am häufigsten anzutreffenden gramnegativen Darmbakterien bei kranken Chinchillas. Sie sind meistens die ersten Bakterien, die sich bei einer Störung der Darmflora vermehren und teilweise massive Durchfälle hervorrufen. Da sie bei einer massiven Vermehrung durch eine Toxinbildung den Magen-/Darmtrakt des Chinchillas so stören können, dass die

Tiere daran versterben, sollte man bei einer Durchfallerkrankung stets die Befunde mit dem Tierarzt besprechen und entsprechend behandeln.

Herzerkrankungen

Eine Herzschwäche ist beim Chinchilla häufig eher eine Nebenerscheinung bzw. Symptom einer anderen Erkrankung. Direkte Herzerkrankungen kommen beim Chinchilla seltener vor und sind nicht so häufig, wie angenommen wird. Nicht selten wird auf Herzprobleme hin behandelt, obwohl ganz andere Ursachen vorliegen. Sollte ein Tierarzt krankhafte Herzgeräusche hören, ist es ratsam, das Tier gründlich untersuchen zu lassen, damit nicht etwas übersehen wird, das die Herzprobleme verursacht. So kann ein aufgeblähter Magen z. B. die Herzfunktion erheblich beeinträchtigen. Sollte es sich tatsächlich um eine Erkrankung des Herzens handeln, ist es nicht ratsam, mit solch einem Tier zu züchten, selbst wenn es keine Auffälligkeiten zeigt, da möglicherweise eine vererbbare Erkrankung vorliegt. Medikamentös eingestellt, können betroffene Chinchillas ganz normal leben, man muss allerdings besonders achtgeben, dass sie keinem Stress ausgesetzt werden. Herzkranke Chinchillas wirken öfter geschwächt und können auch vermehrt zu Krampfanfällen neigen.

Penisvorfall/Haarringe

Bei männlichen Chinchillas kann es zu einem Penisvorfall kommen. Hierbei kann der Penis nicht wieder selbstständig in die Vorhaut zurückgezogen werden, schwillt an und verfärbt sich erst dunkelrot und dann blau. Ein rasches Handeln und ein Besuch beim Tierarzt sind nötig, damit der Penis nicht verletzt wird und möglicherweise abstirbt. Zudem ist ein Penisvorfall mit massiven Schmerzen verbunden. Im Rahmen einer Paarung kann solch ein Vorfall ausgelöst werden, insbesondere bei Böcken, die mehrere Weibchen haben. Daneben kann auch das Nichtbemerken von Haarringen, die sich um den Penis gelegt haben, hierfür verantwortlich sein. Auch können bakterielle Infektionen vorliegen, die einen Penisvorfall auslösen. Wird der Penisvorfall durch Haarringe verursacht, dann müssen die Haarringe entfernt werden. Anschließend wird der Penis vorsichtig mit Babyöl gereinigt und in die Vorhaut zurückverlagert. Unerfahrene Halter sind in einem solchen Fall besser beim Tierarzt aufgehoben, denn der Penis ist äußerst empfindlich und kann schnell verletzt werden. Gleitet der Penis nicht wieder zurück oder fällt erneut vor, ist dringend ein Tierarzt aufzusuchen. Auf Haarringe sollten Chinchillaböckchen generell regelmäßig untersucht werden. Haare können sich beim Geschlechtsakt, beim Putzen usw. in die Vorhaut verlagern und dort nach und nach ringförmig um den Penis legen und ihn einschnüren. Nicht bemerkt, sorgen sie dafür, dass die Blutzufuhr teilweise oder komplett abgeschnürt wird und das Glied dann abstirbt.

Harnwegsinfektionen

Harnwegsinfektionen treten bei Chinchillas nicht sehr häufig auf. Auch für Entzündungen der Blase oder Harnröhre können Bakterien verantwortlich sein. Da sich derartige Entzündungen bis zu den Nieren ausbreiten können, ist ein schnelles Handeln angebracht. Bei farblichen Veränderungen des Urins, insbesondere wenn er dunkler oder blutig wird, sollte ein Tierarzt aufgesucht werden. Hierbei sei allerdings angemerkt, dass auch durch bestimmte Pflanzeninhaltsstoffe, z. B. durch das Fressen bestimmter Obstzweige der Urin verfärben kann. Als ein Hinweis auf eine Schmerzsituation beim Urinabsatz gilt, wenn sich das Chinchilla mehrfach nacheinander hinhockt und angestrengt versucht zu urinieren. Auch wenn der Bereich des Bauchs oder der Hinterleib bzw. die Oberschenkel mit Urin verschmutzt sind, gilt dies ebenfalls als ein Zeichen für eine Erkrankung der Harnwege. In einem solchen Fall sollte schnellstmöglich ein Tierarzt aufgesucht werden.

Gebärmutterentzündungen

Entzündungen der Gebärmutter werden in erster Linie durch eine bakterielle Infektion hervorgerufen, können allerdings auch Folge von Trächtigkeitsstörungen sein. Um Erkrankungen der Gebärmutter rechtzeitig zu erkennen, sollten die Tiere regelmäßig kontrolliert werden. Ausfluss deutet meist auf Entzündungen hin, vor allem wenn er übel riecht. Ist der Bereich der Scheide mit Blut verkrustet, sollte der Tierarzt schnellstens eine gründliche Untersuchung durchführen. Auch Gebärmuttertumoren können Blutungen hervorrufen. Die meisten Veränderungen in der Gebärmutter erkennt man nur während der Hitze, wenn die die Scheide normalerweise verschließende Membran nicht mehr vorhanden ist. Stellt man während dieser Zeit Ausfluss fest, der dickflüssig bis zäh und von weißlicher Farbe ist, dann kann eine Infektion vorliegen. Bei allen Auffälligkeiten sollte umgehend ein Tierarzt aufgesucht werden, da Gebärmuttererkrankungen rasch zum Tode führen können.

Weibliches Geschlechtsorgan während der Hitze (links) und außerhalb der Hitze (rechts)
Fotos T. Jonca

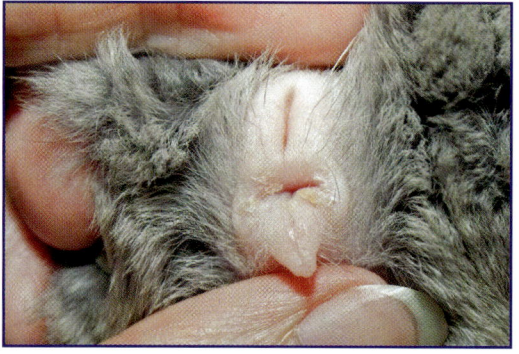
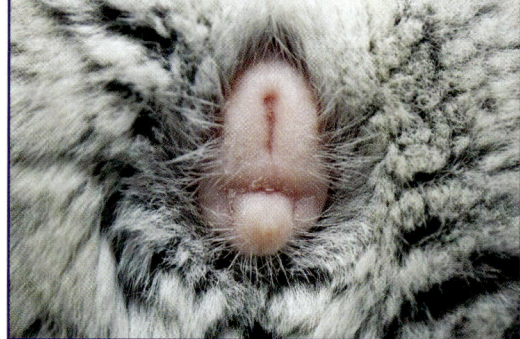

Verhaltensstörungen

Es gibt ein paar Verhaltensmuster, die anzeigen können, dass ein Chinchilla psychische Störungen aufweist. Unter anderem gibt es Stereotypien, welche z. B. auch auf falsche Haltungsbedingungen zurückgeführt werden können. Mit Verbesserung der Haltungsbedingungen können sich diese wieder normalisieren. Springen Chinchillas z. B. ohne erkennbaren Grund in einer Käfigecke wiederholt und ohne Unterbrechung hoch, ist dies nicht normal. Es gibt auch Chinchillas, die immer wieder ohne Unterbrechungen über mehrere Minuten zwischen zwei Brettern hin und her springen, ohne dass dafür eine offensichtliche Ursache erkennbar ist. Chinchillas mit solchen Verhaltensstörungen weisen oftmals noch weitere Merkmale auf, und häufig sind sie übernervös. Auch können hier Probleme bei der Vergesellschaftung vorliegen. Gezüchtet werden sollte mit solchen Chinchillas grundsätzlich nicht. Durch gezieltes Beobachten lässt sich möglicherweise ein Grund für dieses Verhalten herausfinden. Auch kann eine tierärztliche Untersuchung möglicherweise Aufschluss über bis dahin unerkannte gesundheitliche Probleme geben.

Narkose

Chinchillas dürfen vor einer Operation auf keinen Fall nüchtern sein. Da Chinchillas nicht erbrechen können, ist es nicht notwendig, dass ihr Magen leer ist. Im Gegenteil: Da die Darmtätigkeit bei der Narkose verlangsamt wird, kann ein leerer Magen- und Darmtrakt nach der Narkose Probleme bekommen, wieder richtig zu arbeiten. Hierdurch können sich Folgeprobleme entwickeln. Die übliche Verfütterung von Pellets und Heu reicht vor einer Narkose aus. Überfüttert oder mit Leckerli vollgestopft werden sollte ein Chinchilla allerdings nicht. Zudem kann es sich unterstützend auswirken, wenn man dem Chinchilla ein paar Tage vor der Narkose täglich Vitamin C verabreicht. Auch Bachblüten können unterstützend wirken. So hat sich unter anderem bewährt, „Rescue Remedy"-Tropfen alle 2–3 Stunden am Tage vor der Narkose, am Tage der Narkose sowie die Tage nach der Narkose hinter das Ohr des Chinchillas auf die dort vorhandene haarlose Stelle zu tropfen und einzumassieren (1–2 Tropfen). „Rescue Remedy"-Tropfen sind eine Kombination mehrerer Bachblütensorten, sie sind in der Apotheke erhältlich. Die den Kreislauf am geringsten belastende Narkose ist die Inhalationsnarkose. Mit ausreichender Erfahrung kann ein guter Tierarzt aber auch mit einer Injektionsnarkose zurechtkommen. Da Chinchillas aber zu Krampfanfällen neigen, können die Tiere unter einer Inhalationsnarkose besser kontrolliert und ggf. rasch aufgeweckt werden. Während und nach der Operation ist das Tier warm zu halten. Der Kreislauf ist sehr emp-

> **Hinweis!**
> Narkosen sind beim Chinchilla inzwischen nicht mehr so riskant wie noch vor ein paar Jahren. Trotzdem sollte ein Halter wissen, was es vor und nach einer Narkose zu beachten gibt, um den Tierarzt zu unterstützen. Das Mitwirken des Halters ist entscheidend für die Gesundheit des Tieres.

Krankenkäfig

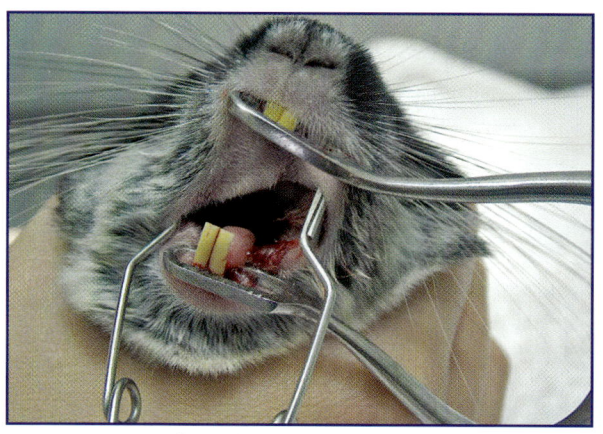

Eine Zahnbehandlung erfolgt für gewöhnlich unter Narkose. Hier sind Wangen- und Kieferspreizer im Einsatz. Foto: T. Jonca

findlich, Chinchillas neigen zum Kreislaufkollaps. Das Chinchilla sollte erst dann mit nach Hause genommen werden, wenn es komplett erwacht ist und auch angefangen hat zu fressen. Ein bis dahin möglicherweise plötzlich auftretender Kreislaufabfall kann vom Tierarzt eher erkannt und behandelt werden. Die Gefahr von Kreislaufproblemen bleibt noch bis zu drei Tage nach einer Narkose bestehen. Deshalb ist es vonnöten, die Tiere gut zu beobachten. Zuhause stellt man am besten eine Rotlichtlampe so auf, dass sie einen kleinen Bereich des Käfigs ausleuchtet und das Chinchilla wählen kann, ob es Wärme wünscht oder sich lieber in einer kühleren Ecke aufhält. Auch eine Wärmflasche leistet hier gute Dienste. Diese sollte aber in ein Handtuch gewickelt werden, denn das Chinchilla darf sich nicht daran verbrennen. Auf eine ausreichende Flüssigkeitszufuhr sollte ebenfalls geachtet werden. Hat man den Eindruck, ein Chinchilla trinkt zu wenig, ist es ratsam, unverzüglich mit dem Tierarzt Rücksprache zu halten.

Krankenkäfig

Nicht wenige operative Eingriffe und Erkrankungen erfordern eine besondere Haltung des betroffenen Chinchillas. Operationswunden benötigen einige Zeit, um zu heilen, und die Haltung auf Einstreu kann eine Verschmutzung der Wunde bewirken. Möglicherweise nagen auch einige Partnertiere an der Wunde oder lecken sie ab. Wenn dies der Fall ist, ist es gegebenenfalls nötig, das kranke Chinchilla einzeln zu setzen. Für das Wohlbefinden des Tieres ist es allerdings besser, es bei seinem Sozialpartner zu belassen. Müssen die Tiere getrennt werden, sollte zuvor ein besonderer Krankenkäfig vorbereitet werden. Der Krankenkäfig sollte im Falle eines operierten Tieres wegen der Gefahr, dass die Wunde aufreißt, so eingerichtet werden, dass die Tiere keine hohen Sprünge machen können. Als Untergrund eignen sich anstelle der Einstreu Handtücher, die man bei 60 °C waschen kann und mehrmals täglich durch saubere austauschen sollte. Zeitung oder Papier ist weniger gut geeignet, da es von Chinchillas häufig angefressen wird. Ist eine besondere Wärmezufuhr nötig, helfen Rotlichtlampen oder in Handtücher gewickelte Wärmflaschen. In beiden Fällen ist darauf zu achten, dass es nicht zu warm wird, weil kranke Chinchillas sich nicht immer fortbewegen können. Daher muss

Im Krankheitsfall kann es erforderlich sein, ein Chinchilla vorübergehend einzeln zu halten
Foto: K. Aretz

der Halter regelmäßig die Temperatur der Wärmeeinheit überprüfen. Der Tierarzt wird je nach Erkrankung noch weitere Hinweise geben, die bei der Ausstattung des Krankenkäfigs wichtig sein können.

Zwangsernährung

Manchmal stellt ein Chinchilla das Fressen ein. Da Chinchillas viele kleine Mahlzeiten am Tag zu sich nehmen müssen (u. a. um den Darm in Gang zu halten), ist es wichtig, dass sie regelmäßig Nahrung aufnehmen. Gerade wenn die Tiere die Futteraufnahme komplett einstellen, ist es überaus wichtig, eine Zwangsernährung durchzuführen. Da kranke Chinchillas, die nicht fressen wollen, häufig nicht kauen können, bereitet man ihnen zunächst einen Nahrungsbrei. Um eine Futterumstellung zu vermeiden ist es ratsam, einen Pelletbrei zu verwenden. Dazu nimmt man die Tagesmenge an Pellets, die das betroffene Chinchilla normalerweise zu sich nimmt und rührt sie portionsweise mit lauwarmem Wasser an. Hilfreich ist es, die Pellets vorher zu zerstampfen, damit sie sich besser auflösen. Normalerweise reicht es aus, wenn ein Chinchilla in mehreren kleinen Portionen etwa 1–2 Esslöffel am Tag aufnimmt. Die Fütterungen sollten sich keinesfalls auf wenige größere Mahlzeiten beschränken. Das Tier sollte unbedingt viele kleine Mahlzeiten gereicht bekommen, vorzugsweise über Nacht.

Wenn eine Zwangsernährung mehr als zwei Tage dauert, genügt ein Pelletbrei nicht, da dem Tier die nötige Rohfaser fehlen würde. Ein Nahrungsmittel in Pulverform, das über hohe Rohfaseranteile verfügt, wie z. B. „Critical Care" von Oxbow, welches speziell für die Fütterung erkrankter Tiere hergestellt wird, ist über den Tierarzt erhältlich. Diesen Brei kann man auch mit dem Pelletbrei mischen, damit dem kranken und ohnehin geschwächten Chinchilla nicht noch zusätzlich eine Futterumstellung zugemutet wird. Um dem Chinchilla diesen Brei ein wenig schmackhafter zu machen, kann es außerdem hilfreich sein, geriebenen Apfel in den Brei zu geben oder notfalls ungezuckerten, reinen Apfelsaft. Einige Chinchilla mögen den Brei auch sehr gerne, wenn er anstatt mit Wasser mit Heutee angerührt wird. Um den Tee herzustellen, wird Wasser in einem Topf aufgekocht, vom Herd genommen, Heu hineingelegt und das Ganze abgekühlt, bevor es grob gesiebt und in den Brei gemischt wird. Sowohl den Brei als auch den Heutee kann man ein paar Stunden im Kühlschrank lagern, bei Bedarf die erforderliche Menge anwärmen und dem Chinchilla dann geben. Sehr wichtig ist allerdings, dass der Brei nicht schlecht wird, deshalb ist er vorzugsweise für jede Mahlzeit neu zuzubereiten.

Tipp!
Die Zwangsernährung eines kranken Chinchillas ist nicht einfach. Einfacher ist es, wenn man sie zu zweit durchführt, so kann einer das Tier fixieren und der andere füttert.

Um dem Tier den Brei zu verabreichen, kann man sehr gut 1-ml-Spritzen ohne Nadel benutzen, bei denen man im Bedarfsfall die Spitze schräg abschneidet, damit der Brei besser hindurch passt. Bei der Zwangsernährung ist es sehr wichtig darauf zu achten, dass ein Chinchilla sich nicht verschluckt. Insbesondere wenn sich Chinchillas gegen die Zwangsernährung wehren, geraten sie in Gefahr, den Brei in die Luftröhre und Lunge zu bekommen, was eine Lungenentzündung, allerdings auch ein Ersticken zur Folge haben kann. Deswegen ist es von Vorteil, den Brei möglichst dickflüssig anzurühren und das Chinchilla in einer Stellung zu halten, in der es möglichst ruhig bleibt. Es hat sich sehr bewährt, das Chinchilla in ein Handtuch zu wickeln, sodass nur der Kopf herausschaut und die Beine damit fixiert sind. Das Chinchilla kann so nicht nach hinten oder zur Seite entwischen und ist leichter zu halten. Ich bevorzuge es allerdings, die Tiere bei der Zwangsernährung halb auf den Rücken zu legen. Hierfür benötige ich keine Hilfe, da die Tiere sich recht einfach mit einer Hand halten lassen und recht bequem auf einem Kissen liegen. Den Brei gebe ich ganz vorsichtig Tropfen für Tropfen seitlich in die Backentasche und warte geduldig, bis das Chinchilla alles geschluckt hat, bevor der nächste Tropfen eingeflößt wird. Es ist wichtig, darauf zu achten, dass der Brei nicht zu weit vorne ins Maul gelangt, damit das Chinchilla ihn nicht wieder ausspuckt. Er darf aber auch nicht zu weit hinten ins Maul gegeben werden, um ein Verschlucken zu vermeiden. Sehr ratsam kann es sein, sich beim Tierarzt die Zwangsernährung erklären und vorführen zu lassen. Stets sollte bedacht werden, dass ein Chinchilla, das nicht fressen will, sterben kann. Hält ein Tierarzt die Zwangsernährung für notwendig, sollte man sie vorsichtig, aber auch konsequent durchführen. Ist man hierbei unsicher oder ängstlich, überträgt sich dies auf das Chinchilla, wodurch es sich noch mehr wehren wird. Schluckt das Chinchilla zu viel Luft, dann sammelt sich diese in Magen und Darm an, was das Tier sehr belastet. Auch zu große Abstände zwischen oder zu große Mengen pro Mahlzeit können Aufgasungen hervorrufen. Durch Abtasten des Bauches sollte man deshalb kontrollieren, ob sich Gas im Bauchbereich angesammelt hat. Mitunter kann man auch Gluckergeräusche hören, die darauf hinweisen können. Im Verdachtsfall sollte man schnellstens einen Tierarzt aufsuchen, dieser kann mit Hilfe verschiedener Medikamente der Gasbildung entgegenwirken. Ebenso kann es notwendig sein, die Darmflora des Tieres mit Medikamenten zu unterstützen. Hierzu kann dem kranken Tier frischer Kot von einem gesunden Chinchilla in den Brei gegeben werden. Zwei bis drei Köttel sind dazu ausreichend. Die in dem Kot enthaltenen Bakterien und Nährstoffe helfen, die Darmflora des erkrankten Tieres zu unterstützen. Da kranke Chinchillas einen erhöhten Vitamin- und Mineralstoffbedarf haben, kann es notwendig sein, bestimmte Zusätze mit in den Brei zu geben.

> **Hinweis!**
> Eine Zwangsernährung sollte kein Dauerzustand sein. Je länger ein Chinchilla nicht fressen kann, desto größer werden Folgeprobleme. In erster Linie werden die Zähne zu lang. Deshalb sollten dem Tier immer wieder Heu und spezielle, die Gesundheit unterstützende Kräuter angeboten werden.

Zwangsernährung zu zweit: Eine Person fixiert das Chinchilla von hinten, die andere kann füttern Foto: T. Jonca

Medikamente verabreichen

Bei der Zwangsernährung in Rückenlage wird das Chinchilla vorsichtig nach hinten auf ein Kissen gelegt
Foto: T. Jonca

Medikamente verabreichen

Einem Chinchilla Medizin zu verabreichen, ist i.d.R. nicht einfach. Deswegen tendieren immer mehr Halter dazu, diese ins Trinkwasser zu geben. Hier ist aber Vorsicht geboten! Kein Tier trinkt jeden Tag dieselbe Menge an Wasser. Außerdem leben normalerweise mehrere Chinchillas in einem Käfig, die alle auf das gleiche Trinkwasser zugreifen. Daher kann die exakte Dosierung eines Medikamentes nur selten über das Trinkwasser umgesetzt werden. Hinzu kommt, dass viele Chinchillas meist gar nicht trinken, wenn Medikamente ins Wasser gegeben wurden. Doch gerade während einer Krankheit ist eine Flüssigkeitszufuhr besonders wichtig. Eine Verabreichung über das Trinkwasser führt daher stets zu einer Über- oder Unterdosierung des Medikamentes, was es in jedem Fall zu vermeiden gilt! Insbesondere Bakterien und Parasiten können bei einer Unterdosierung schnell resistent gegen den Medikamentenwirkstoff werden, und eine Überdosierung kann dem Tier Schaden zufügen. Daher sollten Medikamente stets genau dosiert verabreicht werden! Hier sind dieselben Tricks wie bei der Zwangsernährung einsetzbar. Da viele Medikamente allerdings flüssig sind, muss noch mehr aufgepasst werden, dass sich das zu behandelnde Chinchilla nicht verschluckt. Die Gefahr ist sehr groß, dass Flüssigkeit in die Lunge gelangt, was eine Lungenentzündung zur Folge haben kann, die nur schwer zu behandeln ist. Sollte eine Verabreichung über mehrere Tage nötig sein, kann es in dieser Zeit auch dazu führen, dass ein Tier dem Halter gegenüber misstrauisch wird. Als vertrauensbildende Maßnahme kann nach jeder Verabreichung eine kleine Belohnung gegeben werden. Je mehr positiven Kontakt ein Chinchilla vorher mit dem Tierhalter hatte, desto einfacher ist die Medikamentengabe.

Hinweis!

Stirbt ein Chinchilla aus unerklärlichem Grund, dann ist es ratsam, es zur Obduktion zu geben. Viele Halter schrecken davor zurück, allerdings besteht immer die Gefahr, dass das betroffene Tier eine ansteckende Krankheit hatte, an der sich auch andere im Haus befindliche Chinchillas angesteckt haben. Wird diese nicht rechtzeitig erkannt, können dann noch mehr Tiere versterben.

Allgemeine Hinweise zu kranken Chinchillas

Grundsätzlich sollte die Gabe und Dosierung von Medikamenten mit einem erfahrenen Tierarzt besprochen werden. Einige Medikamente sind unverträglich für Chinchillas. So beispielsweise stark entkrampfende Medikamente, da diese auch die Darmaktivität beeinträchtigen. Vorsicht ist auch geboten bei Antibiotika, die auf grampositive Bakterien einwirken, da dieser Teil der Darmflora dann durch sie zerstört wird, mit der Folge, dass durch Überwuchern der gramnegativen Keimflora und eine damit einhergehende Toxinbildung der Tod des Tieres eintreten kann. Deshalb sollten z. B. Penicilline überhaupt nicht angewendet werden. Bei einer Behandlung mit Antibiotika ist es stets auch ratsam, etwas zur Stabilisierung der Darmflora zu geben. Entweder greift man hier auf Medikamente zurück, die Bakterien enthalten (Probiotika) oder führt, wie bei der Zwangsernährung erläutert, eine „Fremdkötelgabe" durch. Es ist nicht selten der Fall, dass bei einer Behandlung mit Antibiotika die Darmtätigkeit derart gestört wurde, dass ein Chinchilla daran stirbt.

Genauso wichtig wie das Erkennen einer Krankheit ist auch die Erreichbarkeit eines chinchillaerfahrenen Tierarztes. Es bringt einem kranken Chinchilla wenig, wenn erst im Krankheitsfall nach einem kundigen Tierarzt gesucht wird. Deswegen ist es empfehlenswert, sich vorher bei anderen Chinchillahaltern zu erkundigen, zu welchem Tierarzt sie gehen. Zudem sollte bedacht werden, dass Chinchillas auch am Wochenende oder spät abends erkranken können. Ein guter Tierarzt hilft im Vorwege, einen geeigneten Ansprechpartner zu finden, für den Fall, dass er nicht erreichbar sein sollte.

Besteht der Verdacht, dass das Chinchilla erkrankt ist, sollte baldmöglichst ein fachkundiger Tierarzt aufgesucht werden
Foto: K. Aretz

Zucht

Allgemeines zur Zucht

Chinchillas vermehren sich relativ problemlos, sofern sie sich wohl fühlen. Dies und die Tatsache, dass Chinchillababys sehr niedlich sind, verleitet dazu, selber einmal Tiere zu vermehren. Unabhängig davon, ob man ein einziges Mal Nachwuchs möchte oder mit mehreren Paaren züchtet, muss man sich immer darüber im Klaren sein: Bei einer Zucht handelt es sich um eine gezielte Verpaarung zweier Tiere, die ein gestecktes Ziel erreichen soll, z. B. einen bestimmten Farbschlag oder eine besondere Körperform- und -größe. Das setzt immer voraus, dass man über ein gewisses Grundwissen über Chinchillas und deren Genetik verfügt und sich der Verantwortung für die Zuchttiere und ihrer Nachkommen bewusst ist, denn nur so kann man gesunde Nachkommen erzielen und diesen ein artgerechtes

Zur Zucht von Chinchillas sind einige Kenntnisse über die Haltung, Aufzucht und Genetik erforderlich Foto: K. Aretz

Leben bieten. Es reicht eben nicht aus, einfach zwei Tiere zusammenzusetzen und auf Nachwuchs zu warten. Generell darf nur mit absolut gesunden Tieren gezüchtet werden. Vor allem bei Weibchen spielt die Kondition eine entscheidende Rolle, damit sie die Trächtigkeit und Säugezeit gut überstehen. Totgebissene Babys, der Verlust des Weibchens, Nachkommen mit schweren Zahnanomalien oder anderen Krankheiten, sind nur eine kleine Anzahl an Problemen, die bei falscher Auswahl der Zuchttiere auftreten können. Wer sich vor einer Verpaarung keine hinreichenden Gedanken macht, handelt den Tieren gegenüber sehr unverantwortlich.

> **Hinweis!**
> Man sollte sich vor einem Zuchtbeginn mit dem Thema Genetik auseinandersetzen, da sich hierdurch viele Probleme vermeiden lassen. Ohne genetische Kenntnisse ist eine vernünftige Zucht nicht umsetzbar! Ebenso wichtig ist langjährige Erfahrung in der Chinchillahaltung.

Neben dem allgemeinen Gesundheitszustand sind auch die Herkunft der potentiellen Zuchttiere und deren genetische Disposition von wesentlicher Bedeutung, um Erbschäden zu vermeiden. Tiere aus Linien, in denen Anomalien oder häufig wiederkehrende Erkrankungen bekannt sind, müssen deshalb von der Zucht ausgeschlossen werden. Hier ist wieder einmal der Sachverstand des Züchters gefragt, der über gute Kenntnisse im Bereich Genetik verfügen muss, um einerseits sein gestecktes Zuchtziel zu erreichen, andererseits aber auch das Auftreten von erblich bedingten Erkrankungen zu vermeiden.

Oberstes Ziel für jeden Chinchillazüchter muss die Gesundheit der Tiere sein.

Ein wesentlicher Aspekt bei einer Zucht ist auch deren Langfristigkeit. So darf man sich nicht nach kurzfristigen Trends richten, nur weil z. B. ein bestimmter Farbschlag gerade besonders gefragt ist, denn dies geht meist auf Kosten der Gesundheit der Nachzuchten.

Bedenken sollte man auch die Kosten, die eine gut geführte Chinchillazucht mit sich bringt. Mit einer Hobbyzucht kann man kein Geld verdienen, im Gegenteil, es sollte ein gewisses Grundkapital vorhanden sein, damit die eventuell auftretenden Tierarztkosten bezahlt werden können. Auch die Anschaffung guter Zuchttiere ist nicht günstig. Wer nicht bereit ist, dieses Kapital zu investieren, sollte von einer Zucht Abstand nehmen.

Nicht zuletzt gilt es zu bedenken, dass die Tierheime und auch das Internet voll sind mit Chinchillas, die ein neues Zuhause suchen. Dadurch ist die Abgabe von Nachwuchs nicht einfach. Hat man nicht die Möglichkeiten, Jungtiere zu behalten oder wieder aufzunehmen, ist von einer Zucht ausnahmslos abzuraten. Nicht wenige Halter haben mit einem Paar angefangen zu züchten und sind innerhalb von zwei oder drei Jahren bei mehr als zehn Tieren angekommen, die sie nicht unterbringen können. Möchte man nicht, dass seine Zöglinge irgendwann im Tierheim sitzen müssen oder von Halter zu Halter wandern, dann sollte man sich im Vorfeld sehr genau alle möglichen Aspekte verdeutlichen.

Grundvoraussetzungen

Wie schon erwähnt, ist Grundwissen über die Genetik der Chinchillas wichtig. Diese Kenntnisse kann man sich teilweise theoretisch erarbeiten, nicht zu unterschätzen ist aber die fundierte Meinung eines erfahrenen Züchters.

Setzen Sie sich daher zuerst mit verschiedenen Züchtern in Verbindung, um Fragen zu stellen und Erfahrungsberichte zu hören, wenn Sie den Einstieg in die Chinchillazucht planen. Eine gute Möglichkeit Kontakte zu knüpfen sind Ausstellungen, aber auch das Internet kann hilfreich sein, an Gleichgesinnte zu gelangen.

Die Chinchillazucht ist im Verhältnis zu den Zuchten anderer Tierarten, wie z. B. Meerschweinchen noch recht jung. Erst seit ca. 100 Jahren beschäftigt man sich näher damit, in Deutschland werden Chinchillas erst seit 1956 gezüchtet. Für Einsteiger in die Zucht bietet dies die Möglichkeit, durch gezieltes Suchen an ursprüngliche, durchgezüchtete Linien zu gelangen und hieraus gesunde Zuchttiere zu erwerben. Diese sind die beste Garantie für eine erfolgreiche Zucht.

Silberschecke Angora-Träger (Bock) im Alter von 11 Wochen Foto: K. Aretz

Haltung von Zuchttieren

Die Haltungsbedingungen der Zuchttiere unterscheiden sich nur unwesentlich von den Haltungsbedingungen für Heimtierchinchillas. Gerade für Zuchttiere ist es allerdings besonders wichtig, dass ihre Umgebung ruhig ist und sie keinem Stress ausgesetzt werden, da gestresste Tiere zu Früh- oder Fehlgeburten neigen. Die Planung der Haltung setzt voraus, dass man sich zuerst bewusst macht, wie man seine Zucht strukturieren will. Großzüchter entscheiden sich oft für die Polygamzucht, bei der ein Bock mehrere Weibchen zugeteilt bekommt, die er durch einen Laufgang erreichen kann, bei der die Weibchen untereinander hingegen keinen Kontakt haben.

Der Hobbyzüchter, der seinen Chinchillas ein artgerechtes Leben bieten will, ist hingegen eher bemüht, eine Koloniezucht aufzubauen, bei der mehrere Weibchen mit einem Böckchen in einem Käfig oder Gehege untergebracht werden, da dies der natürlichen Verhaltensweise der Tiere gleicht. Bei dieser Art der Haltung besteht allerdings das Risiko, dass die Weibchen sich bei beginnender Trächtigkeit oder während der Säugezeit nicht mehr vertragen und sich angreifen. Auch Babys können hierbei verletzt werden. Solche Probleme treten vor allem in kleineren Gehegen oder bei schlecht strukturierter Gehegeeinrichtung auf. Da das Erkennen von Spannungen innerhalb der Gruppen und das rechtzeitige Eingreifen einige Erfahrung benötigen, sollten sich gerade Anfänger auf die paarweise Haltung beschränken, da dies am unkompliziertesten ist. Kennt man seine Tiere dann näher und weiß auch, wie sich die Weibchen während Trächtigkeit und Jungenaufzucht verhalten, kann man erste Vergesellschaftungsversuche mit Dreier- und Vierergruppen beginnen.

Generell ist es sinnvoll, solchen Weibchen den Vorzug zu geben, die auch während der Trächtigkeit und Säugezeit nicht zum Angreifen neigen, da sich ein friedlicher Charakter auch auf die Nachkommen überträgt und Tiere aus Gruppenhaltung meist leichter mit anderen Tieren zu vergesellschaften sind. Die Gehege für die Zuchttiere sollten nicht zu hoch sein, da Chinchillababys schon in den ersten Lebenstagen versuchen ihrer Mutter – auch aus großer Höhe – hinterherzuspringen und sich bei einem Absturz verletzen können. Dennoch darf eine Höhe von 1 m, wie sie die Tierschutz-Nutztierhaltungsverordnung (TierSchNutztV) vorschreibt, nicht oder nur kurzfristig unterschritten werden. Neben der Höhe ist vor allem der Bodengrund von entscheidender Bedeutung. Harte Untergründe, Steine oder ein freistehendes Sandbad können im Fall eines Absturzes schwere Verletzungen der Jungtiere verursachen und sogar zum Tode führen. Deswegen ist es wichtig, den Untergrund weich zu halten und Spielzeuge oder andere Einrichtungsgegenstände dahingehend zu kontrollieren, ob junge Chinchillas sich daran einklemmen oder anderweitig verletzen können. Bei sehr großen Gehegen kann es passieren, dass die

Haltung von Zuchttieren

> **Wichtig!**
> Es erfordert eine ganze Menge Platz, ein Zuchtpaar oder eine Zuchtgruppe unterzubringen, da der zu erwartende Nachwuchs recht lange bei seiner Mutter verbleiben sollte und Zuchttiere stark auf Rückzugsmöglichkeiten angewiesen sind. Dazu kommt, dass es immer Situationen geben kann, bei denen ein Zuchtpaar oder eine Zuchtgruppe getrennt werden muss, weil sie sich nicht mehr vertragen. Ein gewissenhafter Züchter sollte seine Abgabetiere bei eventuell auftretenden Problemen auch immer wieder zurücknehmen können. Dementsprechend müssen ausreichend Ausweichkäfige vorhanden sein, die alle den Haltungsanforderungen entsprechen.

Jungtiere nicht hinter ihren Müttern hinterherkommen. Deswegen ist es vorteilhaft, wenn man das Gehege durch eine Unterteilung verkleinern kann.

Ein Umsetzen von trächtigen oder säugenden Weibchen ist nach Möglichkeit zu vermeiden. Der dadurch verursachte Stress kann eine Früh- oder Fehlgeburt auslösen, zum Todbeißen der Babys führen oder den Milchfluss stoppen. Bei der Auswahl des Zuchtgeheges ist auch darauf zu achten, dass die winzigen Chinchillababys schon wenige Stunden nach der Geburt anfangen, ihre Umgebung zu untersuchen und Wege nach draußen nutzen, wenn sie sie vorfinden. Der Gitterabstand, der nicht größer als 1,5 cm sein sollte, ist hier sehr von Bedeutung.

Vor Zuchtbeginn muss sichergestellt sein, dass genügend Platz für die Zuchttiere und den Nachwuchs vorhanden ist Foto: K. Aretz

Wichtig für das Wohlbefinden sowohl trächtiger Weibchen als auch der Jungtiere ist eine konstante Raumtemperatur. Ideal ist eine Temperatur von 18–21 °C, die auch für Jungtiere ausreichend ist, da selbst neugeborene Chinchillas ihre Körperwärme gut regulieren können. Zu viel Wärme oder starke Temperaturschwankungen hingegen stellen für ein trächtiges Chinchilla eine zu große Belastung dar. Eine ausreichende Frischluftzufuhr ist für das Wohlbefinden der Tiere unerlässlich, dabei gilt es jedoch Zugluft zu vermeiden, da die Jungtiere hierauf noch empfindlicher reagieren als adulte Chinchillas.

Ernährung von Zuchttieren

Außerhalb der Zuchtsaison unterscheidet sich die Ernährung der Zuchttiere nicht von der Fütterung von Heimtierchinchillas. Während der Trächtigkeit und der Säugezeit muss die Ernährung jedoch auf die Bedürfnisse vor allem der Zuchtweibchen zugeschnitten werden, denn diese Phasen zehren an der Substanz der Tiere. Deshalb muss das Futter so beschaffen sein, dass Mangelerscheinungen wie sie sich durch Fellverlust, Schwäche oder weiße Zähne bemerkbar machen können, erst gar nicht auftreten. Kommt es dennoch zu Mangelerscheinungen, ist die Fütterung von Kräutern hilfreich, ein Vitamin- oder Mineralstoffpräparat sollte jedoch nur vom Tierarzt verabreicht werden, der bei starken Mangelerscheinungen unbedingt aufzusuchen ist. Bei der Gabe von Kräutern muss aber bedacht werden, dass bestimmte Kräuter vorzeitige Wehen auslösen können.

Übergewichtige Weibchen sollten nicht zur Zucht verwendet werden, auch darf ein Weibchen während der Trächtigkeit nicht zu fett gefüttert werden, da eine zu gehaltvolle Ernährung schwere Komplikationen und Stoffwechselstörungen auslösen kann.

Während des Säugens der Jungtiere kann man jedoch den Anteil an Rohproteinen, Vitaminen und Mineralstoffen erhöhen, da das Weibchen nicht nur sich, sondern auch die Jungtiere mit Nährstoffen versorgen muss.

Auch Zuchtchinchillas dürfen hin und wieder mit einem Leckerli verwöhnt werden Foto: K. Aretz

Ein Chinchillaweibchen, das während der Trächtigkeit zu Mangelerscheinungen neigt, ist zukünftig aus der Zucht auszuschließen, da sich die Gesundheitsprobleme wiederholen können und das Muttertier sowie seine Nachkommen an den Folgen sterben können. Sind Begleitumstände Auslöser für die Mängel, braucht das betreffende Weibchen hinterher eine ausreichende Erholungszeit, bevor es wieder in die Zucht genommen wird. Auch die ungeborenen Babys werden bei einem Mangel möglicherweise nicht ausreichend versorgt, was für ihre Entwicklung nachteilig sein kann. Da sich Mängel in der Trächtigkeit auch auf die Zahnentwicklung und den Knochenbau der Babys auswirken können, kann ein derartiger Zustand dafür verantwortlich sein, dass die Babys später zu Zahnproblemen neigen oder in der weiteren Entwicklung Probleme mit den Knochen haben.

Körperliche Grundvoraussetzungen der Zuchttiere

Bestimmte körperliche Gegebenheiten der Zuchttiere können den Verlauf einer Trächtigkeit, Geburt und Aufzucht beeinträchtigen. Grundsätzlich birgt aber jede Trächtigkeit gewisse Risiken, derer man sich bewusst sein muss. Auf was man achten sollte, unterscheidet sich auch in den Zielen, die man mit der Verpaarung verfolgt. Ein Halter, der nur den Wunsch hat, einmal Babys aufwachsen zu sehen, wird wenig Interesse daran haben, welche Farbe und Körperform seine Tiere haben, solange sie gesund sind. Deswegen sollen an dieser Stelle nur die Punkte aufgezählt werden, die jedes Zuchttier erfüllen muss, damit Trächtigkeit und Jungenaufzucht problemlos verlaufen können. Ein Zuchtweibchen sollte erfahrungsgemäß mindestens 600 g wiegen, besser ist ein Gewicht von 650 bis 750 g. Auf keinen Fall darf das Weibchen übergewichtig sein, da es sonst während der Trächtigkeit zu gesundheitlichen Problemen kommen kann. Übergewicht belastet Niere, Herz und Kreislauf, kann zu Fehlversorgung der ungeborenen Babys und deren Absterben führen, und die Gefahr einer Trächtigkeitsvergiftung ist stark erhöht. Sind Chinchillaböcke übergewichtig, decken sie oft nicht mehr oder ohne Erfolg sodass Nachwuchs ausbleibt. Ebenso wie Übergewicht kann auch Untergewicht für das Weibchen problematisch sein. Hier ist eine Mangelversorgung für die Föten sehr wahrscheinlich, die Belastung der Trächtigkeit und Säugezeit kann eine untergewichtige Mutter so auszehren, dass sie verstirbt.

Aber nicht nur das Gewicht, auch die Körperproportionen sollten bei potentiellen Zuchttieren genau betrachtet werden. Ist das

Zuchtweibchen in der relativ seltenen Farbe Pastell Ebony dunkel
Foto: K. Aretz

Weibchen zu schmal im Becken, können die Jungtiere bei der Geburt im Geburtskanal stecken bleiben. Auch die Körperform ist wichtig. Chinchillaweibchen, die zur Zucht verwendet werden, sollten sich kompakt anfühlen. Beim Abtasten von Schulter bis Becken sollte sich eine klare Linie ergeben, ohne Ausbeulungen oder Einbuchtungen. Eingefallene Seiten weisen auf gesundheitliche Einschränkungen hin. Zu lange oder zu kurze Köpfe können gesundheitliche Probleme im Bereich des Kiefers, der Augen oder der Zähne mit sich bringen, deswegen sollten solche Tiere auf jeden Fall von der Zucht ausgeschlossen werden. Wichtig ist auch, dass Zuchttiere nicht zu jung sind, ihren ersten Wurf aber auch nicht zu spät bekommen. Junge Chinchillaweibchen können durch Trächtigkeit und Geburt in der eigenen Entwicklung gestört werden. Ist ein Zuchttier bei der ersten Trächtigkeit hingegen zu alt, ist es möglich, dass der Bereich des Beckens verhärtet ist, sich unter der Geburt nicht mehr ausreichend dehnt und die Jungtiere im Geburtskanal stecken bleiben. Das optimale Zuchtalter für die erste Verpaarung liegt nach Meinung vieler Züchter zwischen 10 Monaten und 3 Jahren.

> **Hinweis!**
> Es ist immer anzuraten, jedes Zuchttier vor der ersten Trächtigkeit gründlich vom Tierarzt untersuchen zu lassen. Gegebenenfalls kann es nötig sein, den Kopf zu röntgen, um Zahnanomalien auszuschließen, die sich vererben können. Unbedingt erforderlich ist die Untersuchung einer Kotprobe, um eventuelle gesundheitliche Beeinträchtigungen durch Pilze, Parasiten oder Bakterien im Darm, die sich auf die Jungtiere übertragen und die Mutter stark schwächen können, auszuschließen.

Genetische Voraussetzungen der Zuchttiere

Die Kenntnis über die Vorfahren der Zuchttiere kann sehr entscheidend sein für den Verlauf von Trächtigkeit und Geburt sowie Gesundheit bzw. Entwicklung der Nachkommen. Einige Krankheiten vererben sich. Ein besonders häufiges Problem sind hierbei genetisch bedingte Zahnanomalien. Bei einigen Farbformen muss auch bedacht werden, dass sie reinerbig mit einem Letalfaktor versehen sind. Gerade beim Farbschlag Ebony in Verbindung mit Velvet und Weiß können nur die Kenntnisse über die genetische Vorgeschichte eventuelle Schäden vorbeugen (siehe Kapitel „Überdeckte Merkmale"). Sollten in der Linie eines Tieres Krankheiten wie Zahnanomalien, Herzfehler, Organschäden, Krampfneigung, Fellfressen und Ähnliches auftauchen, darf es auf keinen Fall in die Zucht genommen werden, dies gilt auch für alle mit ihm verwandten Tiere. Wer die Möglichkeit hat, sollte nicht nur die Eltern, sondern auch die Großeltern der künftigen Zuchttiere begutachten, wobei das Augenmerk nicht nur auf den Stammbaum, sondern nach Möglichkeit auch auf Ernährung und Haltungsbedingungen der Tiere liegen sollte, da all diese Dinge Einfluss auf die Verfassung und Lebenserwartung des künftigen Zuchttieres und dessen Nachkommen haben. Auch Körperformen und andere Eigenschaften vererben sich über die Generationen hinweg. Ein großes Zuchttier kann kleine Eltern haben, sodass die Nachkommen zum Teil ebenfalls klein

Chinchillabock in der Farbe Ebony extra dunkel
Foto: K. Aretz

werden. Manche Züchter haben ihren ersten Wurf eines ausgesuchten Pärchens ganz enttäuscht betrachtet, weil die Nachkommen nicht annähernd so herausragend wie die Eltern waren. Grundsätzlich gilt sowohl für Hobbyzüchter mit nur einem Pärchen als auch für Züchter, die mit mehreren Tieren eine Zucht aufbauen wollen: Mit Tieren, bei denen die oben erläuterten Hintergrundinformationen fehlen und die keinen Stammbaum mitbringen, sollte nicht gezüchtet werden! Dazu sollte allerdings auch erwähnt werden, dass die Stammbäume mit den vorhandenen Zuchtbüchern verglichen werden sollten, denn es gibt nicht wenige Fälle, in denen die Abstammung nicht korrekt wiedergegeben wird. Der Züchter, von dem man das neue Zuchttier erwerben möchte, sollte in dieser Hinsicht mit offenen Karten spielen.

Verhalten der Zuchttiere

Ebenso wichtig wie die körperliche Verfassung eines Zuchttieres ist sein Verhalten. Ein nervöses Tier kann durch die Belastung der Jungenaufzucht überfordert sein, seine Babys schlimmstenfalls auch angehen und andere Verhaltensstörungen zeigen. Deshalb sollten nervöse und unruhige Chinchillas nicht zur Zucht verwendet werden. Dies gilt ebenso für ängstliche oder aggressive Tiere. Ein gutes Zuchttier ist ruhig und ausgeglichen, gerät nicht zu leicht in Panik und erträgt stressige Situationen gelassen. Auch die Eltern und Großeltern des Zuchttieres sind im Hinblick auf das Verhalten mit zu berücksichtigen.

Partnerwahl

Wer kein spezielles Zuchtziel verfolgt, dem reicht es oft aus, zwei gesunde Tiere miteinander zu verpaaren. Dennoch sollte man zusätzlich einiges beachten. So müssen die Zuchttiere sehr gut miteinander harmonieren, damit es durch die Trächtigkeit nicht zu Auseinandersetzungen kommt. Manchmal fangen Probleme schon damit an, dass ein junges Chinchilla zu einem älteren gesetzt wird, weil solche Vergesellschaftungen leichter erscheinen. Junge Chinchillas sind verspielt und verstehen den Ablauf der Fortpflanzung noch nicht, während ältere Tiere schneller zur Sache kommen. Hierdurch können Konflikte entstehen, die in handfeste Streitigkeiten ausarten. Ein älteres Böckchen kann bei einem sich zierenden, jüngeren Weibchen die Geduld verlieren und ruppig werden, sodass es zu schweren Verletzungen (auch mit Todesfolge) kommen kann. Bei einem älteren Weibchen und einem unerfahrenen Männchen verhält es sich ebenso. Deswegen ist es ratsam, ein Jungtier zu einem Jungtier zu setzen und ein adultes Tier zu einem adulten Tier. Von einem adulten Tier spricht man bei Chinchillas ab dem 8. Lebensmonat, ein Jungtier ist bis zu acht Monate alt.

Hinweis!
Da man als Züchter bestrebt sein sollte, nur Nachkommen mit den besten Eigenschaften zu erreichen, sollte das Zuchtpaar sich ergänzen. Dies ist nicht nur für das Aussehen, sondern auch für die Gesundheit entscheidend.

Junges Chinchillaböckchen in der Farbe Black Velvet Foto: K. Aretz

Partnerwahl

Bei einem guten Zuchtpaar ist das Böckchen gewöhnlich ein wenig kleiner als das Weibchen. Damit versucht man, das Risiko zu vermeiden, dass die Babys durch den Einfluss des Vaters zu groß werden und eventuell nicht durch den Geburtskanal passen.

Um typvolle Nachzuchten zu erzielen, benötigt ein eher langnasiges Tier einen Partner mit einem rundlichen Gesicht, umgekehrt ein Chinchilla mit kurzer Nase einen Partner, dessen Nasenform ein wenig spitzer ist. Natürlich gibt es Babys, die nur nach einem Elternteil kommen und die phänotypisch nur positive Eigenschaften aufweisen. Aber wenn diese in der Zucht eingesetzt werden, treten dabei auch die verborgenen genetischen Informationen wieder zutage. Bei der Verpaarung der Zuchttiere geht es nicht nur um Schönheit, sondern auch um die Gesundheit. Sind beispielsweise beide Eltern sehr langnasig und haben schmale Köpfe oder sind nur kurznasig mit extrem breiten Köpfen, kann dies in den Nachkommen derart stark ausgeprägt sein, dass gesundheitliche Einschränkungen auftreten. In Folge davon gibt es z. B. Chinchillas, deren Köpfe so kurz sind, dass ihre Zähne nicht mehr ausreichend Platz im Kiefer haben, was ihnen ein kurzes und oftmals leidvolles Leben beschert. Chinchillas, deren Kopfform so schmal ist, dass die Augen zu weit hervorstehen und nicht mehr vollständig geschlossen werden können, können unter dauernden Augenentzündungen leiden.

Für die Zucht sollten nur gesunde Tiere mit guten Erbanlagen eingesetzt werden Foto: K. Aretz

Zukunftsgedanken

Ein gewissenhafter Züchter denkt über die Zukunft nach. Wohin geht meine Zuchtentwicklung? Welche Folgen hat sie für die Tiere? Der Mensch neigt dazu, das Besondere zu lieben. Leider ist das Besondere nicht auch immer etwas Gutes für ein Tier. So entstehen u. a. Qualzuchten, weil Menschen bestimmte Eigenschaften durch gezielte Verpaarungen hervorheben. So gibt es Chinchillas mit Locken, Angora-Chinchillas mit besonders langem Fell und Zwerg-Chinchillas. Auch neue Farben werden gezüchtet. Bei anderen Tierarten kann man bereits sehen, wohin dies führt. Es ist ratsam, es bei den Chinchillas nicht so weit kommen zu lassen. Locken wirken sich z. B. mit stärkerer Ausprägung auch auf Wimpern und Barthaare aus, was die Tiere beeinträchtigt. Was nützt es dem Chinchilla, wenn es Locken hat, sich dafür aber die Wimpern in die Augen drehen, sodass es unter dauernden Schmerzen leidet? Langes Fell beeinflusst die Körpertemperatur und mit zunehmender Haarlänge auch das Sprungvermögen. Was nützt es dem Tier, wenn es langes Fell hat, aber nicht mehr selbstständig Fellpflege betreiben kann? Kein Chinchilla wird gerne gekämmt. Zwerg-Züchtungen bringen auch bei anderen Tierarten nicht selten verkürzte Lebenserwartungen mit sich. Nützt es dem Tier, besonders klein zu sein, aber deswegen eventuell früher zu sterben? Was nützt einem das bunteste Chinchilla, wenn es krank ist, oder ein Chinchilla, dessen Kopf dem Kindchenschema entspricht, das aber nicht ohne Probleme fressen kann? Dies alles gilt es zu bedenken.

Das Hauptaugenmerk in der Zucht sollte auf der Gesundheit der Tiere liegen Foto: K. Aretz

> **Wichtig!**
> Gerade in den Anfängen der Chinchillazucht wurde aufgrund der hohen Nachfrage nach Zuchttieren sehr viel auf Masse statt auf Klasse geachtet, was sehr viele Probleme für die Gesundheit der Tiere mit sich brachte. Das Ansteigen von kleinen Hobbyzuchten, denen nicht selten das Grundwissen für eine gute Zucht fehlt, zeigen in den letzten Jahren Folgen. Es werden immer mehr kranke und schwache Chinchillas zum Verkauf angeboten. Daher sollte sich jeder Zuchteinsteiger mit der Problematik befassen und bemüht sein, die Gesundheit der Chinchillas zu erhalten.

Farben

Chinchillas werden inzwischen schon in vielen verschiedenen Farbvariationen gezüchtet. Bei den meisten Farben, außer Standard, liegt eine Mutation zugrunde, einzelne Farbschläge beruhen auch auf Kombinationen verschiedener Mutationen. Für die Farbzucht benötigt man deshalb auch Kenntnisse über die Farben und ihre Vererbung. Im Laufe der letzten Jahre kamen einige teilweise sehr lustige Farbbezeichnungen auf. Selbst in Ratgebern der neueren Zeit wurden einige Farben nicht korrekt betitelt. So kommt es nicht selten zu Verwechslungen, irreführenden Angaben und leider auch zu Problemen, da einige Farben an den Letalfaktor gekoppelt sind, was im späteren Verlauf noch erklärt wird. Ebenfalls nicht selten hat eine Farbe bis zu fünf verschiedene Bezeichnungen. An dieser Stelle möchte ich deshalb die Hintergründe der einzelnen Farben, ihr erstes Auftreten und die Ableitung ihrer Bezeichnung erläutern.

Grundfarben

Ursprungsfarbe: Standard

Standard ist die Ursprungsfarbe oder auch Wildfarbe. Es handelt sich um graue Tiere mit Agouti-Muster (d.h. die Chinchillahaare haben an Kopf, Bauch und Seite drei Farbzonen) und weißer Wamme. Durch die Zucht wurde der

Standard
Foto: K. Aretz

Farbton inzwischen verändert, da das Hauptziel darin lag, den Braunstich aus dem Fell zu bekommen und der Farbe viel Bläue zu verleihen. Heute variiert das Standard in unterschiedlichen Tönen von hell bis dunkel. Früher waren solch dunkle Tiere, wie man sie heute teilweise finden kann, sehr selten. Standard vererbt sich dominant.

Merkmale von Standard

Unterfarbe: .... graublau
Band: .... weiß
Schleier: .... grau
Grannen: .... schwarz
Wamme: .... weiß (sie sollte nicht gelblich oder gräulich sein)
Augen: .... dunkel
Schwanzunterseite:. möglichst ein tiefes Schwarz, meist nicht sehr
.... intensiv gezeichnet
Ohren: .... grau (manchmal mit einem leicht rosa Ton)
Agouti-Muster

Black-Velvet

Black-Velvet, zu Deutsch „schwarzer Samt", ist eine Farbe, die bei der Zucht besonderer Aufmerksamkeit bedarf, da sie an den

Wichtig!
Velvets kommen nicht reinerbig vor, da die reinerbigen Nachkommen aufgrund Letalfaktors nicht lebensfähig sind. Dasselbe gilt für alle dominanten Weiß Formen. Sämtliche lebensfähigen Tiere dieser Farben sind mischerbige Tiere, reinerbige Nachkommen versterben entweder schon im Mutterleib oder kurz nach der Geburt. Die Verpaarung zweier Velvets untereinander sorgt für das reinerbige Auftreten des letalen Genes und darf aus diesem Grunde nicht durchgeführt werden!

Black Velvet Foto: K. Aretz

Letalfaktor gekoppelt ist. Die ersten Black-Velvets wurden 1960/61 bei dem amerikanischen Züchter Robert Gunning geboren. Das Velvet-Gen verändert die Farbverteilung im Haar. Es lässt das helle Band verschwinden, unterdrückt somit das Agouti-Muster, wodurch sich eine dunklere und intensivere Farbe ergibt. In Verbindung mit Standard entstehen somit Black-Velvet, in Verbindung mit Beige Beige-Velvet, in Verbindung mit Violett Violett-Velvet, auch weitere Kombinationen sind möglich. Das Gen für Velvet vererbt sich dominant. Velvet-Babys sind oftmals nach der Geburt noch sehr hell und dunkeln erst im Laufe des Wachstums aus. Lediglich am Kopf zeigen sie deutlich eine Maske.

Merkmale von Black-Velvet
Unterfarbe: . . . . graublau
Band: . . . . kein Band, der Bereich ist graublau
Schleier: . . . . schwarz (sollte nicht bräunlich sein)
Grannen: . . . . schwarz
Wamme: . . . . weiß (sollte nicht gräulich oder gelblich sein)
Augen: . . . . dunkel
Schwanzunterseite:. tiefes Schwarz
Ohren: . . . . grau (innen manchmal leicht rosa)
Auf der Decke kein Agouti-Muster

Mutationen in Weiß

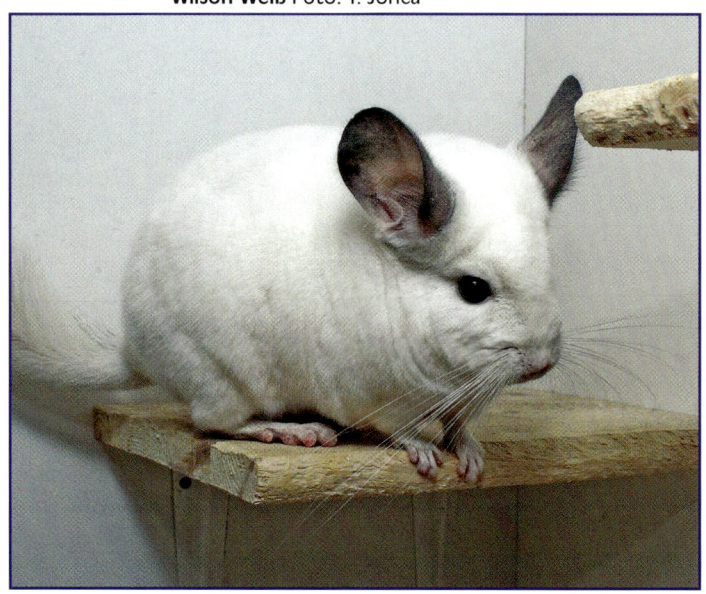

Wilson Weiß Foto: T. Jonca

Weiß gibt es in Deutschland in zwei Versionen, insgesamt sind bisher vier Mutationsformen bekannt.

Wilson-Weiß

Wilson-Weiß, nach der Züchterin Blythe Wilson benannt, bei der 1955 das erste Tier geboren wurde, bezeichnet rein weiße Tiere mit dunklen Ohren und dunklen Augen. Reinweißes Wilson-Weiß oder Wilson-White kommt eher selten vor, da es sich hierbei um extrem aufgehellte Schecken handelt. Weiß vererbt sich dominant, kommt allerdings wegen des Letalfaktors nicht reinerbig vor, da die reinerbigen Nachkommen nicht lebensfähig (letal) sind.

> **Merkmale von Wilson-Weiß**
> Unterfarbe: . . . . weiß
> Band: . . . . weiß
> Schleier: . . . . weiß
> Grannen: . . . . weiß
> Wamme: . . . . weiß
> Augen: . . . . dunkel
> Schwanzunterseite: weiß
> Ohren: . . . . grau (innen manchmal rosa)
> Kein Agouti-Muster

Pink-Weiß

Die Farbe Pink-Weiß, bei der es sich im Grunde um eine Vermischung von Wilson-White und Beige handelt, ist ebenfalls reinweiß. Die Tiere haben aber durch den Einfluss des Beige-Genes rote Augen und rosa Ohren. Von ihnen als selbstständige Farbe zu sprechen, ist eigentlich nicht ganz richtig, da es sich genetisch um Beige-Weiße Tiere handelt. Allerdings hat sich die Bezeichnung Pink-Weiß für die reinweißen Tiere durchgesetzt.

> **Merkmale von Pink-Weiß**
> Unterfarbe: . . . . weiß
> Band: . . . . weiß
> Schleier: . . . . weiß
> Grannen: . . . . weiß
> Wamme: . . . . weiß
> Augen: . . . . hell bis dunkelrot, selten braun
> Schwanzunterseite: weiß
> Ohren: . . . . rosa, manchmal mit Pigmentflecken
> Kein Agouti-Muster

Albinos

Albinos, als dritte weiße Farbe, sind selten und in Deutschland zurzeit nicht vertreten. Es ist unklar, ob es sie hier gegeben hat. Berichte über eine Züchtung in Deutschland gibt es nicht, sie werden aber schon mindestens seit den 1950er-Jahren erwähnt, Ralph Dennison aus Kalifornien soll 1960 eines besessen haben, ebenso zur selben Zeit Jess Blackburn aus Washington. Älteren Dokumentationen nach waren sie oft gelbstichig mit zu weichem seidigem Fell und sind deswegen sehr früh von der Zucht ausgeschlossen worden.

Es wird auch von rezessiven Weißen geschrieben, die dunkle Augen haben sollen, wie die Wilson-Weißen, allerdings mit hautfarbenen Ohren. Doch hier in

> **Wussten Sie eigentlich...?**
> Pink-Weiß, also genetische Beige-Schecken, werden fälschlicherweise oft mals wegen der roten Augen für Albinos gehalten. Daher gibt es auch Literatur, die von Albinos spricht und diese Tiere aufzeigt. Dies lässt sich in der Zucht sehr schnell klären, da sich das Beige in den Pink-Weißen weitervererbt und das Weiß der Tiere dominant auftritt, während Albinismus sich nur rezessiv weitervererbt. Echte Albinos sind in Deutschland zurzeit nicht bekannt, und auch in anderen Ländern treten sie nur vereinzelnd und selten auf.

Deutschland sind sie bisher anscheinend noch nicht vertreten, und genaue Informationen sind in der deutschen Literatur nicht zu finden. 1963 wurde in Oklahoma auf der Farm von Paul Stone eine weiße Mutation geboren, die Stone White genannt wurde und sich rezessiv vererbt hat. Einige der Tiere sollen ohne Augen geboren worden sein, allgemein waren die Augen verkleinert, sodass die Mutation den Spitznamen „blind white" bekam.

Mutationen in Beige

Homozygot Tower-Beige/Blond ist eine dominante Farbe, die zu den sogenannten Dilute-Mutationen gehört, d.h. die Farbe des Fells ist stark verdünnt. In Deutschland ist die Bezeichnung Blond gängig, der ursprüngliche Name Homozygot Tower-Beige wird hier selten genutzt. Beige Tiere wurden von den amerikanischen Züchtern Nick Tower und später C. George Delaney verbreitet. Blond ist die reinerbige Form des Farbschlages, verpaart mit Standard ergeben sich aus blonden Tieren immer mischerbige beige Tiere, die ein

Beige Foto: T. Jonca

Agouti-Muster besitzen. Beige Tiere verpaart mit Standard bringen sowohl standardfarbene Nachkommen ohne das Beige-Gen als auch beige Nachkommen, die von hell- bis dunkelbeige reichen. Bei Verpaarungen von Beige mit Beige ergeben sich unter anderem blonde Tiere (25%). Hellbeige bis mittelbeige Tiere bezeichnet man als Pearl, dunkelbeige Tiere als Pastell. Da die Übergänge recht fließend sind, ist die Bezeichnung Beige allgemein ausreichend und zutreffend.

Es gibt auch fünf rezessive Beige-Formen. Diese sind sehr selten und haben den Weg nach Deutschland scheinbar nie geschafft. Einige davon sind wahrscheinlich ganz verschwunden. Eine noch existente Form ist Sullivan-Beige. Sie ist äußerlich nur schwer vom homozygoten Tower-Beige zu unterscheiden, soll noch ein wenig heller sein und entstand auf der Farm von Loyd Sullivan, Kalifornien. Eine weitere entstand ungefähr zur selben Zeit auf der Farm von C.R. Reynolds. Rezessive Beige bringen in Verpaarung mit Standard keine Beige, sondern nur Trägertiere hervor.

Eine weitere Beige-Mutation ist Wellman-Beige. Die Farbe wird rezessiv vererbt, das Fell hat einen champagnerfarbenen Ton, allerdings haben die Wellman-Beige dunkelbraune Augen und keine roten. Diese Tiere wurden ca. 1954 auf der Farm von Otto Wellmann, New York, geboren.

Es tauchen noch weitere Beige-Mutationen auf, ob diese sich wirklich genetisch unterscheiden, ist aufgrund des seltenen Vorkommens noch nicht ganz klar.

Merkmale von Blond
Unterfarbe: . . . . weiß
Band: . . . . kein klares Band erkennbar
Schleier: . . . . helles Beige (manchmal gelbstichig,
. . . . ansonsten ein leichter Goldton)
Grannen: . . . . helles Beige
Wamme: . . . . weiß
Augen: . . . . rot
Schwanzunterseite: beige oder hellbeige
Ohren: . . . . hautfarben bis rosa ohne Pigmentflecken
Kein sichtbares Agouti-Muster

Merkmale von Beige
Unterfarbe: . . . . überwiegend helles Beige, je nach Farbton
. . . . bis zu einem dunklen Beige oder Grau
Band: . . . . weiß
Schleier: . . . . beige
Grannen: . . . . braun
Wamme: . . . . weiß
Augen: . . . . dunkelrot
Schwanzunterseite: beige oder braun
Ohren: . . . . hautfarben bis rosa (teilweise pigmentiert)
Agouti-Muster

Mutationen in Violett

Violett gibt es in zwei Versionen, und die Farbbezeichnung stammt vom englischen „violet" („Veilchen") ab.

Violett Foto: K. Aretz

Afro-Violett

Afro-Violett, auch Lavender genannt, ist am weitesten verbreitet und hat seinen Namen von dem amerikanischen Züchter Sullivan bekommen, der sie entdeckt hat. Die Ursprünge liegen allerdings woanders. Sullivan hat Berichten zufolge die ersten Tiere von einem Züchter namens Hackett übernommen, der seine Zucht in Rhodesien (heutiges Simbabwe) aufgeben wollte. Afro-Violett wird recht häufig gezüchtet, da es rezessiv vererbt wird, werden jedoch oftmals zwei violette Tiere verpaart, wodurch viele Tiere sehr klein und zierlich sind, während ihr Fell an Dichte verliert.

Afro-Violett Foto: K. Aretz

Merkmale von Afro-Violett
Unterfarbe: .... helles bis dunkles Graublau/Anthrazit
Band: .... weiß
Schleier: .... anthrazit
Grannen: .... anthrazit
Wamme: .... weiß (auch hier sollte das Weiß ohne Stich sein)
Augen: .... dunkel
Schwanzunterseite: graublau/anthrazit
Ohren: .... blaugrau (innen manchmal leicht rosa)
Agouti-Muster

Deutsch-Violett

Deutsch-Violett hingegen geht auf den deutschen Züchter Rolf Haupt zurück, der die Tiere über verschiedene Umwege nach Deutschland geholt haben soll. Deutsch-Violett wird nur noch selten gezüchtet. Da diese Mutation lange Zeit nur in Deutschland gezüchtet wurde, bekam sie den Namen Deutsch-Violett. Sowohl Afro- als auch Deutsch-Violett vererben sich rezessiv, mit Standard verpaart erhält

Mutationen in Violett

Junges Deutsch-Violett Foto: T. Jonca

man nur Nachkommen die standardfarbig sind, aber die Erbinformationen für die jeweilige Violett-Mutation in sich tragen. Die beiden Violett-Versionen untereinander verpaart ergeben ebenfalls standardfarbige Tiere, sodass man belegen konnte, dass es sich tatsächlich um zwei verschiedene Mutationen handelt.

Merkmale von Deutsch-Violett

Unterfarbe: . . . . helles bis dunkles Graublau
Band: . . . . weiß
Schleier: . . . . dunkles Graublau/Anthrazit, meist mit
. . . . unerwünschtem leichten Braunstich
Grannen: . . . . graublau/anthrazit
Wamme: . . . . weiß (auch hier sollte das Weiß ohne Stich sein)
Augen: . . . . dunkel
Schwanzunterseite: anthrazit
Ohren: . . . . graublau (innen manchmal leicht rosa)
Agouti-Muster

Weiß Violett Foto: K. Aretz

Violett Saphir Foto: K. Aretz

Saphir

Merkmale von Saphir
Unterfarbe: . . . . blaugrau
Band: . . . . weiß
Schleier: . . . . graublau (warmer Ton)
Grannen: . . . . graublau
Wamme: . . . . weiß
Augen: . . . . dunkel
Schwanzunterseite: hell- bis dunkelgrau
Ohren: . . . . rosa mit leichtem Ansatz außen in grau
Agouti-Muster

Saphir ist eine verhältnismäßig selten vertretene und in Deutschland nicht so verbreitete, aber dennoch sehr begehrte Farbe. In der amerikanischen Zucht von Merle Larsen wurde das erste saphirfarbene Chinchilla im Jahre 1961 geboren, beide Eltern waren wildfarbig. Saphir vererbt sich wie Violett rezessiv. Um vitale und große Jungtiere zu erhalten, sollte die Vermehrung von Saphir untereinander vermieden werden, besser ist die Zucht mit spalterbigen Tieren. Die Tiere besitzen ein Agouti-Muster und ihr Schleier weist ein helles Blaugrau auf. Saphirfarbene Chinchillas stehen in dem Ruf, übernervös zu sein, was sich zumindest in vielen deutschen Linien bestätigt. Häufig wurde Saphir in andere Farben eingekreuzt, um den Blauton des Felles zu übertragen.

Saphir
Foto: K. Aretz

Ebony

Ebony beruht nicht auf der Veränderung der Fellfarbe, sondern wie Velvet auf einer Änderung der Farbverteilung, allerdings besitzt es keinen Letalfaktor, sodass auch reinerbige Tiere lebensfähig sind. Über den eigentlichen Ursprung gibt es recht wenig Berichte. Die Färbung der Tiere wird durch verschiedene Mutationen hervorgerufen, die jeweils das Band verschwinden lassen und die Wamme verändern. In den USA sind mindestens sieben solcher Mutationen bekannt. Eine, die sogenannte Tasco-Linie entstand um 1964 auf der Ranch von Otto Munn, eine ähnliche Linie entstand um 1963 auf der Busse-Ranch. In der Zucht von Jack French, Kansas, USA, trat erstmals die French Blue genannte Farbform auf, die ebenfalls an Ebony beteiligt ist.

Es ist anzunehmen, dass die heute in Europa gezüchteten Chinchillas in Ebony alle diese Mutationen beinhalten, dass sie also eine Mischform sind. Leider kann nicht mehr genau nachvollzogen werden, welche der Mutationen tatsächlich den Sprung über den Ozean geschafft haben.

Ebonys sind rundum schwarze Tiere, was sich durch das Fehlen des weißen Bandes im Fell ergibt, wobei Ebony im Gegensatz zu Velvet auch die Wamme verändert. Wegen dieser komplett schwarzen Färbung bekamen sie ihren Namen, der zu Deutsch „Ebenholz" heißt. Die Zucht mit Ebony ist nicht

Ebony dunkel Foto: K. Aretz

einfach, da das Erscheinungsbild durch verschiedene Mutationen verursacht wird, von denen ein Teil dominant, ein anderer rezessiv ist. Den Einfluss von Ebony aus einer Linie herauszuzüchten, ist sehr aufwendig, da die einzelnen Mutationen Generationen überspringen können und plötzlich wieder auftauchen. Deshalb sollten Nachkommen aus einer Ebony-Verpaarung aus der Zucht weißwammiger Tiere ausgeschlossen werden. Aufgrund der Vielzahl an Ebony beteiligten Mutationen, die

Ebony hell Foto: T. Jonca

sowohl dominant-rezessiv, als auch intermediär vererbt werden, spricht man bei diesem Farbschlag von einer kumulativ dominanten Mutation. Reinerbige Ebonys lassen sich nur schwer nachweisen, da es recht unwahrscheinlich ist, dass alle betreffenden Gene, die nachher für die intensive Schwarzfärbung rundum verantwortlich sind, reinerbig in einem Tier vorkommen und auch vollkommen schwarze Tiere standardfarbenen Nachwuchs hervorbringen können. Die Bezeichnung

Violett Ebony Foto: K. Aretz   **Pastell Ebony dunkel** Foto: K. Aretz

Ebony

Homo-Ebony für reinschwarze Tiere wurde deshalb ausschließlich aufgrund des Phänotyps gewählt (Näheres dazu im Kapitel über Farbgenetik).

Ebony wird unterteilt in hell, mittel, dunkel und extra dunkel. Helle Tiere ähneln standardfarbigen Tieren, haben allerdings im Gegensatz zu ihnen eine graue Wamme und wurden in Deutschland deshalb als Ferro-Standard bezeichnet. Mittlere Tiere haben einen wesentlich dunkleren Schleier, sind aber oft an den Seiten und am Nacken aufgehellt. Dunkle Tiere sind fast schwarz. Lediglich extra dunkle Tiere sind rundherum schwarz. Bei sehr dunklen Tieren verschwindet das Agouti-Muster komplett, bei dunklen, mitteldunklen oder hellen Ebonys ist es zum Großteil vorhanden. Die Unterzone wird ebenfalls mit der Intensität des Ebonys dunkler. In Verbindung mit anderen Farben bewirkt das Ebony-Gen ebenfalls eine Unterdrückung des Agouti-Musters und lässt die Wammen dunkel werden.

Merkmale von Ebony dunkel
- Unterfarbe: graublau
- Band: graublau
- Schleier: schwarz
- Grannen: schwarz
- Wamme: schwarz
- Augen: dunkel
- Schwanzunterseite: schwarz
- Ohren: dunkelgrau bis schwarz
- Kein Agouti-Muster

Merkmale von Ebony mittel
- Unterfarbe: graublau
- Band: weiß oder grau bis graublau
- Schleier: dunkelgrau bis schwarz
- Grannen: schwarz
- Wamme: dunkelgrau
- Augen: dunkel
- Schwanzunterseite: grau bis schwarz
- Ohren: dunkelgrau bis schwarz
- Meist Agouti-Muster

Merkmale von Ebony hell
- Unterfarbe: graublau
- Band: weiß oder hellgrau
- Schleier: graublau/grau
- Grannen: schwarz
- Wamme: grau
- Augen: dunkel
- Schwanzunterseite: grau bis schwarz
- Ohren: dunkelgrau bis schwarz
- Agouti-Muster

Charcoal

Charcoal ist eine Farbe, die in Deutschland wohl nicht mehr zu finden ist. Alle als Charcoal bezeichneten Tiere stellten sich als helle oder mittlere Ebonys mit Braunstich heraus. Es gibt noch Charcoals in anderen Ländern, aber auch in den USA werden hiermit teilweise Ebonys bezeichnet. Das eigentliche Charcoal ist einem Ebony ähnlich, hat aber einen dunkelbraunen Einschlag, woraus sich der Name Charcoal, zu Deutsch „Holzkohle", ergibt, den man viele Jahre versucht hat, wegzuzüchten, um auch dieser Farbe die gewünschte Bläue mitzugeben. Doch meist trat der Braunstich in den folgenden Generationen wieder auf. In der Literatur gibt es nur wenig Hinweise über den Ursprung, da die Linien, wie bei Ebony, miteinander verbunden wurden. Die Mutation tauchte in ein paar amerikanischen Farmen, darunter sollen sich die von Betty Brouke, R. Somavia, W. Pohl, Wes Olson und T. Ready befunden haben, relativ zeitgleich in verschiedenen Farbabstufungen von hell bis dunkel auf. Durch die farbliche Ähnlichkeit von Charcoal mit Ebony ist davon auszugehen, dass es sich ebenfalls um ein Farbverteilungs-Gen handelt, dessen Grundlage auf den verschiedenen Mutationen basiert. Hierbei sind allerdings Auffälligkeiten an den Füßen und am Bauch zu finden, die im Gegensatz zu den Ebonys oftmals bei helleren Tieren des Farbschlages stärker eingefärbt sind. Im Gegensatz zu Ebony vererbt sich Charcoal rezessiv, also nur über Trägertiere. Ob in bestimmten deutschen Ebony-Linien noch Charcoal vorhanden ist, ist schwer herauszufinden.

Angora Standard
Foto: K. Aretz

Farben, die auf Kombination mehrerer Mutationen beruhen

Aus den o.g. Grundfarben ergeben sich teilweise sehr schöne Kombinationsfarben, die aber leider nicht einheitlich bezeichnet werden.

Schecken

Schecken sind Chinchillas mit weißen Flecken, die mehr oder weniger ausgeprägt sind. Die Scheckung wird dominant vererbt. Am häufigsten trifft man sicherlich auf Silberschecken. Silberschecken sind genetisch Wilson-Weiße Tiere, die jedoch einzelne graue Flecken aufweisen. Ist das Grau gleichmäßig über den gesamten Körper mit Ausnahme der Wamme verteilt, so bezeichnet man die Tiere als Silber.

Silberschecke Foto: K. Aretz

In Verbindung von Beige und Weiß ergeben sich die Pink-Weißen (s. o.), Beige-Schecken, aber auch Chinchillas mit der Bezeichnung Apricot. Dabei handelt es sich genetisch jedoch immer um Beige-Schecken. Von Pink-Weiß spricht man bei ganzheitlich weißen Tieren. Chinchillas, deren beige Grannen sich so gleichmäßig über das Fell verteilen, dass das Tier einheitlich weiß mit einem Hauch Rosa wirkt, werden Apricot genannt. Lediglich Tiere, deren beige Grundfarben deutlich von den weißen Flecken der Scheckung abgegrenzt sind, werden als Beige-Schecken bezeichnet.

Allgemein können sämtliche Farben mit dem Scheckungsfaktor gekreuzt werden, woraus sich wunderschöne Schecken wie z. B. Afro-Violett-Schecken oder Saphir-Schecken ergeben. Bei den Nachkommen aus den Verpaarungen mit gescheckten Chinchillas ist aber in der weiteren Zucht Vorsicht geboten, da auch Tiere ohne sichtbaren Weißanteil Schecken sein können. Denn obwohl sich der Scheckungsfaktor dominant vererbt und dementsprechend eigentlich immer sichtbar vorhanden sein müsste, kann er eine so geringe Ausprägungen besitzen, dass man den Weißanteil nicht sehen kann.

Ist man sich nicht sicher, ob man einen solchen „verdeckten" Schecken besitzt, hilft die Verpaarung mit einem Tier, welches sicher keinen Scheckungsfaktor besitzt, da in der folgenden Generation die weiße Farbe des Schecken mit großer Wahrscheinlichkeit wieder sichtbar auftritt.

Besonderer Vorsicht bedarf auch die Zucht der Velvet-Schecken. Sie entstehen durch die Verpaarung zwischen Velvet und Weiß. Bei der Verpaarung eines Black-Velvet mit einem weißen Tier bezeichnet man die schwarz-weißen oder grau-schwarz-weißen Nachkommen als Black-White-Cross, die grau-weißen Nachkommen als Silberschecken. Diese Bezeichnung ist verwirrend, da es sich bei Silberschecken eigentlich um Wilson-weiße Tiere handelt (s. o.). Problematisch ist, dass die Velvet-Merkmale bei einem Schecken kaum zu erkennen sind, wenn das Tier keine deutlichen schwarzen Flecken aufweist. Verpaart man Weiß mit anderen Velvet-Farben ergeben sich dann jeweils die entsprechenden Bezeichnungen. Bei Afro-Violett also Afro-Violett-White-Cross oder, ohne Velvet, Afro-Violett-Schecken.

Merkmale von Silber

Unterfarbe: .... weiß
Band: .... weiß
Schleier: .... weiß
Grannen: .... schwarz (die dunklen Grannen verteilen sich
.... gleichmäßig über den Körper)
Wamme: .... weiß
Augen: .... dunkel
Schwanzunterseite: grau oder weiß
Ohren: .... grau (manchmal innen rosa)
Kein Agouti-Muster

Schecken

Merkmale von Silberschecken
Unterfarbe: .... grau und/oder weiß
Band: .... weiß
Schleier: .... weiß und/oder grau
Grannen: .... schwarz und/oder weiß
Wamme: .... weiß
Augen: .... dunkel
Schwanzunterseite: grau oder weiß
Bei Silber-Schecken ist keine Gleichmäßigkeit der Fellfarbe gefragt.
Ohren: .... grau (innen manchmal leicht rosa)
Meist kein Agouti-Muster

Merkmale von Beige-Schecken
Unterfarbe: .... weiß und/oder beige
Band: .... weiß und/oder beige
Schleier: .... weiß und/oder beige
Grannen: .... beige oder braun
Wamme: .... weiß
Augen: .... rot
Schwanzunterseite: weiß und/oder beige
Ohren: .... hautfarben, teilweise Pigmentflecke
Meist kein Agouti-Muster

Schecke Foto: K. Aretz

Merkmale von Apricot

- Unterfarbe: weiß
- Band: weiß
- Schleier: weiß
- Grannen: weiß oder beige (gleichmäßige Verteilung)
- Wamme: weiß
- Augen: hellrot
- Schwanzunterseite: weiß und/oder beige
- Ohren: hautfarben, teilweise Pigmentflecke

Kein Agouti-Muster

Ebony-Variationen gibt es heutzutage auch in allen gängigen Farben, d. h. die Grundfarben mit entsprechend angepasster Wamme und möglichst ohne weißes Band. Sie werden entsprechend der Grundfarbe bezeichnet. Aus einer Verpaarung zwischen Beige und Ebony können Beige-Ebony oder – in dunkel – Pastell-Ebony geboren werden, wobei Letztere, wenn sie besonders dunkel sind, auch als Braun-Ebony bezeichnet werden (ist eigentlich nicht korrekt, da Braun bei Chinchillas grundsätzlich als Fehlfarbe gilt), aus Afro-Violett und Ebony fällt dementsprechend Afro-Violett-Ebony. Aus Ebony und Weiß fallen Tiere, die ähnlich wie Black-White-Cross schwarze Flecken im weißen Fell aufweisen. Eine Unterscheidung ist meist nur anhand eines Stammbaumes möglich. Ebony-Weiß-Schecken nennt man Ebony-White-Cross. Von dem Einkreuzen von Velvet und Ebony ist abzuraten. Näheres hierzu unter dem Punkt Genetik.

Ebony-Variationen

Merkmale von Ebony-White-Cross

- Unterfell: weiß und/oder grau/graublau
- Band: weiß und/oder grau/graublau
- Schleier: weiß und/oder schwarz, je nach Form graue Stellen
- Grannen: weiß oder schwarz
- Wamme: weiß, grau oder schwarz
- Augen: dunkel
- Schwanzunterseite: weiß und/oder schwarz
- Ohren: grau

Meist Agouti-Muster

Merkmale von Pastell-Ebony

- Unterfell: grau/graublau bis braun
- Band: nur teilweise, je nach Intensität des Ebonys, weiß oder beige bis braun
- Schleier: beige bis braun
- Grannen: braun
- Wamme: beige bis braun
- Augen: dunkelrot
- Schwanzunterseite: braun
- Ohren: hautfarben, teilweise Pigmentflecke

Meist Agouti-Muster

Ebony-Variationen

Velvet-Variationen ergeben sich aus allen Farben, die mit Velvet gekreuzt werden. So gibt es Beige-Velvet, in Dunkel dann Pastell-Velvet bezeichnet, Afro-Violett-Velvet, Saphir-Velvet und auch Ebony-Velvets, die man allgemein als Ebony-Black betitelt. Näheres zu den Velvet-Variationen unter dem Punkt Farbgenetik. Für die verschiedenen Velvet-Variationen gibt es teilweise unterschiedliche Bezeichnungen, die von Züchtern wahlweise genutzt werden, so wird Saphir-Velvet z. B. auch als Royal Blue bezeichnet. Wie sinnvoll dies ist, bleibt jedem selbst überlassen zu entscheiden, da abweichende Bezeichnungen viele Halter verwirren.

Merkmale von Pastell-Velvet
- Unterfell: .... grau/graublau
- Band: .... braun
- Schleier: .... braun
- Grannen: .... braun
- Wamme: .... weiß
- Augen: .... dunkelrot
- Schwanzunterseite: weiß und/oder schwarz
- Ohren: .... grau
- Kein Agouti-Muster

Merkmale von Afro-Violett-Velvet
- Unterfell: .... dunkelgrau bis dunkles Graublau
- Band: .... kein Band
- Schleier: .... intensives Blauviolett
- Grannen: .... blauviolett
- Wamme: .... weiß
- Augen: .... dunkel
- Schwanzunterseite: dunkles Blauviolett
- Ohren: .... graublau, meist mit leichtem Rosa
- Kein Agouti-Muster

Durch die Kombination verschiedener Mutationen können „neue" Farbschläge gezüchtet werden, z. B. Beige-Violett, also beige Tiere mit einem violett Farbeinschlag, Beige-Saphir (beige Tiere mit einem blauen Farbhauch) oder auch Violett-Saphir (blauviolette Tiere in unterschiedlichen Abstufungen). Letztere werden bei intensiver hellblauer Farbe oft als Blue Diamond betitelt. Um derart bunte Farben zu bekommen, wird leider oft auf Teufel komm raus versucht die Farben zu mischen, und die Ergebnisse sind überwiegend kleine und zierliche Chinchillas mit meist schlechter Fellqualität. Oftmals kommt es wegen fehlender Aufzeichnungen auch zu starken Verwirrungen, da die Mischfarben schwer zugeordnet werden können. Aus diesem Grund ist bei solchen Kreuzungen eine gründliche Buchführung von extremer Wichtigkeit.

Unter Tricolor versteht man, dass sich in einem Tier mindestens drei Farben vereinen. Hierbei sind allerdings keine Abstufungen einer Farbe gemeint, sondern echte drei Farben, wie z. B. Beige-Violett-Weiß. Diese Farbschläge erreicht man oft, indem man Tiere züchtet, die zwei Farben in sich vereinen und diese dann mit Weiß kombiniert, sodass durch den Scheckungsfaktor die einzelnen Farben sichtbar in Erscheinung treten.

Ausstellungen

Einige Züchter werden irgendwann vom Ehrgeiz gepackt, mit ihren Tieren auch auf Ausstellungen zu gehen. In der Chinchillazucht kann man hier eine ganze Menge lernen, bekommt einen guten Einblick in die körperlichen Eigenschaften seiner Zuchttiere, profitiert von den Anregungen erfahrener Züchter und lernt auch von den Kritiken der Bewertungsrichter. Bisher richten sich die Ausstellungen in erster Linie an Pelztierzüchter, da die Heimtierzucht erst in den Anfängen steht und auch nur einen kleinen Teil der Zucht ausmacht. Somit wird auf den Ausstellungen auch sehr viel Wert auf ein gutes Fell gelegt. Dies ist jedoch auch für Heimtierzüchter nicht von Nachteil. Das weiche Fell der Chinchillas gehört mit zu ihrem Markenzeichen. Viele lieben die Tiere gerade deswegen, und ein Chinchilla mit fahlem, kraftlosem Haar wirkt bei weitem nicht so apart wie ein Tier mit kräftigem, dichtem Fell.

Nur gesunde Tiere dürfen auf Ausstellungen gezeigt und bewertet werden Foto: K. Aretz

Ausstellungen

Hinweis!
Nur gesunde Chinchillas mit einem ausgeglichenen Wesen sollten der Belastung einer Ausstellung ausgesetzt werden. Grundsätzlich laufen Chinchilla-Ausstellungen ruhig ab, und man ist bemüht, den Tieren jeden überflüssigen Stress zu ersparen. Trotzdem sollte sich jeder Aussteller vorher über die Bedingungen einer Ausstellung erkundigen, um abschätzen zu können, ob er daran teilnehmen möchte. Auf Ausstellungen sind die Tiere in der Regel von den Zuschauern entfernt aufgestellt, damit sie durch die große Besucherzahl nicht unruhig werden und den größten Teil der Ausstellung verschlafen können. Einzig der kurze Zeitraum der Bewertung stellt einen Stressfaktor dar. Ausstellungen, auf denen die Besucher zwischen den Tieren herumlaufen können und wo es sehr laut zugeht oder die Tiere durch dauerndes Umstellen geweckt werden, sollten gemieden werden!

Bei aller Liebe zu den Eigenschaften, die sich durch die Zucht hervorheben lassen, sollte man natürlich immer die Gesundheit und die körperlichen Entwicklungen im Auge behalten. Auf einer Ausstellung werden neben der Qualität des Fells auch Farbklarheit, Größe, Körperform, und Gesamteindruck bewertet. Ideal ist es, wenn das Band des Chinchillas keine Unregelmäßigkeiten durch die unterschiedlichen Haarlängen aufweist, sondern gleichmäßig ist. Dadurch wirkt das Fell in sich ruhiger, und die Farbe ist klarer. Um eine einheitliche Beurteilung vornehmen zu können, werden alle Tiere unter Bewertungslampen begutachtet, die mit speziellen Tageslichtröhren ausgestattet sind. Dazu werden Tageslichtröhren der Marke Osram verwendet, die sich auch für die entsprechende Begutachtung im Privatbereich empfehlen. Junge Tiere zeigen ihre Eigenschaften noch nicht so ausgeprägt. Daher ist eine Beurteilung meist erst im Alter ab acht Monaten möglich. Vorher fehlt es dem Fell oft noch an Spannung, viele Farben sind noch

Auf Chinchilla-Bewertungsschauen werden die Tiere in Einzelkäfigen untergebracht Foto: K. Aretz

nicht ausgereift, und gerade im Alter von 4–6 Monaten werden viele Jungtiere richtig langnasig und wirken sehr schmal. Hinzu kommt, dass sie oft Ringe im Fell aufweisen, die durch das Haarwachstum entstehen und sie ungleichmäßig wirken lassen. Durch Erfahrung bekommt ein Züchter ein Gefühl für seine Tiere, aber auch mit Erfahrung kann es passieren, dass man ein Juntier anfangs schlechter bewertet, da es langsam wächst und erst mit 12 oder 14 Monaten komplett entwickelt ist. Ideal ist es, wenn das Band des Chinchillas keine Unregelmäßigkeiten durch die unterschiedlichen Haarlängen aufweist, sondern klar und gleichmäßig ist. Dadurch wirkt das Fell in sich ruhiger, und die Farbe ist klarer.

Bewertung auf Ausstellungen

Körpergröße

Das ideale Körpergewicht liegt bei passender Körperform zwischen 600 und 800 g. Die Körperlänge sollte 27–30 cm von Nasenspitze bis Hinterteil (ohne Schwanz) betragen. Um großen Nachwuchs zu erhalten, braucht man große Zuchttiere. Gerade bei den Farben fehlt es oft an Körpergröße, weshalb es sich empfiehlt mit kräftigen spalterbigen Tieren (Trägertieren) zu züchten.

Chinchillas wiegen idealerweise zwischen 600 und 800 g
Foto: K. Aretz

In den USA werden auch Zwerg-Chinchillas, sogenannte „Dwarfs" gezüchtet. Hier wird allerdings nicht selten berichtet, dass die Lebenserwartung dieser Tiere extrem verkürzt ist, auch wenn die Züchter dies teilweise bestreiten. Vergleicht man hier mit anderen Tierarten, waren Zuchten zum Zwergwuchs meistens nachteilig für die Gesundheit.

Textur

Unter Textur versteht man bei der Chinchillazucht die Fellstruktur und die Fellbeschaffenheit. Vorteilhaft ist es, wenn das Chinchillahaar fein aber kräftig ist. Es fällt nicht so schnell in sich zusammen und ergibt ein gleichmäßigeres Aussehen. Eine gute Textur ergibt sich in der Regel durch die Grannen. Gleichmäßiger Grannenwuchs sorgt für kräftiges Fell. Zu viele Grannen aber verringern wieder die Seidigkeit. Deswegen ist darauf zu achten, dass das Haarkleid der Tiere seidig und fest wirkt. Zum Überprüfen kann man schauen, wie schnell sich das Fell wieder in seine ursprüngliche Position bewegt, wenn man hineinpustet oder es vorsichtig mit der flachen Hand niederdrückt. Stellt sich das Fell schnell wieder auf und schließen sich Löcher umgehend wieder, spricht man von einer guten Textur. Bleibt das Haar liegen oder schließen sich Löcher nicht wieder, ist die Textur mangelhaft.

Felldichte

Tiere mit hoher Felldichte und zudem guter Textur wirken plüschig und in sich rund. Die Dichte des Fells hat aber nicht nur eine optische Wirkung, sie hat auch Einfluss auf die Regelung der Körpertemperatur. Erstaunlicherweise sind gerade die

Zuchttiere werden u. a. nach Felldichte und Farbe beurteilt Foto: K. Aretz

Tiere mit extrem dichtem Fell gegenüber wärmeren Temperaturen gelassener. Möchte man für die Ausstellung Tiere mit hoher Felldichte, ist es nicht nur sinnvoll, ebensolche Tiere in die Zucht zu nehmen, sondern ebenfalls die Raumtemperatur bei 15–18 °C zu halten, was im Grunde auch der optimalen Haltungstemperatur entspricht. Zur Überprüfung der Felldicht pustet man in das Fell und schaut wie groß der Bereich der Haut ist, der sich darunter zeigt. Bei einem felldichten Tier liegen die Haare so dicht beieinander, dass keine Haut zu sehen ist. Die Schwachstellen hierbei sind der Nacken und das Hinterteil.

Farbe

Die Farbe eines Tieres wird ebenfalls auf einer Ausstellung beurteilt. Hierbei ist die Gleichmäßigkeit gefragt und das Zusammenspiel von Schleier, Band, Grannen und Unterzone. Aufhellungen im Nackenbereich (der sogenannte Nackenring) sind nicht erwünscht. Der Schleier sollte sich gleichmäßig ausbreiten. Klare Abgrenzungen zwischen Wamme und Bauch (bei Farben, die eine weiße Wamme beinhalten) sind sehr wichtig. Bei Ausstellungen wird unterteilt in hell, mittelhell, mittel, mitteldunkel und dunkel. Hierfür ist auch das Band sehr von Bedeutung, da ein breites Band die Tiere heller wirken lässt, ein schmales Band das Tier dunkel macht. Auch die Position des Bandes wirkt sich auf die Farbe aus. Liegt das Band tief, wirken die Tiere dunkler, liegt das Band hoch, wirkt die Farbe heller.

Farbklarheit

Von farbklaren Tieren spricht man, wenn das Fell eine gewisse Bläue aufweist und kein Gelb-, Braun- oder Rotstich vorhanden ist. Die Farbklarheit bezeichnet somit das Fehlen aller anderen Farbstoffe (Pigmente) außer den schwarzen. Viele Chinchillas haben gelbe Pigmente im Haar, und je ausgeprägter diese gelben Pigmente vorhanden sind, desto weniger farbklar erscheint das Tier. In diesem Fall spricht man von einer Fehlfarbe. Selbst gut gezogene beige Tiere weisen einen klaren blauen Ton auf. Vor allem bei Beige-Schecken sorgt dieser blaue Ton der beigen Haare oft für Unsicherheiten bei unerfahrenen Züchtern, da sie dahinter kein Beige vermuten, sondern annehmen, es handele sich um Silberschecken. Die Unreinheit der Farbe ergibt sich in erster Linie durch die Haarspitzen und durch das Band, in denen oftmals die gelben Pigmente zu finden sind. Geht der Gelbstich bis zur Unterzone, dann wirkt das Tier komplett „schmutzig". Leichte Fehlfarben sind oftmals im Bereich der Flanken zu erkennen. Die Wamme darf nicht grau oder gelblich sein und ist klar abgegrenzt zur Deckfarbe. Bei Farben wie Ebony oder Schecken sind natürlich farbliche Veränderungen der Wamme vorhanden und gehören dazu. Mangelnde Farbklarheit vererbt sich weiter und kann über Generationen hinweg immer wieder auftreten. Gesundheitlich werden die Tiere hiervon aber nicht beeinträchtigt.

Buchführung und Stammbäume

Jede Zucht erfordert es, genaue Kenntnisse über seine Zuchttiere und deren Nachkommen aufzulisten. Ohne Buchführung ist es unmöglich, über Jahre hinweg die Nachkommen und Entwicklungen des eigenen Zuchtstamms im Auge zu behalten. Zur Buchführung gehört es, dass jedes Zuchttier mit seiner Abstammung aufgelistet wird und sämtliche Merkmale verzeichnet werden. Vereine bieten Zuchtbücher an, die Vorgaben liefern. Ein Züchter, der keinem Verein angehört, sollte sich entsprechende Ordner anlegen. Dies ist selbst bei einem Pärchen wichtig, wobei hier auf viele Punkte wie z. B. die Zuchtbuchnummer verzichtet werden kann. Zum Zuchtbuch gehört, jedem Tier eine eindeutige Kennzeichnung zu geben, aus der ersichtlich ist, dass sich diese nur auf dieses eine Tier bezieht. Namen bieten sich hier nicht an, da die meisten Namen sehr oft verwendet werden. Natürlich kann jedes Tier einen Namen bekommen, aber zusätzlich sollte man sich bei der Buchführung an die in Deutschland gängige Bezeichnung halten, die sich zusammensetzt aus einem Zuchtnamenkürzel, einem festgelegten Jahresbuchstaben, der das Geburtsjahr des Tieres kennzeichnet, und einer Nummer, die sich nach der Anzahl der geborenen Babys in der eigenen Zucht richtet. Das Kürzel des

In der Zucht ist es erforderlich, genaue Kenntnisse über seine Zuchttiere und deren Nachkommen aufzulisten Foto: K. Aretz

Zuchtnamens sollte natürlich kurz sein. Hier bieten sich zwei oder drei Buchstaben an. Beispiel: „Chinchillazucht Mustername Musterstadt" könnte CMM lauten. 1935 wurde die Kennzeichnung in Amerika begonnen und später in Deutschland übernommen. Bestimmte Buchstaben (G, I, O, Q, U, W und Y) werden wegen der Verwechslungsgefahr mit anderen Buchstaben ausgelassen. Die vollständige Kennzeichnung der Tiere gilt auch als Tätowierungsnummer.

Jahresbuchstaben:

1984 = N	1985 = P	1986 = R	1987 = S	1988 = T
1989 = V	1990 = X	1991 = Z	1992 = A	1993 = B
1994 = C	1995 = D	1996 = E	1997 = F	1998 = H
1999 = J	2000 = K	2001 = L	2002 = M	2003 = N
2004 = P	2005 = R	2006 = S	2007 = T	2008 = V
2009 = X	2010 = Z	2011 = A	2012 = B	2013 = C
2014 = D	2015 = E	2016 = F	2017 = H	2018 = J

Beispiel für die Kennzeichnung der Babys einer Zucht, die im Jahre 2002 geboren wurden:
Baby 1: M1   Baby 2: M2   Baby 3: M3   usw.

Gemeinsam mit dem Zuchtnamenkürzel ergibt sich nun eine eindeutige Bezeichnung des Tieres, durch die es auch nach Jahren noch wiedererkannt werden kann. Es gibt auch Programme für den Computer. Ob dies wirklich vorzuziehen ist, muss individuell entschieden werden.

Eine Zuchtbuchseite sollte folgende Angaben beinhalten:
- Zuchtbuchnummer
- Kennzeichnung des Tieres
- Geburtsdatum des Tieres
- Eltern
- Wurfzahl
- Zahl der Totgeburten
- Geschlecht des Tieres
- Farbe des Tieres
- Geburtsgewicht
- Absetzgewicht
- mögliche Bewertung
- Verbleib
- mögliche Krankheiten
- Auffälligkeiten (insbesondere bezogen auf den Charakter)
- besondere Merkmale
- Todeszeitpunkt
- weitere Bemerkungen

Buchführung und Stammbäume

Der Eintrag ins Zuchtbuch geht jeweils von den Elterntieren aus, von denen sich dann weitere Daten ableiten lassen. Beim Eintrag eines Wurfes wird sowohl die Gesamtanzahl lebend geborener Jungtiere als auch die Anzahl der Weibchen und Männchen des betreffenden Wurfes angegeben. Hierzu trägt man die entsprechende Anzahl getrennt ein, männliche Nachkommen stehen vorne, weibliche Nachkommen dahinter. Ob durch Komma oder Querstrich getrennt, ist hierbei unerheblich. 2/1 oder 2,1 würde also bedeuten, dass zwei Böckchen und ein Weibchen geboren wurden.

Die Einträge zu Geschlecht, Geburtsgewicht, Absetzgewicht, mögliche Bewertungen, Verbleib etc. dürften sich selbst erklären, und das Feld für weitere Bemerkungen dient einfach der Möglichkeit, Besonderheiten einzutragen, die über den Zuchtverlauf sehr viel Aufschluss geben können.

Wird ein Zuchtbuch korrekt und konstant geführt, erhält man wichtige Informationen über viele Jahre und Generationen hinweg. Der Stammbaum liefert auch dem potentiellen neuen Halter des Tieres wichtige Informationen. Hierbei ist es sehr von Bedeutung, dass er exakt ausgefüllt wird.

Es kann hilfreich sein, den Stammbaum als Klappkarte zu erstellen und auf der Vorderseite die eigenen Daten zu listen, wie Name, Zuchtname, Adresse und Telefonnummer. Auf der Rückseite kann eine Reihe für die Würfe des Tieres und potentielle neue Besitzer des Tieres erstellt werden, damit bei einer eventuellen Weitergabe die neuen Halter ebenfalls noch wichtige Informationen bekommen.

> **Wichtig!**
> Ohne vernünftige Zuchtbuchführung ist eine gute Zucht unmöglich. Da es bei Chinchillas keine Vereine gibt, die die Zuchtbuchführung überwachen und es keinen Standard gibt, ist jeder Züchter auf die Gründlichkeit der anderen Züchter angewiesen.

Ohne vernünftige Zuchtbuchführung ist eine gute Zucht unmöglich Foto: K. Aretz

Ein Beispielstammbaum der einfachen Form:

Name/Täto-Nr.* des Tieres: _____ Wurfstärke: _____

Geburtsdatum des Tieres: _____ Geburtsgewicht: _____

Farbe des Tieres: _____ Absetzgewicht: _____

		Ur-Großvater
		Farbe
		Züchter
	Großvater	Ur-Großmutter
	Farbe	Farbe
Vater	Züchter	Züchter
Farbe	Großmutter	Ur-Großvater
Züchter	Farbe	Farbe
	Züchter	Züchter
		Ur-Großmutter
		Farbe
		Züchter
		Ur-Großvater
		Farbe
		Züchter
	Großvater	Ur-Großmutter
	Farbe	Farbe
Mutter	Züchter	Züchter
Farbe	Großmutter	Ur-Großvater
Züchter	Farbe	Farbe
	Züchter	Züchter
		Ur-Großmutter
		Farbe
		Züchter

Besondere Vermerke _____

Züchterunterschrift _____

*: Tätowierungsnummer

Genetik

Um zu züchten, muss man sich mit der Vererbung beschäftigen. Hierbei sind Kenntnisse über die Genetik unbedingt notwendig. Leider drücken sich viele Züchter hiervor, weil angenommen wird, dass die Genetik furchtbar kompliziert sei und es unwichtig sei, sich damit auseinanderzusetzen. Dabei reicht es aus, sich auf die wesentlichen Dinge zu beschränken, die bei weitem nicht so schwierig sind, wie oft angenommen wird. Zunächst sollte man sich damit befassen, welche Farben bei welcher Verpaarung entstehen können, und inwiefern man nur mit Hilfe genetischer Kenntnisse vererbbare Krankheiten ausschließen oder gewünschte Eigenschaften hervorheben kann. Oftmals wird den Linien der Tiere kaum oder zu wenig Beachtung geschenkt, und auch bei unkontrollierter Zucht mit dem Augenmerk ausschließlich auf Farbe erhält man durch mangelnde Kenntnisse über die Genetik zu kleine Nachkommen oder sehr schmale Tiere. Eine wesentliche Grundkenntnis der Genetik ist, dass das äußere Erscheinungsbild der Nachkommen nicht ihre vollständigen genetischen Merkmale anzeigt. Man unterscheidet deshalb zwischen Phänotyp (Aussehen) und Genotyp (tatsächliche genetische Ausstattung).
Ein Großteil der vererbbaren Eigenschaften bleibt für uns nicht sichtbar. Trotzdem sind sie in den Tieren vorhanden und können an die Nachkommen weitervererbt werden. Gerade deswegen ist es wichtig, sich auch mit der Ahnenreihe eines Chinchillas zu beschäftigen, um einen genaueren Eindruck über die vorhandenen Erbanlagen zu bekommen. Komplett aufgeschlüsselt ist die Vererbungslehre der Chinchillas nicht, die Mendelschen Regeln gelten aber auch bei ihnen und sind die Basis einer jeden guten Zucht.

Genetische Grundlagen

Um in die Genetik einzusteigen, sollte man sich natürlich zuerst mit den Grundlagen vertraut machen, zu denen auch die Mendelschen Regeln gehören. Johann Gregor Mendel, dem wir die Grundlehren der Vererbung zu verdanken haben, hat mit seinen Versuchen bei Erbsen die Grundsätze festgelegt und ist vielen aus der Schulzeit noch ein Begriff. Da der Großteil der Vererbungsvorgänge bei Chinchillas noch nicht ausreichend ausgearbeitet wurde, erheben die Ausführung auf keinen Fall den Anspruch der Vollständigkeit, vor allem, weil ich versuche, alles so einfach wie möglich zu erklären.
Jedes mehrzellige Lebewesen – also auch Mensch und Chinchilla – besitzt Körperzellen, aus denen sich der Organismus zusammensetzt, und Geschlechtszellen, die für die Fortpflanzung wichtig sind. Alle Zellen enthalten in ihrem Kern Chromosomen. Chromosomen bestehen aus zwei gleichen Teilen, die zusammenge-

Genetische Grundlagen

hören und die im Einzelnen Chromatiden genannt werden. Ein Chromatid besteht aus einer Doppelhelix, der DNA, die die Erbinformationen trägt. Der Ausdruck DNA ist die Abkürzung des englischen deoxyribonucleic acid (Desoxyribonukleinsäure). Die DNA können wir uns vorstellen wie eine lange, in sich gedrehte doppelt gelegte Kette (genannt Doppelhelix) mit einzelnen Bausteinen, die in ihrer Anordnung den Code festlegen, der die Aufgaben und Eigenschaften der Zelle bestimmt. Sie kann mehrere Zentimeter lang sein, während ein Chromosom sehr winzig ist, weswegen die DNA durch bestimmte Proteine „verpackt" wird. Nur bei der Zellteilung entpackt sich die DNA, und die Chromosomen werden mit dem Mikroskop sichtbar, wobei es sich auch hierbei nur um Mikrometer handelt, von denen wir sprechen. Die Gene sind Abschnitte auf der DNA, die für bestimmte Erbmerkmale zuständig sind. Das Wort Gen stammt vom griechischen genos (Abstammung, Geburt). Chromosomen kommen bei diploiden Organismen wie Chinchillas immer paarweise, also als zwei vollständige Chromosomensätze in den Körperzellen vor, wodurch auch die einzelnen Gene immer doppelt im Zellkern vorhanden sind. Trotzdem kann die Ausprägung eines Genes vom Partnergen abweichen. Die unterschiedlichen Ausprägungen eines Genes auf demselben Genort (Locus) bezeichnet man als Allele. Die Variationen der Allele entstehen durch geringfügige Abweichungen der DNA-Basis. Im Normalfall gibt es verschiedene Ausprägungen eines Genes. Sind diese Ausprägungen identisch, dann spricht man von reinerbig

Auf die richtige Körperform kommt es in der Zucht an
Foto: K. Aretz

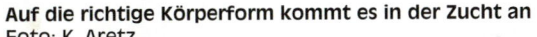

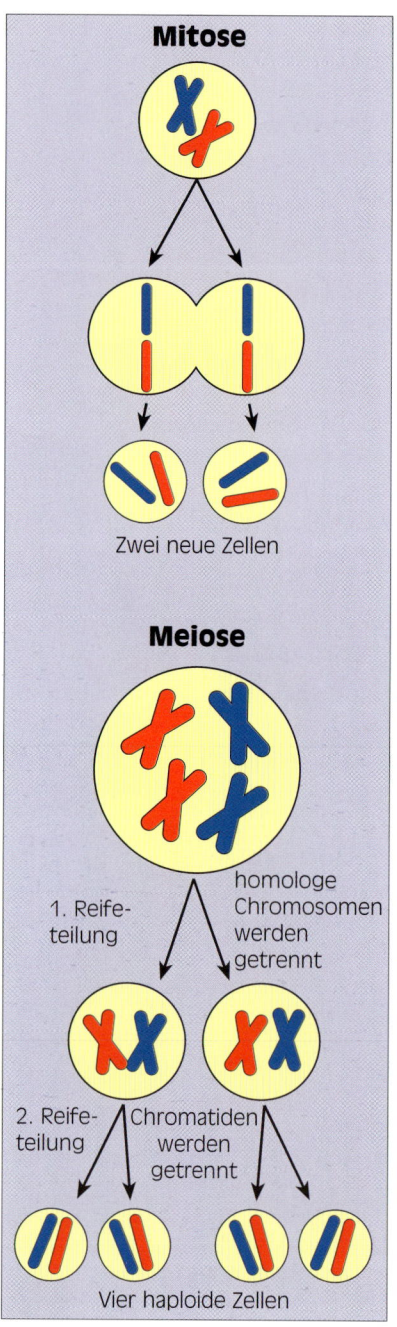

(homozygot), sind sie verschieden, spricht man von mischerbig (heterozygot). In einigen Fällen treten mehr als zwei Allele auf. Sind mehr als zwei Allele an einem Genort zu finden, spricht man von multiplen Allelen. Dies ist z. B. bei den menschlichen Blutgruppen der Fall. Sie treten aber nicht gleichzeitig auf.

Die einzelnen Körperzellen teilen sich, um sich zu vermehren. Diese Form der Teilung nennt man Mitose. Bei der Zellteilung sammeln sich die zusammengehörenden Chromosomen, und festigen sich hierbei auch, sodass sie sichtbar werden. Durch eine Längsspaltung verdoppeln sie sich und wandern in die Mitte der Zelle, wo sie sich aufreihen. Die Zelle teilt sich, und jede der beiden neuen Zellen zieht hierbei einen Satz der Chromosomen mit sich. Die neuen Chromosomen sind identisch mit den vorherigen. Links finden Sie eine vereinfachte Darstellung der Mitose.

Natürlich ist der Vorgang im Einzelnen komplizierter. Der Prozess findet ständig in unserem Körper statt. Bei der Hautbildung, bei Wundheilungsprozessen, im Wachstum etc. Jede Zelle befolgt hierbei ihre gespeicherten Informationen, ähnlich wie Computerprogramme. Bei der Fortpflanzung läuft es hingegen anders ab, da sich die neuen Zellen der verschiedenen Partner ja miteinander verbinden sollen. Hier kommt es zu einer anderen Form der Zellteilung, die Reduktionsteilung bzw. Meiose genannt wird. Wie bei der Mitose trennen sich die Chromosomen ebenfalls, teilen sich, bilden allerdings in der neuen Zelle keine neuen Paare. Die entstandenen Tochterzellen enthalten nur einen unvollständigen Satz Chromosomen. Man spricht von einem haploiden Zustand.

Diese haploiden Zellen nennt man Geschlechtszellen, Keimzellen oder im Fachbegriff Gameten. Die Natur hat durch die Keimzellen sichergestellt, dass beide Elternteile je zur Hälfte ihre Erbinformationen an die Kinder weitergeben. Erst die Verbindung des weiblichen und männlichen Gameten macht die Zellen wieder teilungsfähig, und das neue Leben kann wachsen. Die Geschlechtszellen enthalten also die gesamte Fülle an Informationen eines Elternteils, die dazu beiträgt, dass aus ihnen ein neuer Organismus entstehen kann.

Genetische Grundlagen

Widmen wir uns nun den Vererbungsvorgängen. Ich fange bei der Geschlechtsvererbung an, da diese am einfachsten zu beschreiben und für viele am leichtesten nachzuvollziehen ist. Bei einigen Lebewesen wird das Geschlecht durch Umwelteinflüsse, wie z. B. der Umgebungstemperatur, bestimmt, bei anderen wiederum durch den unterschiedlichen Aufbau der Geschlechtschromosomen. Zu Letzteren gehören auch Mensch und Chinchilla. Beim Menschen hat die Frau als 23. Chromosomenpaar zwei identische Geschlechtschromosomen, die beiden X-Chromosomen. Der Mann hat stattdessen ein X-Chromosom und ein Y-Chromosom. Die Eizelle einer Frau besteht somit aus 22 Autosomen und einem X-Chromosom, das Spermium des Mannes enthält neben den 22 Autosomen entweder das X-Chromosom oder das Y-Chromosom. Im Gegensatz zu den anderen Chromosomen bilden die Geschlechtschromosomen bei der Meiose keine richtigen Paare, da sie sich strukturell voneinander unterscheiden. Sie sind dafür verantwortlich, ob die Nachkommen männlich oder weiblich sind, was ihnen den Namen eingebracht hat. Sie sind aber, trotz ihrer Bezeichnung, nicht nur für das Geschlecht verantwortlich, sondern können für die Vererbung einer Reihe von Merkmalen verantwortlich sein. Bei Katzen z. B. auch für den Farbton Schildpatt, dessen Gen auf dem X-Chromosom liegen. Bei Chinchillas gibt es noch keine Untersuchungen im Bezug auf diese geschlechtsgebundene Vererbung.

Das Geschlecht hängt also davon ab, ob ein Spermium mit einem X-Chromosom oder einem Y-Chromosom die Eizelle zuerst erreicht. Schematisch vereinfacht stellt sich der Befruchtungsvorgang so dar:

Wussten Sie eigentlich …?
Ein Mensch besitzt in jeder Zelle 46 Chromosomen, also 23 Chromosomenpaare. Auf einem menschlichen DNA-Strang wurden bisher ca. 20.000 bis 25.000 Gene gefunden. Bei den Chinchillas ist von 32 Paaren, also 64 Chromosomen auszugehen. Die Anzahl der Chromosomen eines Lebewesens sagt nichts über die Anzahl der Gene oder den Entwicklungsstatus aus. So hat der Hund z. B. mehr Chromosomen als ein Schimpanse, der Schimpanse wiederum mehr als der Mensch. Sie unterscheiden sich aber in der Anordnung der gespeicherten Informationen.

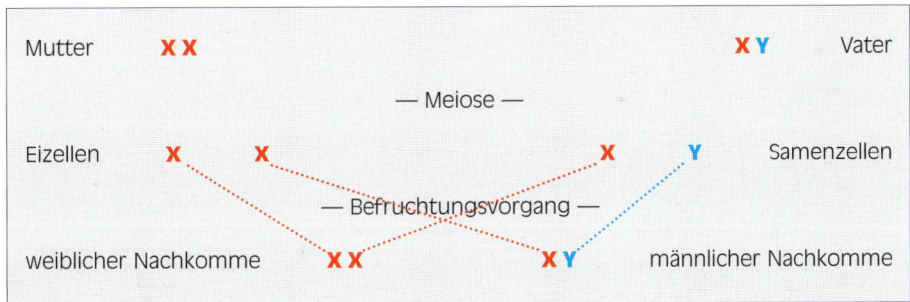

Die Häufigkeit der Weitergabe der einzelnen Gene unterliegt dem Zufallsprinzip, die Anzahl der männlichen und weiblichen Nachkommen ist beispielsweise im Laufe eines Chinchillazuchtjahres relativ gleich, wann und wie sie geboren werden, ist jedoch Zufall. So ähnlich wie mit der Geschlechtervererbung verhält es sich mit allen Genen, die die Chinchillas vererben. Bei der Verbindung der beiden Gameten treffen die Chromosomen auf ihre Partner und die Gene dadurch ebenfalls.

Vererbungsformen

Es gibt im Wesentlichen zwei Formen der Vererbung, die bei Chinchillas von Bedeutung sind. Einmal die dominant-rezessive sowie die intermediäre. Bei der dominant-rezessiven Vererbung unterdrücken die dominanten Merkmale die rezessiven. Dominante Merkmale sind im Phänotyp immer sichtbar, unabhängig davon ob sie reinerbig oder mischerbig vorliegen, rezessive Merkmale treten nur in Erscheinung, wenn sie reinerbig vorhanden sind.
Schematisches Beispiel

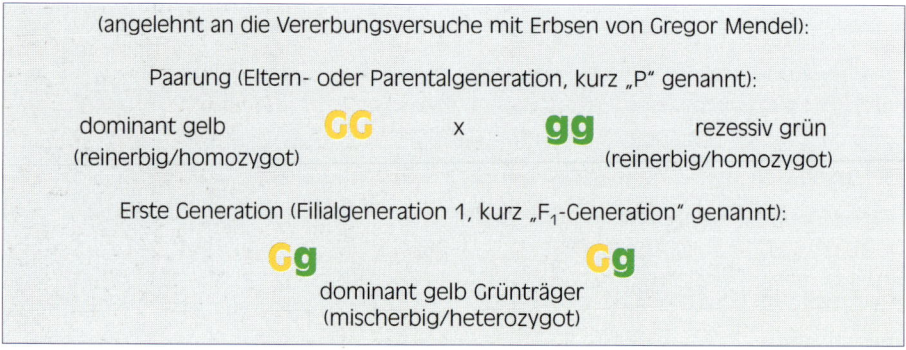

Hier hat die dominante gelbe Farbe die rezessive grüne für uns im Phänotyp durch den heterozygoten Zustand verschwinden lassen, im Genotyp allerdings ist sie vorhanden. Man spricht von einem Träger für Grün. Die Nachkommen reinerbiger, also homozygoter Lebewesen sind somit immer gleich, und dies ist die Grundlage für Mendels Uniformitätsgesetz. Eine Ausnahme kann entstehen, wenn die Gene auf einem der Geschlechtschromosomen liegen. In diesem Fall kann es geschehen, dass die Nachkommen nicht die gleichen Merkmale haben. So weiß man z. B., dass die Bluterkrankheit beim Menschen zu den Merkmalen gehört, die an die Geschlechtschromosomen gekoppelt sind.
Die Wahrscheinlichkeit der möglichen Nachkommen wird in Prozent ausgedrückt. Die Summe aller Nachkommen wären somit 100 %. Bei der ersten genannten

Verpaarung entstehen also zu 100 % gelbe Nachkommen, die Grünträger sind. Verpaart man diese Nachkommen wieder miteinander kommen die rezessiven Gene auch im Phänotyp wieder zum Tragen:

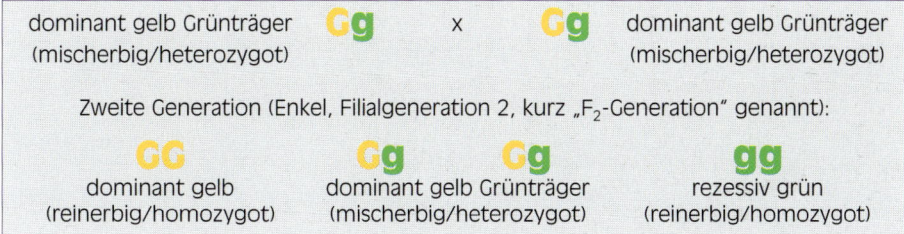

In diesem Fall hat man also 25 % von dominant gelben, 50 % von dominant gelben (Grünträger) und 25 % von rezessiv grünen Nachkommen. Mendel nannte dies das Spaltungsgesetz und sagte, dass sich die Nachkommen zweier mischerbiger, also heterozygoter Individuen im Phänotyp immer im Verhältnis 1:3 verhalten, im Genotyp allerdings 1:2:1. Dies gilt jedoch nur für dominant-rezessive Erbgänge.

Bei der intermediären Vererbungsform entstehen im Phänotyp Mischformen aus den Merkmalen der Eltern. Dies kommt zustande, wenn beide Elternteile gleich starke Allele haben. Die Gene werden hierbei nicht verändert, sondern zeigen sich dann in den späteren Nachkommen wieder in ihrem Ursprung. Folgend ein Beispiel mit roten und weißen Blüten der Japanischen Wunderblüten:

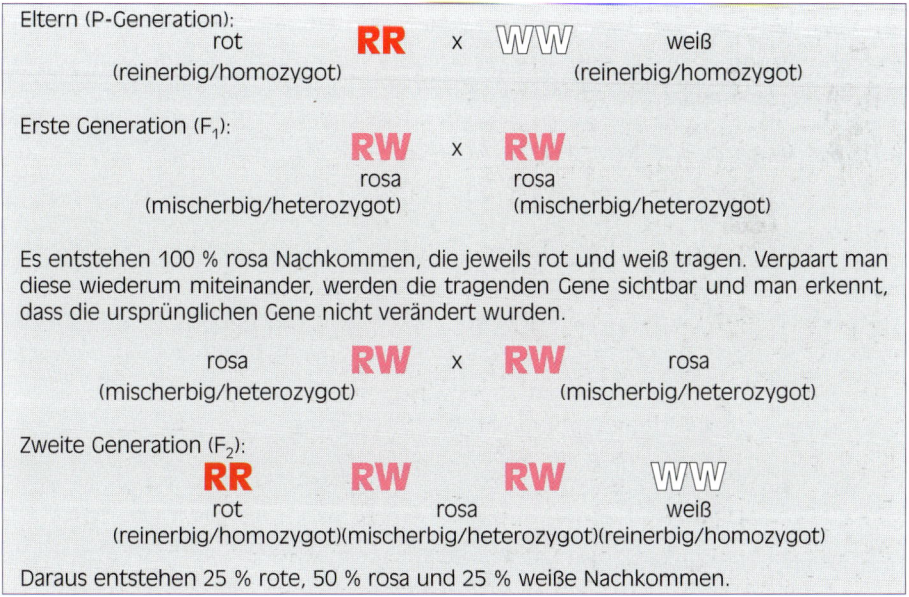

Vererbungsformen

Die bisher genannten Beispiele beziehen sich auf Merkmale, die einem einzelnen Gen zugrunde liegen. Lebensformen sind aber durchaus komplexer, und viele Merkmale werden durch mehrere Gene bestimmt. Diese Verteilung über mehrere Gene, die an der Auswirkung eines Merkmals beteiligt sind, bezeichnet man als Polygenie. Bei dem Gegenteil, also einem Gen, welches mehrere Merkmale beeinflusst, handelt es sich um Polyphänie.

In der Genetik stellt man dominante Gene immer in Großbuchstaben dar, rezessive immer mit Kleinbuchstaben. Da jedes Gen doppelt vorhanden ist, werden auch die Buchstaben immer doppelt aufgeführt. Nehmen wir an, in der P-Generation (Parental- oder Elterngeneration) trägt die Mutter das Merkmal A, welches sich über die beiden Gene O und t verteilt, wobei O dominant und t rezessiv ist. Der Vater hat das Merkmal B, wobei hierbei T dominant und o rezessiv ist. Bei beiden Eltern liegen diese Eigenschaften homozygot vor, also OO tt bei der Mutter, oo TT beim Vater. Da die bis hierher verwendete schematische Darstellung recht unübersichtlich wird, wenn man mehrere Merkmale hat, benutzt man für die Berechnung einer solchen Verpaarung Kombinationsrechtecke. In diesem Kombinationsrechteck kann man die Möglichkeiten der Verpaarungen ableiten.

Zuerst betrachtet man die Verpaarung der P-Generation mit den Genen OOtt und ooTT. Diese werden in den Randbereichen des Kombinationsrechteckes (im Beispiel grün) dargestellt. Wo man Vater oder Mutter einträgt, bleibt jedem selbst überlassen, es ist aber vorzuziehen, sich für eine Art und Weise zu entscheiden und diese beizubehalten. Dann werden aufgrund dieser Gene Gameten gebildet und ebenfalls in die Tabelle eingetragen (rosa Bereiche). In den Gameten befindet sich nun jeweils ein Teil der Gene: Mutter Ot und Vater oT. In die nun vorerst grau markierten Felder können wir nun jeweils die Gameten zusammensetzen, und sie zeigen uns dann die Möglichkeiten der entstehenden Generation, in diesem Fall die F_1-Generation:

		Mutter OO tt	
		O t	O t
Vater OO TT	o T	Oo Tt	Oo Tt
	o T	Oo Tt	Oo Tt

Wir erkennen in diesem Beispiel wieder das Uniformitätsgesetz: Die Nachkommen sind alle identisch und heterozygot.

Bei einer Verpaarung der F_1-Generation untereinander können sich nun je vier verschiedene männliche und vier verschiedene weibliche Gameten (Geschlechtszellen) bilden: OT, Ot, oT und ot.
Bei der Verbindung ergeben sich somit 4 x 4, also 16 Kombinationsmöglichkeiten.

		Oo Tt			
		OT	Ot	oT	ot
Oo Tt	OT	OOTT 1	OOTt 2	OoTT 3	OoTt 4
	Ot	OOTt 5	OOtt 6	OoTt 7	Oott 8
	oT	OoTT 9	OoTt 10	ooTT 11	ooTt 12
	ot	OoTt 13	Oott 14	ooTt 15	oott 16

Anhand des Kombinationsrechteckes können wir ableiten, dass bei den 16 Jungtieren je ein Mal wieder der Ursprung der Faktoren A und B entsteht (Feld 6 und 11), sodass wieder deutlich wird, dass die Merkmale immer noch vorhanden sind. Weiterhin erkennen wir aber anhand der Merkmale vier verschiedene Phänotypen sowie neun verschiedene Genotypen. Feld 1, 2, 3, 4, 5, 7, 9, 10 und 13 zeigen zu gleichen Teilen im Phänotyp die beiden dominanten Merkmale O und T, bei denen wir wissen, dass sie durch die Dominanz sowohl im homozygoten als auch im heterozygoten Zustand erkennbar sind. Feld 6, 8 und 14 bringen das rezessive t durch die Reinerbigkeit zum Vorschein sowie das dominante O. Feld 11, 12 und 15 hingegen zeigen das rezessive o zusammen mit dem dominanten T. Feld 16 zeigt eine für uns bis dahin nicht zu erwartende neue homozygote Form, da hier die beiden rezessiven Merkmale in Erscheinung treten, die im Ursprung vorher nicht zu erkennen war. Die dominanten Allele sind hier nicht mehr vorhanden und können in den Nachkommen von zwei dieser Tiere nicht wieder auftreten. Im Phänotyp verhalten sich die Nachkommen also im Verhältnis 9:3:3:1, im Genotyp im Verhältnis 1:1:2:2:4:2:2:1:1. Dieses Ergebnis der freien Kombinierbarkeit der Gene wurde von Mendel als Unabhängigkeitsgesetz bezeichnet.
Wer gerne rechnet, kann mal überschlagen, was beim Ansteigen der Merkmale in der F_2-Generation für Möglichkeiten entstehen. Für Anzahl der Merkmale steht n, die Anzahl der Gameten in der F_1-Generation sowie die Anzahl der verschiedenen Phänotypen in der F_2-Generation wäre 2^n, die Kombinationsmöglichkeiten wären 4^n, und die Anzahl der Genotypen in der F_2-Generation wäre 3^n.

Vererbungsformen

Anzahl der Gene mit unterschiedlichen Allelen:	1	2	3	4	usw.
Anzahl Gameten in der F_1-Generation:	2	4	8	16	
Kombinationsmöglichkeiten:	4	16	64	256	
Zahl der Genotypen in der F_2-Generation:	3	9	27	81	
Zahl der Phänotypen F_2 bei Dominanz:	2	4	8	16	

Das Zahlenverhältnis der Phänotypen in der F_2-Generation bei Dominanz berechnet man mit $(3+1)^n$. Bei zwei Faktoren also $(3+1)^2 = 3^2+2(3\times1)+1^2 = 9+3+3+1 = 16$ Möglichkeiten im Verhältnis 9:3:3:1, bei drei Faktoren $(3+1)^3 = 3^3+3(3^2\times1)+3(3\times1^2)+1^3 = 27+9+9+9+3+3+3+1 = 64$ Möglichkeiten im Verhältnis 27:9:9:9:3:3:3:1. Die Verteilung der möglichen verschiedenen Phänotypen beim polygenen Erbgang lässt sich relativ einfach mit Hilfe des Pascalschen Dreieckes darstellen. Hierbei ist ein Eintrag immer die Summe der beiden darüber stehenden Zahlen.

Beteiligung:									
1 Allel:					1	1			
2 Allele:				1	2	1			
3 Allele:			1	3	3	1			
4 Allele:			1	4	6	4	1		
5 Allele:		1	5	10	10	5	1		
6 Allele:	1	6	15	20	15	6	1		
7 Allele:	1	7	21	35	35	21	7	1	
8 Allele:	1	8	28	56	70	56	28	8	1

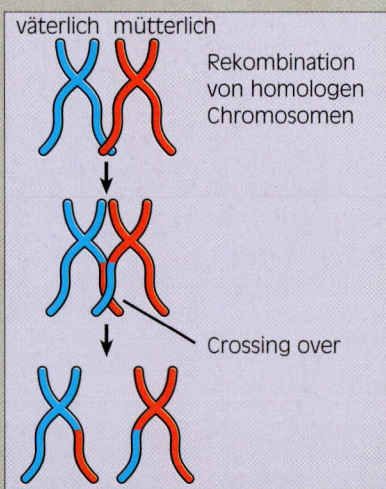

väterlich mütterlich
Rekombination von homologen Chromosomen
Crossing over

Wenn man sich die Zahlen anschaut und weiterrechnet, wird deutlich, welche kleinen Wunder die Natur vollbringt, damit es zu so vielen verschiedenen Individuen kommen kann. Die freie Kombinierbarkeit kann aber nur auftreten, wenn die für die Allele zuständigen Gene auf verschiedenen Chromosomen liegen. Sind die Allele auf demselben Chromosom dicht beieinander, dann vererben sie sich in sogenannten Kopplungsgruppen. Das heißt, bei den Kreuzungen werden diese Faktoren nicht oder nur selten voneinander getrennt. Je weiter die Faktoren auf dem Chromosomen voneinander entfernt liegen, desto wahrscheinlicher wird allerdings eine Trennung. Ein Vorgang, bei dem es auch zu so einem Faktorenaustausch kommen kann, wenn die Gene auf einem Chromosom liegen, ist das sogenannte „Crossing over", eine Form der Mutation.

Genetik in der Praxis

Vereinfacht ausgedrückt bedeutet Mutation die Veränderung der Erbanlagen. Hierbei gibt es verschiedene Auslöser, die mit hineinspielen wie z. B. Umwelteinflüsse. Entsteht eine Mutation durch keinerlei erkennbare Fremdeinwirkung, spricht man von einer Spontanmutation. Allerdings sind nicht alle Mutationen für uns sichtbar, kleinere sichtbare Veränderungen nehmen wir gar nicht richtig wahr. Im Gegenteil: Mutationen treten für uns sichtbar nur sehr selten auf, finden aber gar nicht so selten statt.

Genetik in der Praxis

Wir wissen jetzt in Grundzügen, wie sich die Gene der Elterntiere auf den Nachwuchs übertragen und was dabei abläuft. Nun handelt es sich aber um Lebewesen, bei denen im Laufe der letzten Jahre eine Vielzahl neuer Mutationen entstanden ist und bei denen Züchter immer wieder vor Überraschungen stehen. Warum z. B. haben bunte Tiere oft eine kleinere Körpergröße? Warum fallen aus zwei farbklaren Tieren nicht wieder farbklare Tiere? Theoretisch müsste es mit den genetischen Kenntnissen möglich sein, sämtliche Abläufe in der Zucht anhand dieses Wissens zu bestimmen. Doch so einfach ist es in der Praxis leider nicht. Viele Eigenschaften der Tiere verhalten sich akkumulativ, auch additiv genannt, d. h. sie sammeln sich an. Man spricht hier von einer quantitativen Vererbung. Im konkreten Fall heißt das, dass sich viele der von uns bevorzugten Eigenschaften über mehrere Gene verteilen, mehreren Faktoren zugrunde liegen und erst durch die Ansammlung zu dem gewünschten Ziel führen. Nehmen wir als Beispiel die Farbklarheit. Viele Chinchillas haben neben den schwarzen Pigmenten noch gelbe Pigmente, und je ausgeprägter diese gelben Pigmente in einem Tier vorhanden sind, desto weniger farbklar erscheint es. In diesem Fall spricht man von einer Fehlfarbe, die immer wieder dominant in Erscheinung

Ebony Weiß
Foto: K. Aretz

tritt, wie die Erfahrung zeigt. Vor allem große und dunkle Tiere sind häufig braun- oder gelbstichig, was durch gekoppelte Eigenschaften zu erklären ist. Erst mit der Ansammlung von verschiedenen Faktoren ergeben sich die für uns farbklaren Tiere, und dies ist ein langwieriger Prozess, der viel Geduld erfordert.

Ist die Größe eines Chinchillas eigentlich dominant, verliert sich diese Dominanz mit der Häufigkeit der Mischungen in den Linien. Deswegen kommt es auch oft zu Enttäuschung bei Züchtern, die aus zwei großen Tieren große Nachkommen erwarten und mit mittelgroßen oder gar kleinen Nachkommen überrascht werden. Auch vereinzelte Farben wie Ebony verhalten sich so, dass sie nur durch die Ansammlung der Allele die richtig dunklen Nachkommen hervorbringen. Daher sind nicht wenige Züchter enttäuscht, wenn aus der Verpaarung zweier schwarzer Tiere hellgraue Chinchillas geboren werden. Um ein Zuchtziel erreichen zu können, brauchen wir zuerst gute Ausgangstiere. Hier wird in erster Linie nach dem Phänotyp entschieden. Doch dies alleine ist nicht ausreichend und bringt einen Züchter auch nicht weiter. Wir wissen ja nun, dass sich viele für uns wichtige Punkte im Phänotyp „verstecken" können und deswegen der Genotyp genau betrachtet werden muss. Nicht nur Eltern und Großeltern sollten bei der Betrachtung einbezogen werden, sondern auch Geschwister und deren Nachkommen. Nur beim Beobachten der Merkmale, die sich immer wieder in den Phänotypen zeigen, kann die Zuchtrichtung überprüft und gesteuert werden. Daran können wir erkennen, welche rezessiven und dominanten Merkmale in der jeweiligen Linie vorhanden sind, welche Tiere reinerbig sind und welche unerwünschten Merkmale immer wieder in Erscheinung treten.

Farbvererbung

Heutzutage ist der Einstieg in die Genetik am einfachsten, wenn man sich zunächst mit der Farbzucht beschäftigt. Deswegen gehe ich ein wenig auf die Grundlagen der Vererbung beim Chinchilla ein. Gleich vorweg soll gesagt werden, dass die Vererbung der Farben nicht so einfach zu erklären ist, wie angenommen wird, auch wenn sie sich einfach darstellen lässt, da man sich bisher immer rein nach den phänotypischen Auswirkungen richtet, die wirklich verantwortlichen Gene aber nicht zur Gänze bekannt sind. Leider werden immer wieder auch verschiedene Kürzel für die Gene verwendet, was für Verwirrung sorgt.

Die Farbe des Chinchillas wird bestimmt durch den Anteil an zwei Farbpigmenten. Eumelanin ist das schwarze Pigment und Phäomelanin das rotgelbe Pigment. Durch die unterschiedliche Dichte, Ausprägung und die variierenden Anteile im Haar, der Haut und den Augen kommt es zu den Farbveränderungen. Phäomelanin kommt bei Chinchillas nur im geringen Anteil vor, durch eine gezielte Zucht wird zudem versucht, diesen kleinen Anteil herauszubekommen. Deswegen ist das Eumelanin das wesentliche Farbpigment.

Farbvererbung

Durch den Ebony-Faktor sind die Tiere rundum einfarbig Foto: K. Aretz

Der A-Faktor oder Agouti-Faktor

AA steht für den Agouti-Faktor, der das Agouti-Muster der Wildfarbe beschreibt. Diese ist nicht voll dominant, weswegen es zu Abstufungen in der Farbe kommt. Aa wäre ein Teil-Agouti, aa ein einfarbiges Tier. Bei dieser Veränderung wird das Agouti-Muster unterdrückt, das Band verschwindet und die Wammenfarbe wird hierdurch ebenfalls verändert. Es treten aber teilweise weiße oder cremefarbene Stichelhaare auf. Es ist anzunehmen, dass der Faktor in Kombination auch bei den Farben Black-Velvet, Ebony und Charcoal eine Rolle spielt. Trotzdem ist es ein eigenständiger Faktor, der einfarbig schwarze Tiere hervorbringt und bisher recht wenig Beachtung findet.

Der B-Faktor oder Schwarz-Braun-Faktor

BB steht für die volle Farbintensität beim Schwarz und somit für den schwarzen Anteil im Chinchillahaar, bb stellt dagegen die Verdünnung des Eumelanins dar,

Farbvererbung

die das Haar braun erscheinen lässt. Auch die Verdünnung vererbt sich rezessiv. Man geht davon aus, dass die Farbe Charcoal für diese Verdünnung verantwortlich ist, in diesem Fall aber vermutlich an den Agouti-Faktor gekoppelt ist, da bei den Tieren zugleich auch eine Veränderung des Agouti-Musters auftritt. Ebenfalls in den B-Faktor fallen vermutlich die Velvets, wobei nicht vollständig geklärt ist, ob dies zutreffend ist. Bei den Velvets gibt es eine Veränderung der Schleierausbreitung, die mit B_lB gekennzeichnet wird. Die Veränderung bewirkt eine Intensität der Schleierfarbe und eine Anpassung des Bandes an diese. Auch die Struktur der Haare verändert sich, hierdurch wirken die Farben intensiver. Mit der Veränderung kommt es zum Auftreten des Letalfaktors, deswegen kommt B_l nicht homozygot vor.

Der C-Faktor

CC steht für die volle Farbintensität. Die komplette Unterdrückung der Farbpigmente (Albinismus) wird mit cc gekennzeichnet. Albinismus vererbt sich rezessiv. Durch die Farblosigkeit kommt es zu den optisch weißen Tieren mit roten Augen. Das rezessive Weiß, bei dem es ebenfalls zu einer Verände-

Ebony-Weiß-Schecke Foto: K. Aretz

rung der Farbe kommt, hat gegenüber dem Albinismus noch Farbpigmente, was durch die Haut- und Augenfarbe sichtbar wird, deswegen wird es mit $c_n c_n$ gekennzeichnet.

Der E-Faktor oder Ebony-Faktor

Der Ebony-Faktor gibt Züchtern noch eine Reihe von Rätseln auf, da sich die Farbverteilung nicht eindeutig vererbt. Das E steht für die dominante Veränderung der Farbverteilung, wodurch die Tiere rundum einfarbig wirken, ist aber nicht gleichzusetzen mit dem Agouti-Faktor, auch wenn die Ausprägungen im Phänotyp teilweise identisch sind. Es wird angenommen, dass der Agouti-Faktor in die Ebony-Linien eingekreuzt wurde. Hierfür sind die auftretenden weißen Stichelhaare ein Hinweis, allerdings ist dies nicht bestätigt. Ebony vererbt sich additiv und verteilt sich über mehrere Gene.

Der M-Faktor oder Misty-Faktor

Dieser Faktor dürfte heute keine Rolle mehr spielen. Kurzzeitig tauchte eine sehr dunkle, unklare Farbmutation auf, die Misty genannt wurde. Die Vererbung erfolgte rezessiv, deswegen mm. Durch eine erhöhte Empfindlichkeit der Tiere wurde die Zucht aber schnell eingestellt. Ob es wirklich ein eigener Faktor gewesen ist oder nur eine Abwandlung des Agouti-Faktors, ist im Nachhinein nicht zu bestimmen, sodass der Faktor im Folgenden keine Beachtung findet.

Der P-Faktor oder auch Pink-Eye-Faktor

Bei Chinchillas kommt es zu verschiedenen Versionen dieses Faktors: Zum einen eine dominante Form und zum anderen verschiedene rezessive, wobei hier noch nicht geklärt wurde, ob es sich um Veränderungen desselben Faktors handelt oder um verschiedene Faktoren, die ähnliche Auswirkungen haben. Die dominante Form, das Tower-Beige, wird mit $P_w P_w$ gekennzeichnet. Durch die unvollständige Dominanz gegenüber der Wildfarbe kommt es zu einem intermediären Erbgang. Heterozygote Tiere sind dementsprechend ein Mischton aus Beige und Standard – gekennzeichnet mit $P_w p_w$. Das Eumelanin wird verdünnt zu einem Beige/Grau-Ton, je nach Anteil des Phäomelanins. Bei der homozygoten Form ist die Verdünnung stark ausgeprägt, wodurch die Tiere hellbeige aussehen. Der Anteil an Phäomelanin in den Haarspitzen, der bei den anderen Farben nicht so ausgeprägt ist, sorgt für den braunen/beige Ton des Schleiers, und der geringe Anteil an Eumelanin in der Unterzone sorgt für die Aufhellung der Unterzone bis zu creme-weiß. Die teilweise vorhandene Verdünnung des Eumelanins bei den heterozygoten Beigen sorgt auch für Pigmentflecken an den Ohren, die sich häufig im Alter verstärken. Auch die Augenfarbe wird beeinflusst, sodass heterozygote Tiere dunkelrote bis braune Augen, homozygote Tiere hingegen oft hellrote Augen haben. Die beiden rezessiven Formen des Beige treten kaum in Erscheinung und sind unabhängig vom dominanten Beige. Sullivan-Beige wird gekennzeichnet mit pp, Wellman-Beige mit $p_r p_r$, wobei das „r" für die Netzhautfarbe eingesetzt wird.

Der S-Faktor oder Saphir-Faktor

SS steht für die volle Ausprägung des Wildfarben-Faktors, auch Standard-Faktor. Durch eine komplette Unterdrückung des Phäomelanins und einer Verdünnung des Eumelanins in der Wildfarbe entstehen blaue, somit saphirfarbene Tiere. Diese Veränderung vererbt sich rezessiv, deswegen ss. Hier tritt auch eine Änderung der Haarstruktur auf, wodurch die Tiere heller wirken und sich der klare blaue Ton ergibt. Auch ein zweiter Scheckungsfaktor fällt vermutlich unter den S-Faktor. Er soll sich rezessiv vererben, durch den vorhandenen ersten Scheckungsfaktor, der sich dominant verhält, findet er allerdings wenig Beachtung. Er wird mit $s_p s_p$

Der Saphir-Faktor bewirkt eine blaue Fellfarbe Foto: K. Aretz

gekennzeichnet, in Amerika allerdings mit dd. Durch das seltene Auftreten ist über die genauen Veränderungen noch wenig bekannt.

Der W-Faktor oder Wilson-Weiß-Faktor

Ww steht für den dominanten Weiß-Faktor, der eigentlich ein Scheckungsfaktor ist. Er bewirkt reinerbig (WW) Letalität, die Babys sterben in den ersten Lebenstagen. Somit werden lebende Schecken wegen ihrer heterozygoten Form mit Ww gekennzeichnet. Das Fell ist stellenweise weiß durch fehlende Farbpigmente, die Augen sind dunkel, sofern der Faktor nicht mit dem P-Faktor verbunden wird. Je nach Verteilung der Scheckung können reinweiße Tiere mit dunklen Augen geboren werden, durch die die Bezeichnung zustande kommt.

Der V-Faktor oder Violett-Faktor

Es sind zwei Violett-Faktoren bekannt. Ob es sich wirklich nur um ein Merkmal (bzw. einen Faktor) handelt, ist fraglich, da man die Farbe über Doppelträger auch mischen kann. Durch die optische Ähnlichkeit werden beide Formen dem Violett-Faktor zugeordnet. Beide Farben vererben sich rezessiv. Als Kennzeichnung wird für Afro-Violett vv genutzt, für Deutsch-Violett $v_g v_g$, g (vom englischen „German" = deutsch). Bei beiden Mutationen tritt eine Verdünnung des Eumelanins auf, wodurch sich der anthrazitfarbene Ton ergibt, allerdings in anderem Ausmaße als beim Saphir. Der Anteil an Phäomelanin wird nicht beeinflusst, sodass nur farbklare Tiere blau-violett wirken. Die Ursprungsform ohne Verdünnung wird dementsprechend mit VV gekennzeichnet.

Umsetzung der Farbvererbung

Da ein Chinchilla immer die Veranlagung aller Farben in sich trägt, müssten eigentlich immer die kompletten Genformeln aufgelistet werden, was aber sehr umständlich ist. Deswegen werden die genetischen Formeln grundsätzlich mit einem Pfeil beendet, der darstellt, dass sie nur zum Teil aufgelistet sind. Bei Chinchillas gehen die meisten Farben auf verschiedene Faktoren bzw. deren Kombination zurück, sodass sich diese Vielzahl an Buchstaben ergibt. Die Formel für die Ursprungsfarbe Standard würde unter Einbeziehung aller bisher bekannten Farben folgendermaßen aussehen: AA BB CC eeee PP $p_w p_w$ SS ww VV ->

Diese Formel wird sehr unübersichtlich und ist schwer zu merken, deswegen kürzt man sie ab und nimmt bei einer Farbe nur die entsprechenden Buchstaben. Wenn man diese Kürzel auswendig lernt, hilft es, spontan mögliche Verpaarungen für die Farbzucht durchzuspielen. Trotzdem darf man aber hierbei nie die Grundform vergessen, sonst lässt sich eine Berechnung nicht durchführen.

Umsetzung der Farbvererbung

Die folgende Tabelle dient als Grundlage für die weiteren Auflistungen und zeigt auch an, bei welchen Farben man von rezessiven oder von dominanten Formen ausgeht:

Farbbezeichnung	Formel	Symbol
Standard	AA BB CC eeee PP $p_w p_w$ **SS** ww VV ->	**SS**
Albino	AA BB **cc** eeee PP $p_w p_w$ SS ww VV ->	**cc**
Black-Velvet	AA **$B_l B$** CC eeee PP $p_w p_w$ SS ww VV ->	**$B_l B$**
Tower-Beige homo (Blond)	AA BB CC eeee **$P_w P_w$** SS ww VV ->	**$P_w P_w$**
Tower-Beige hetero	AA BB CC eeee **$P_w p_w$** SS ww VV ->	**$P_w p_w$**
Sullivan-Beige	AA BB CC eeee **pp** $p_w p_w$ SS ww VV ->	**pp**
Wellman-Beige	AA BB CC eeee **$p_r p_r$** $p_w p_w$ SS ww VV ->	**$p_r p_r$**
Charcoal	**aa bb** CC eeee PP $p_w p_w$ SS ww VV ->	**aabb**
Saphir	AA BB CC eeee PP $p_w p_w$ **ss** ww VV ->	**ss**
Afro-Violett	AA BB CC eeee PP $p_w p_w$ SS ww **vv** ->	**vv**
Deutsch-Violett	AA BB CC eeee PP $p_w p_w$ SS ww **$v_g v_g$** ->	**$v_g v_g$**
Wilson Weiß	AA BB CC eeee PP $p_w p_w$ SS **Ww** VV ->	**Ww**
rezessiv Weiß	AA BB **$c_n c_n$** eeee PP $p_w p_w$ SS ww VV ->	**$c_n c_n$**

Um nun nachzuvollziehen, welche Farben bei bestimmten Verpaarungen herauskommen können, setzt man die entsprechenden Symbole zusammen und kann daran die Berechnungen durchführen. Das lässt sich am besten anhand eines Beispiels erklären: Hätten wir einen Standard-Vater und eine Afro-Violett-Mutter, wüssten wir, dass der Vater seine Gene dominant vererbt (große Kürzel), das Afro-Violett der Mutter wird rezessiv vererbt (kleine Kürzel). Um nun herauszufinden, wie es sich genau verhält, listen wir die einzelnen in Frage kommenden Formeln auf und beschränken uns auf die Genpaare, die entscheidend sind. Diese sind hervorgehoben:

Standard (VV)	AA BB CC eeee PP $p_w p_w$ SS ww **VV** ->
Afro-Violett (vv)	AA BB CC eeee PP $p_w p_w$ SS ww **vv** ->

Für die Berechnung schreiben wie die betreffenden Gene zusammen:

Vater Standard	**V V**	x	**v v**	Mutter Afro-Violett

Nun geben beide Eltern einen Teil ihrer Gene über die Gameten weiter:

Bei der Verpaarung setzen sich die einzelnen Gene wieder zu Paaren zusammen. Weil sich das Standard-Gen dominant vererbt (**V**) und das Afro-Violett-Gen rezessiv (**v**), sind die Nachkommen im Phänotyp Standard, das rezessive Afro-

Violett wird unterdrückt. Trotzdem haben die Nachkommen das Afro-Violett in sich (**Vv**).

V v	**V v**
Standard-Afro-Violett-Träger	Standard-Afro-Violett-Träger

Würde man ein solches Trägertier (**Vv**) wieder mit einem Trägertier (**Vv**) verpaaren, ergeben sich unter anderem wieder Tiere mit dem Phänotyp Afro-Violett (**vv**). Auch hier ist das Kombinationsrechteck wieder die einfachste Form der Berechnung. Nehmen wir nun das Beispiel Standard-Afro-Violett-Träger verpaart mit Standard-Afro-Violett-Träger. In den Randbereichen werden die betreffenden Gene der Eltern eingetragen. Dann werden diese in ihre Gameten aufgeteilt.
Jedes Tier gibt ein Standard-Gen (**V**) und ein rezessives Afro-Violett-Gen (**v**) ab.

		Standard-Afro-Violett-Träger **V v**	
		V	v
Standard-Afro-Violett-Träger **V v**	V	**V V** Standard	**V v** Standard-Afro-Violett-Träger
	v	**V v** Standard-Afro-Violett-Träger	**V v** Afro-Violett

Dabei hätten wir also mit einer Wahrscheinlichkeit von 25 % Standard-Nachkommen, 50 % Standard-Violett-Träger-Nachkommen und 25 % Violett-Nachkommen. Auf diese Weise kann man die Farben beliebig einsetzen, um auszurechnen, mit welcher Wahrscheinlichkeit die jeweilige Farbe entsteht.
Beispiel Blond ver-

Afro-Violett Foto: K. Aretz

Umsetzung der Farbvererbung

paart mit Saphir:

| Blond (P_wP_w SS) | AA BB CC eeee PP P_wP_w SS ww VV -> |
| Saphir (p_wp_w ss) | AA BB CC eeee PP p_wp_w ss ww VV -> |

			Blond (Tower-Beige homo) $SS\ P_wP_w$	
			S P_w	S P_w
Saphir ss p_wp_w	s p_w		Ss P_wp_w Beige-Saphir-Träger	Ss P_wp_w Beige-Saphir-Träger
	s p_w		Ss P_wp_w Beige-Saphir-Träger	Ss P_wp_w Beige-Saphir-Träger

Somit entstehen aus dieser Verpaarung zu 100 % beige Tiere, die Saphirträger sind.

Noch ein Beispiel zur Verdeutlichung anhand von Deutsch-Violett und Standard:

| Deutsch-Violett (v_gv_g) | AA BB CC eeee PP p_wp_w SS ww v_gv_g -> |
| Standard (VV) | AA BB CC eeee PP p_wp_w SS ww VV -> |

		Deutsch-Violett v_gv_g	
		v_g	v_g
Standard VV	V	Vv_g Standard-Deutsch-Violett-Träger	Vv_g Standard-Deutsch-Violett-Träger
	V	Vv_g Standard-Deutsch-Violett-Träger	Vv_g Standard-Deutsch-Violett-Träger

Komplizierter wird es, wenn mehrere Farben zusammenkommen. Angenommen, wir möchten Blond-Afro-Violett züchten, dann benötigen wir zuerst Beige-Afro-Violett-Träger. Wenn wir zwei Farben einbringen wollen, dann geht natürlich sehr viel von der Optik verloren, dementsprechend gut müssen die Ausgangstiere sein. Vorzugsweise haben wir ein Violett, das aus Standard-Afro-Violett-Träger x Standard-Afro-Violett-Träger entstanden ist und ein schönes beige Tier aus Standard x Beige.

Umsetzung der Farbvererbung

Afro-Violett ($p_w p_w$ vv)   AA BB CC eeee PP **$p_w p_w$** SS ww **vv** ->
Beige (**$P_w p_w$** VV)   AA BB CC eeee PP **$P_w p_w$** SS ww **VV** ->

		Afro-Violett $p_w p_w$ vv	
		p_w v	p_w v
Beige $P_w p_w$ VV	P_w V	$P_w p_w$ Vv Beige-Afro-Violett-Träger	$P_w p_w$ Vv Beige-Afro-Violett-Träger
	p_w V	$p_w p_w$ Vv Standard-Afro-Violett-Träger	$p_w p_w$ Vv Standard-Afro-Violett-Träger

Wir bekommen zu 50 % Standard-Afro-Violett-Träger und zu 50 % Beige-Afro-Violett-Träger.

Die Beige-Afro-Violett-Träger nehmen wir zur Weiterzucht. Bei nun vier verschiedenen Gameten P_w v, p_w v, P_w V und p_w V bekommen wir wieder 4 x 4 verschiedene Kombinationsmöglichkeiten:

		Beige-Afro-Violett-Träger $P_w p_w$ Vv			
		P_w v	p_w v	P_w V	p_w V
Beige-Afro-Violett-Träger $P_w p_w$ Vv	P_w v	$P_w P_w$ vv Blond-Afro-Violett	$P_w p_w$ vv Beige-Afro-Violett	$P_w P_w$ Vv Blond-Afro-Violett-Träger	$P_w p_w$ Vv Beige-Afro-Violett-Träger
	p_w v	$P_w p_w$ vv Beige-Afro-Violett	$p_w p_w$ vv Afro-Violett	$P_w p_w$ Vv Beige-Afro-Violett-Träger	$p_w p_w$ Vv Standard-Afro-Violett-Träger
	P_w V	$P_w P_w$ Vv Blond-Afro-Violett-Träger	$P_w p_w$ Vv Beige-Afro-Violett-Träger	$P_w P_w$ VV Blond	$P_w p_w$ VV Beige
	p_w V	$P_w p_w$ Vv Beige-Afro-Violett-Träger	$p_w p_w$ Vv Standard-Afro-Violett-Träger	$P_w p_w$ VV Beige	$p_w p_w$ VV Standard

Bei den Nachkommen erwarten uns also mit 25 % Wahrscheinlichkeit Beige-Afro-Violett-Träger, 12,5 % Beige, 12,5 % Beige-Afro-Violett, 12,5 % Standard-Afro-Violett-Träger, 12,5 % Blond-Afro-Violett-Träger, 6,25 % Afro-Violett, 6,25 % Blond, 6,25 % Standard und 6,25 % Blond-Afro-Violett. Die Weiterzucht mit

Tieren dieser Verpaarung wird dadurch erschwert, dass wir den Tieren optisch nicht ansehen, welche nun Trägertiere sind und welche nicht.

Intermediäre Vererbung

Die intermediäre Vererbung kommt bei Chinchillas bei einer Farbe vor: Tower Beige bzw. Blond. Aus einem blonden Tier (homozygot) und einem Standard fallen zu 100 % heterozygote Beige Tiere, die wesentlich dunkler sind als Blond, ein klares Band und ein dunkles Unterfell aufweisen. Hier liegt eine Mischung zwischen Standard und Beige vor.

Blond (P_wP_w)	AA BB CC eeee PP $\mathbf{P_wP_w}$ SS ww VV ->
Standard (p_wp_w)	AA BB CC eeee PP $\mathbf{p_wp_w}$ SS ww VV ->

		Blond P_wP_w	
		P_w	P_w
Standard p_wp_w	p_w	P_wp_w Beige heterozygot	P_wp_w Beige heterozygot
	p_w	P_wp_w Beige heterozygot	P_wp_w Beige heterozygot

Aufgrund der unterschiedlichen Ausprägungen in verschiedenen Abstufungen des beige Farbtons kann man zusätzlich noch von einer Kopplung mit einem anderen Faktor ausgehen, den man aber noch nicht bestimmen kann.

Um blonde Tiere zu bekommen, ist es nötig, beige Tiere untereinander zu verpaaren. Erst hierbei sind dann blonde Nachkommen zu erwarten:

		Beige P_wp_w	
		P_w	p_w
Beige P_wp_w	P_w	P_wP_w Blond	P_wp_w Beige heterozygot
	p_w	P_wp_w Beige heterozygot	p_wp_w Standard

Es können also zu 25 % blonde Nachkommen geboren werden, zu 50 % beige Nachkommen und zu 25 % Standards.

Quantitative Vererbung bei mehreren Faktoren im Beispiel Ebony

In den vorherigen Abschnitten habe ich gezeigt, dass es Merkmale (Farben) gibt, die sich sehr deutlich vererben und bei deren Nachkommen man anhand des Phänotyps klare Unterteilungen vornehmen kann. Viele Eigenschaften sind aber nicht so klar einzugliedern. Ebony gehört zu den Farben, bei der von einer quantitativen bzw. akkumulativen Vererbung auszugehen ist. Die Farbe ergibt Nachkommen mit unterschiedlicher Ausprägung der Farbintensität von ganz hell bis extrem dunkel. Wenn wir nach unserem normalen Schema rechnen würden und davon ausgehen, dass sich das Ebony-Gen dominant verhält, weil aus einem Ebony und einem Nicht-Ebony meist Ebonys fallen, würden wir bei einer Verpaarung wie folgt ansetzen:

		Ebony dunkel	Nicht-Ebony
	Nicht-Ebony	Ebony dunkel	Nicht-Ebony
	Ebony dunkel	Ebony dunkel	Ebony dunkel

Doch so einfach ist es leider nicht, dunkle Ebonys zu bekommen. Ein Züchter, der extra dunkle Ebonys ziehen möchte, ist meist zuerst sehr enttäuscht, wenn er ein sehr dunkles Tier einkreuzt, da er annimmt, durch die Dominanz müsste auch wieder ein dunkles Ebony herauskommen. Im Regelfall entstehen hieraus eher mittlere bis helle Ebonys. Gerade beim Einkreuzen mit Standards, die die eher zierlichen und schmalen Ebonys ein wenig kräftigen sollen, geht viel vom Farbton der Ebonys verloren. Aufgrund der quantitativen Vererbung sammeln sich die Eigenschaften an. Das heißt, je mehr Faktoren für die dunkle Farbe in einem Tier zu finden sind, desto dunkler wird es. Die Abstufungen sind recht fließend, auch wenn man die Tiere phänotypisch in fünf Gruppen einordnet. Nehmen wir an, zwei Gene E^l und E^a sind für Ebony verantwortlich, beide verhalten sich gleich stark und, wie wir aus der Zuchtpraxis wissen, intermediär. Das Standard hat keinen Anteil am Ebony, somit ee ee, das Ebony extra dunkel hätte vier Anteile Ebony, die sich folgendermaßen auswirken: $E^l E^l\ E^a E^a$. In der F_1-Generation wären nur zwei Anteile vorhanden, in der F_2-Generation kommt es dann zu einer Aufspaltung.

Verpaaren wir nun ein Ebony mit Standard. Voraussetzung hierbei ist, dass das Ebony homozygot wäre, was in der Realität selten der Fall ist.

Ebony extra dunkel (**$E^l E^l\ E^a E^a$**)	AA BB CC **$E^l E^l\ E^a E^a$** PP $p_w p_w$ SS ww VV ->
Standard (**ee ee**)	AA BB CC **ee ee** PP $p_w p_w$ SS ww VV ->

Hier sind beim Ebony drei verschiedene Gametentypen möglich, im Verhältnis 1:2:1, beim Standard nur ein Typ.

Quantitative Vererbung bei mehreren Faktoren im Beispiel Ebony

Paarung:		Ebony extra dunkel E^lE^l E^lE^a		
		E^lE^l	E^lE^a	E^aE^a
Standard ee ee	e e	E^lE^l ee 1	E^le E^ae 2	ee E^aE^a 3
	e e	E^lE^l ee 4	E^le E^ae 5	ee E^aE^a 6

Man erkennt, dass wir nicht mit dunklen Ebonys rechnen können. Wir haben also mitteldunkle Ebonys, die sich allerdings in den Allelen unterscheiden.

Bei zwei Ebonys mit gleich stark vertretenen Allelen aus dieser Verpaarung würde es sich dann aufspalten in 16 Möglichkeiten:

		Ebony mittel E^le E^ae			
		E^1 e	E^1 E^a	E^a e	e e
Ebony mittel E^le E^ae	E^l e	E^lE^l ee 1	E^lE^l E^ae 2	E^le E^ae 3	E^le ee 4
	E^l E^a	E^lE^l E^ae 5	E^lE^l E^aE^a 6	E^le E^aE^a 7	E^le E^ae 8
	E^a e	E^le E^ae 9	E^le E^aE^a 10	ee E^aE^a 11	ee E^ae 12
	e e	E^le ee 13	E^le E^ae 14	ee E^ae 15	eeee 16

Wir sehen, dass in diesem Fall ein pechschwarzes Tier (Feld 6) zu erwarten ist. Ebenso fällt ein Standard (Feld 16). Im Phänotyp hätten wir eine Abstufung in drei Farben neben dem Standard und dem Ebony extra dunkel. Feld 4, 12, 13 und 15 wären Ebony hell; Feld 1, 3, 8, 9, 11 und 14 wären Ebony mittel, Feld 2, 5, 7 und 10 wären Ebony dunkel. Somit ist das Verhältnis 1:4:6:4:1.

Allgemein lässt sich die Merkmalsausprägung der einzelnen Faktoren berechnen mit $(1/4)^n$, wobei n für die Anzahl der Faktorenpaare steht. Bei den zwei hier genutzten also $(1/4)^2$, somit 0,0625. Dies ist das theoretische Ergebnis aus zwei Faktoren, welches für die Farbberechnung ausreichend ist.

Genetische Besonderheiten der Vererbung

Der Letalfaktor

Zwei Farben sind nach bisherigem Wissenstand mit dem Letal-Faktor verbunden: Wilson-Weiß und Velvet. Sie kommen in reinerbiger Form nicht vor, weil die reinerbigen Nachkommen vor der Geburt versterben. Der Ausdruck Letalfaktor leitet sich vom lateinischen „letalis" (tödlich) ab. Vor allem bei den Velvets werden die reinerbigen Föten resorbiert und somit gar nicht erst geboren. Allerdings kann es passieren, dass sie erst in einem späteren Entwicklungsstadium im Mutterleib absterben und dann ist das Leben der Mutter in Gefahr, weil die Resorption nicht komplett vollzogen werden kann und die toten Föten im Mutterleib unter Umständen verwesen, was eine Vergiftung der Mutter zur Folge haben kann. Bei Wilson-Weiß sterben die Nachkommen meist erst einige Tage nach der Geburt, aber auch hier kann es zu einem früheren Zeitpunkt zum Tod der Föten kommen.

Der Letalfaktor der Wilson-Weißen ist unabhängig von dem Letalfaktor der Velvets. Somit können Wilson-Weiß und Velvet durchaus untereinander verpaart werden, aber Wilson-Weiß x Wilson-Weiß und Velvet x Velvet sollten nicht verpaart werden, damit Mutter und Nachkommen nicht gefährdet werden.
Beispiel der Vererbung des Letalfaktors anhand der Verpaarung zweier Black-Velvets:

Wussten Sie eigent Ich…?

Viele Halter eines Pärchens Black-Velvets oder eines Pärchens Weiß denken, dass ihre Tiere steril seien, da sich über Jahre hinweg kein Nachwuchs einstellt. Dies ist nicht richtig. Es kommt zum Befruchtungsvorgang und auch zur Entwicklung der Föten, aber im Verlauf der Trächtigkeit sterben die Föten und werden von der Mutter resorbiert. Somit findet eine Geburt nicht statt. Die Belastung für den Körper der Mutter und die Risiken, die sich hieraus ergeben, werden von den Haltern meistens nicht wahrgenommen. Hier hilft nur Aufklärung, um den Tieren mögliche daraus entstehende gesundheitliche Probleme zu ersparen.

Hinweis!

In der Zuchtpraxis variieren die Farbabstufungen der Ebonys noch um einiges mehr, als es im hier dargestellten Beispiel erläutert wird. Es wird von mindestens fünf Genen ausgegangen, die für die Rundumfärbung der Ebonys verantwortlich sind. Hiervon verhalten sich einige auch rezessiv, treffender wären vermutlich sogar sieben Gene. Das heißt, man rechnet mit $(3+1)^n$, somit 4^7, also 16.384 mögliche Gameten-Kombinationen. Die Wahrscheinlichkeit eines Ebonys, in dem alle Faktoren reinerbig vorhanden sind, liegt somit bei 1:16.383. Aus diesem Grund wird nicht von Ebony homo und Ebony hetero gesprochen, sondern man unterteilt nach den Phänotypen in hell, mittel, dunkel und extra dunkel. Auch die Wahrscheinlichkeit auf ein reines Standardtier ist sehr gering. Sämtliche Nachkommen aus Ebony-Verpaarungen, die optisch einem Standard ähneln, können dementsprechend sehr helle Ebonys sein und die Farbverteilung in der Weiterzucht wieder zum Vorschein bringen.

Black-Velvet (B_lB)	AA B_lB CC eeee PP p_wp_w SS ww VV ->
Black-Velvet (B_lB)	AA B_lB CC eeee PP p_wp_w SS ww VV ->

Genetische Besonderheiten bei der Vererbung

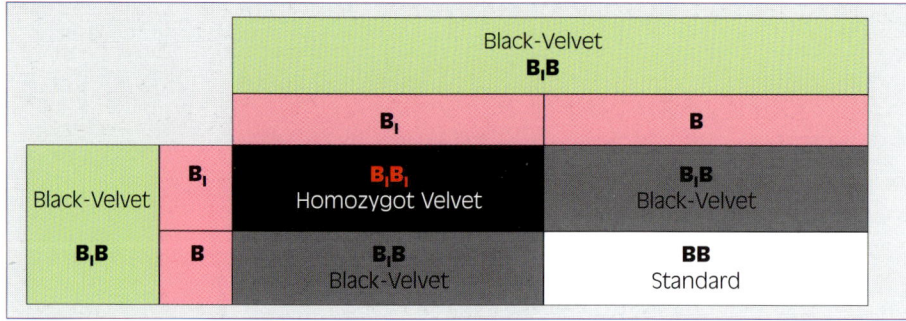

Hierbei ergeben sich also zu 25 % letale Nachkommen, die nicht lebensfähig sind. Um dies zu umgehen, verpaart man Velvet nur mit Nicht-Velvet-Tieren oder auch weiße Tiere mit Tieren ohne Weiß. Dadurch wird das Auftreten des Letalfaktors unterbunden.

Beispiel-Verpaarung zum Ausschließen des Letalfaktors:

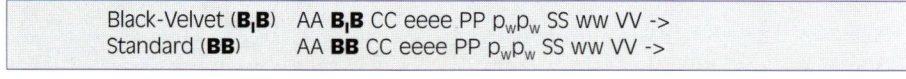

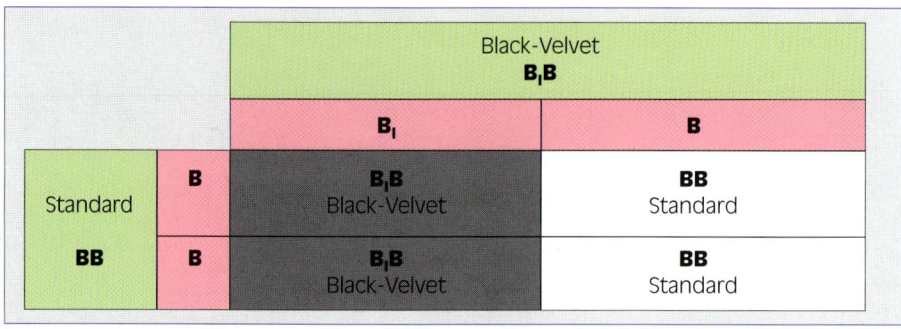

Es fallen also bei einer Verpaarung zwischen Standard und Black-Velvet 50 % Black-Velvets und 50 % Standards an, aber keine homozygoten Black-Velvets.

Überdeckte Merkmale

Bestimmte optische Merkmale können durch die Kombination verschiedener Farbgene überdeckt werden. Bei der Farbe Wilson-Weiß z. B. steuert der Scheckungsfaktor die Ausdehnung der weißen Areale im Fell (von kaum vorhanden bis komplett weiß). Hierdurch entstehen die verschiedenen Abstufungen wie Wilson-Weiß, Silber und Silberschecken.

Genetische Besonderheiten bei der Vererbung

Beispiel anhand einer Verpaarung zwischen Weiß und Standard.

| Weiß (**Ww**) | AA BB CC eeee PP $p_w p_w$ SS **Ww** VV -> |
| Standard (**ww**) | AA BB CC eeee PP $p_w p_w$ SS **ww** VV -> |

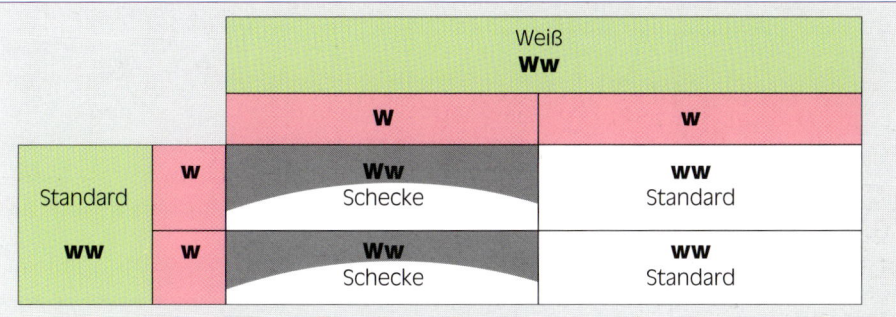

Wir können also anhand des Kombinationsrechteckes bestätigen, dass zu 50 % gescheckte Nachkommen geboren werden. Ob es sich hierbei allerdings um die oft gewünschten Wilson-Weiß oder um Silberschecken handelt, ist daraus nicht abzuleiten. Wegen der verdeckten Merkmale wird ebenso die Mischung von Velvet mit Ebony oder Velvet mit Weiß gefährlich. Tiere aus solchen Verpaarungen können nicht mehr klar als Velvet oder Nicht-Velvet erkannt werden, da sich die Phänotypen in ihren Ausprägungen gleichen. Ein Weiß-Velvet würde optisch einem Wilson-Weiß gleichen, bei den gescheckten Tieren kann man nur teilweise anhand farbiger Flecken ein Velvet erkennen. Bei Ebony hängt es von der Ausprägung des Ebony-Gens ab, ob der Velvet-Faktor sichtbar ist, da z. B. bei einem Ebony hell durchaus die Velvet-Merkmale wie eine Kopfmaske, sowei deutliche dunkle Streifen auf den Füßen und dem dunkleren Schleier sichtbar sein können. Bei einem Ebony mittel sieht man hiervon jedoch kaum noch etwas, und bei einem Ebony extra dunkel ist es schier unmöglich, Velvet-Merkmale auszumachen. Aus diesem Grund sollten solche Verpaarungen nicht durchgeführt werden.

Hinweis!
Der Scheckungsfaktor birgt das Wunder in sich, einfarbig weiße Tiere hervorzubringen und lässt sich zudem mit anderen Farben verbinden. Deswegen kann bei der Verpaarung von Weiß mit einer anderen Farbe auch ein einfarbiges Tier der anderen Farbe herauskommen, wenn der Scheckungsfaktor die Scheckung so verteilt, dass der Weißanteil im Phänotyp unterdrückt wird. Solche Ausprägungen sind ebenso selten wie Wilson-Weiß, doch es ist nie auszuschließen, dass es dazu kommen kann. Diese Tiere wären ebenfalls von dem Letalfaktor betroffen, und deswegen ist eine Weiterzucht gut zu überdenken. Oftmals hört man im Zusammenhang mit solchen Tieren den Ausdruck „Weißträger". Dies trifft aber nicht zu, denn die Dominanz des Weiß-Gens lässt einen Träger nicht zu.

Verlust von äußeren Merkmalen

Leider sind die für Züchter gewünschten Eigenschaften meist rezessiv oder gekoppelt an unerwünschte Eigenschaften, ein anderer Teil verhält sich akku-

Genetische Besonderheiten bei der Vererbung

Wichtig!
Viele Krankheiten vererben sich rezessiv. So auch die Zahnanomalien. Hier ist es wichtig, dass kranke Tiere keinesfalls zur Zucht eingesetzt werden. Ein Züchter darf sich nicht davon täuschen lassen, dass die F_1-Generation möglicherweise keine Krankheitsanzeichen zeigt, da es sich um Trägertiere handeln kann, die Krankheiten weitervererben können. Nur der konsequente Ausschluss aus der Zucht führt dazu dass derartige Eigenschaften verschwinden.

mulativ. So sind Tiere mit Farbmutationen oft kleiner, vor allem dann, wenn Kombinationsfarben vorliegen. Auch die Felldichte verliert sich schnell. Die Fehlfarbe scheint an die dunkle Farbe und ebenso an die Größe gekoppelt zu sein, sodass helle Tiere meist farbklarer sind als dunkle Tiere und große Tiere ebenfalls viel an Farbklarheit verlieren, was in der Zucht sehr nachteilig ist, da man hier gerne große, dunkle und zugleich farbklare Tiere erhalten möchte. Zu guter Letzt ist auch die Felldichte noch an die schlechte Klarheit gekoppelt. Man konnte gewisse Kopplungen über die Jahre hinweg trennen, sodass es inzwi-

Die Entwicklung eines Zuchtbestandes hängt auch von den Haltungsbedingungen und der Ernährung ab Foto: K. Aretz

schen keine Seltenheit mehr darstellt, ein großes, felldichtes Chinchilla mit guter Farbklarheit zu erhalten. Durch willkürliche Verpaarungen verlieren sich diese gewünschten Eigenschaften aber schnell wieder. Dies mag beim Aussehen der Tiere, gerade für Hobbyhalter, unwichtig erscheinen, aber leider sind die Folgen solcher Verpaarungen eben nicht nur auf optische Ausprägungen beschränkt.

Vor allem bei Mutationen, die gerade „in" sind, fällt es auf, dass nicht selten auf Masse gezüchtet wird. Dies hat zur Folge, dass viele dieser Tiere krank gezüchtet werden. Um dies zu vermeiden, züchten seriöse Züchter Farben grundsätzlich über kräftige Tiere in Standard, die einer gesunden Linie mit dichtem Fell entstammen. Durch solche gezielte Zucht sind einige Mutationen qualitativ durchaus mit Standard-Tieren zu vergleichen, wie dies z. B. bei Black-Velvet der Fall ist.

Inzucht

Das Verpaaren enger Verwandter wird Inzucht genannt. Inzucht wird aufgrund der menschlichen Abneigung vor Inzest natürlich zwangsläufig mit etwas Schrecklichem in Verbindung gebracht. Viele sind auch überzeugt, dass durch Inzucht Krankheiten entstehen. Wer sich näher mit dem Thema Inzucht beschäftigt, wird schnell feststellen, dass diese Interpretation zu kurz greift.

Zwar steigt die Wahrscheinlichkeit auf Krankheiten mit dem Grad der Inzucht, wenn in der entsprechenden Linie genetisch bedingte Krankheiten vorhanden sind, die durch die Verpaarung verwandter Tiere häufiger auftreten. Dies kann jedoch verhindert werden, wenn Chinchillas, in deren Linie bestimmte Erbkrankheiten aufgetreten sind, konsequent aus der Zucht genommen werden.

Die geplante Inzucht, bei Züchtern Linienzucht genannt, wird oft eingesetzt, um bestimmte Merkmale reinerbig zu bekommen. Hierbei werden Nachkommen mit den Eltern oder Enkel mit den Großeltern verpaart, um deren positive Eigenschaften zu verstärken.

Nehmen wir an, der Chinchillazuchtbock besitzt die gewünschte Farbklarheit. Würden wir ihn mit einem Weibchen der ersehnten Größe verpaaren, würden die Nachkommen einen Teil dieser Anlagen in sich tragen, aber nicht beides durchsetzen. Zurückverpaart auf Vater oder Mutter hätten wir nun eine Verstärkung dieser Eigenschaften und könnten sie in einem Tier vereinen. Um diesen Weg einzuschlagen, ist es zwangsläufig erforderlich, die Linie sehr gut zu kennen. Es erfordert viel Geduld und Zeit, die eigenen Linien reinerbig zu festigen. Die gezielte Linienzucht kann auch als Kontrolle der eigenen Linien dienen. Treten Krankheiten auf, weiß man, dass die Tiere die Merkmale in sich tragen und es auch bei einer zufälligen Verpaarung mit einem anderen Trägertier zu kranken Jungtieren kommen kann. So hat man die Chance, rezessiv vererbte Krankheiten zu erkennen und aus der Zuchtlinie auszuschließen.

Hitze

Zuchtverlauf

Hitze

Hitzige Weibchen sind häufig launisch und zickig. Die meisten Weibchen lassen ihr Böckchen erst aufreiten, wenn sie deckbereit sind. Zu Beginn der Hitze verlieren Chinchillaweibchen den sogenannten Hitzepfropfen, dies ist ein kleines, wachsähnliches Gebilde, welches aus getrocknetem Scheidensekret besteht und meist nicht gefunden wird, da es sich in der Einstreu verliert oder aufgefressen wird. Chinchillaweibchen bluten nicht während der Hitze. Treten Blutungen auf, steckt meist eine Infektion der Gebärmutter dahinter, die von vielen Züchtern erst in der Hitze bemerkt wird, wenn sich die Scheide öffnet und Ausfluss vorhanden ist. Bevor das Weibchen den Höhepunkt der Hitze erreicht, darf das Böckchen sie umwerben und muss auch damit rechnen, dass es vom Weibchen angegangen wird, wenn es zu genervt von ihm ist.

Erfahrene Böcke sind in ihrem Liebeswerben nicht zimperlich und bringen die Weibchen recht schnell dazu, sich ihnen anzubieten. Oft wird nur in leiseren Tönen gebrummt, ansonsten gibt es kaum spielerische Einlagen. Unerfahrene

Jungtier im Alter von 4 Wochen Foto: K. Aretz

Böckchen fiepen zur Balz aufgeregt, wedeln heftig mit dem Schwanz und tänzeln um ihr Weibchen herum, bis dieses sich erobern lässt. Dabei kommt es häufig zu Bocksprüngen und anderen Aktivitäten seitens des Böckchens, während die Weibchen vollkommen unbeirrt ihren Tätigkeiten nachgehen.

Der Deckakt selber findet meist nachts statt. Teilweise geht es hierbei ruppig zu, sodass morgens im Käfig Fellbüschel zu finden sind. Die eigentliche Paarung dauert nur wenige Sekunden, wird aber mehrmals wiederholt. Nach der Kopulation putzt sich das Böckchen sehr ausgiebig und auch die Weibchen sind nun ausdauernd beschäftigt sich zu reinigen. Nach dem Deckakt kann man mit etwas Glück auch den Deckpfropfen finden. Dieser ist etwas größer als ein Hitzepfropfen und im getrockneten Zustand eher weiß-bräunlich. Der Deckpfropfen gibt nur einen Hinweis darauf, dass der Akt vollzogen wurde, aber nicht über eine eintretende Trächtigkeit. Allerdings ist damit eine Trächtigkeit des Weibchens recht wahrscheinlich.

6 Wochen altes Chinchillababy Foto: K. Aretz

Chinchillabock im Alter von 11 Wochen Foto: K. Aretz

Trächtigkeit

Nach dem Deckakt dauert es 111 Tage (selten plus oder minus 2 oder 3 Tage) bis die Jungtiere zur Welt kommen. Die trächtigen Weibchen brauchen mehr Mineralstoffe, wie Kalzium und Vitamine. Sollten Mangelerscheinungen auftreten, kann Calcipot D aus der Apotheke helfen (davon über 3–4 Tage täglich eine halbe Tablette geben). Natürlich darf ein solcher Schritt nur nach gründlicher Absprache mit dem Tierarzt erfolgen. Sofern es die Mutter ruhig mit sich geschehen lässt und dadurch nicht unter Stress gerät, sollten die Zähne gut beobachtet werden, da sich Mangelerscheinungen hier oftmals früh feststellen lassen.

Eine Trächtigkeit macht sich anfangs kaum bemerkbar. Eine Gewichtszunahme findet erst recht spät statt, im Durchschnitt erst nach dem ersten Drittel der Tragzeit. Von da an geht das Gewicht stetig nach oben, im letzten Drittel kann es noch einmal zu einem Gewichtsstillstand oder einem geringen Gewichtsverlust kommen. Das Gewicht variiert mit der

> **Wichtig!**
> Während der Trächtigkeit braucht die werdende Mutter unbedingt einen geregelten Lebensrhythmus. Stress durch dauernde Störungen oder Lärm kann dazu führen, dass die Mutter ihre Jungtiere resorbiert oder zu früh bekommt. Auch das richtige Futter ist wichtig. Andernfalls sind Komplikationen wie Mangelerscheinungen, Fehlgeburten oder fehlende Milch vorprogrammiert.

Während der Trächtigkeit braucht die werdende Mutter viel Ruhe
Foto: K. Aretz

Anzahl der Babys und dem Anfangsgewicht der Mutter. Wenn das Muttertier still sitzt, kann man im letzten Schwangerschaftsdrittel die Bewegungen der Babys an ihren Körperseiten erkennen. Die hautfarbenen Zitzen, die normalerweise ganz klein und daher kaum zu sehen sind, röten sich ab ca. der dritten Trächtigkeitswoche und schwellen im Verlauf der Trächtigkeit an. Oftmals verändern tragende Weibchen ein wenig ihr Verhalten. Ruhige Weibchen werden ein wenig unruhiger, und Weibchen, die vorher eher zickig waren, könnten nun unheimlich lieb sein. Zum Ende der Trächtigkeit werden viele Chinchillaweibchen recht träge. Es gibt allerdings auch welche, denen man die besonderen Umstände überhaupt nicht anmerkt.

Auf keinen Fall sollte man ein trächtiges Weibchen viel herumtragen, auf seinem Bauch herumdrücken etc. Es kann nämlich zu inneren Verletzungen kommen, die den Tod der Babys zur Folge haben und auch die Mutter gefährden können. Auch kann es passieren, dass die Gebärmutterhörner sich drehen und die Geburt unmöglich wird.

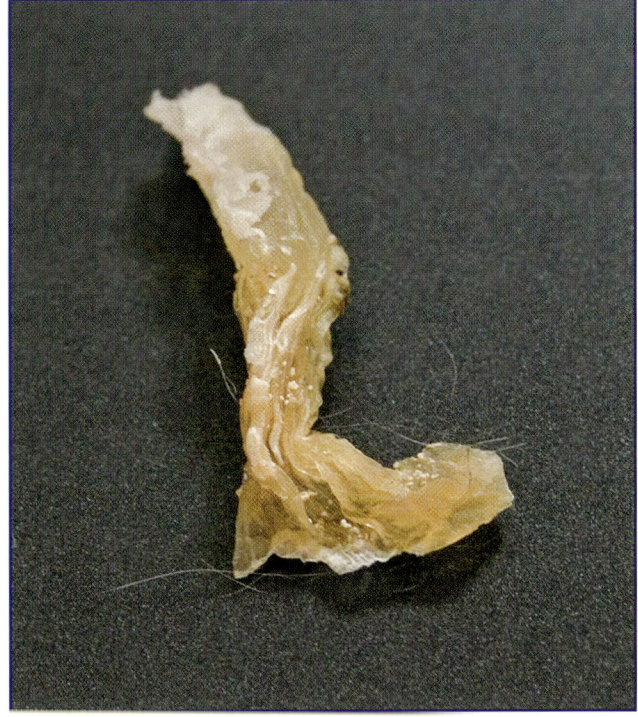

Deckpfropfen Foto: T. Jonca

Bis zur Geburt ist die Entwicklung der Jungtiere komplett abgeschlossen. Der Milchzahnwechsel findet schon im Mutterleib statt und so kommen die Kleinen vollständig entwickelt als Nestflüchter zur Welt. Die meisten Babys werden im Frühjahr und Herbst geboren. Dies mag damit zusammenhängen, dass es in ihrer Heimatregion in den Monaten Mai bis September die häufigsten Niederschläge gibt, die das Pflanzenwachstum auslösen, sodass den Tieren mehr Vitamine und Mineralstoffe zur Verfügung stehen. Auch sind viele Chinchillaweibchen einer Zucht gleichzeitig tragend. Dies kann im Falle von größeren Würfen positiv sein, da bei möglichen Problemen Ammen zur Verfügung stehen.

Tipp!
Wenn ein Tier auf der Seite schläft, ist dies nicht zwingend ein Indiz für eine Trächtigkeit, auch wenn dies vielen Neueinsteigern gesagt wird. Auch Böckchen schlafen gerne auf der Seite. Da diese Position den Bauch aber ein wenig entlastet, nehmen viele Mütter diese Schlafposition gerade zum Ende der Trächtigkeit vermehrt ein.

Geburt

Die Geburt verläuft normalerweise ohne Probleme. Selten hat man das Glück, dabei zu sein, da viele Chinchillaweibchen ihre Babys spät nachts oder sehr früh morgens auf die Welt bringen. Wenn man doch einmal zusehen darf, sollte man die Mutter auf keinen Fall stören, denn jede Form der Unruhe kann Komplikationen auslösen! Eine weitere Folge kann sein, dass die Mutter ihre Babys im Stress tötet. Der Vater kann während der Geburt dabei bleiben. Allerdings kann es sein, dass er die Mutter gleich nach der Geburt wieder deckt. Die meisten Chinchillaweibchen werden nur wieder trächtig, wenn sie körperlich eine Anschlussträchtigkeit verkraften, anderenfalls resorbieren sie die Babys im Anfangsstadium. Aber es gibt durchaus Weibchen, bei denen diese natürliche Einteilung nicht richtig funktioniert und die nach einer Trächtigkeit dringend eine Pause benötigen.

Zu Beginn der Geburt suchen viele Weibchen den Käfigboden auf, und einige schaufeln die Einstreu weg, da während der Geburt glatte Oberflächen bevorzugt werden. Während der

Tipp!
In der Literatur wird oftmals angeraten, das Sandbad vom Zeitpunkt kurz vor der Geburt bis ca. eine Woche nach der Geburt zu entfernen, um eventuell dadurch entstehen de Infektionen der Gebärmutter zu verhin dern. Man kann davon ausgehen, dass ein normal sauberes Sandbad keine Infektionen auslöst. Nur dann, wenn die Mütter ihren Nachwuchs im Sandbad zur Welt bringen möchten, sollte es entfernt werden, damit die noch nassen Babys nicht vom Sand gepudert werden. Aus Sicherheitsgründen wird das Sandbad meist einige Tage vor der Geburt entfernt, um sämtliche Risiken auszuschließen.

Bei der Geburt zieht die Mutter das Baby aus dem Geburtskanal Foto: T. Jonca

Nach der Geburt trocknet das Weibchen die Babys
Foto: T. Jonca

Jungtier im Alter von zwei Wochen
Foto: K. Aretz

Wehen streckt sich die Mutter lang aus, rollt sich zwischendurch aber immer wieder kurz ein, um den Geburtsfortschritt selbst zu kontrollieren, indem sie mit der Schnauze den Genitalbereich untersucht. Die Flanken ziehen sich mit den Wehen stark zusammen. Hat das Jungtier den Weg durch das Becken geschafft, richtet die Mutter sich mit Beginn der Presswehen auf und presst kräftig und mit ruckartigen Bewegungen. Im Anschluss kontrolliert sie sofort wieder den Geburtsfortschritt. Bei einer dieser Presswehen erscheint dann die Nase des Jungtiers, und in vielen Fällen fängt die Mutter dann an, mit dem Maul zu ziehen, bis das Junge draußen ist. Hierbei wird schon die Fruchthülle geöffnet, und das Junge wird sanft gebissen, damit es ein Lebenszeichen von sich gibt. Die Fruchthülle wird meist von der Mutter gleich gefressen. Nach der Geburt des Jungtiers folgt die Nachgeburt, die Plazenta, die im Normalfall sehr schnell ausgestoßen und von der Mutter komplett aufgefressen wird. Dadurch versorgt sich die Mutter mit wichtigen Nährstoffen, die die Milchbildung unterstützen. Meist besitzt jedes Jungtier seine eigene Plazenta, es kann in einigen Fällen eineiige Zwillinge geben, die sich dann einen Mutterkuchen teilen. Einige Chinchillas kommen per Steißgeburt zur Welt, die gewöhnlich unproblematisch verläuft und bei der die Mutter das Junge am Schwanz herauszieht. Die Geburt dauert nicht lange. Mit Einsetzen der Presswehen vergeht meistens maximal eine halbe Stunde, bis das erste Junge geboren ist, zwischen einzelnen Jungtieren können Pausen entstehen, die unter Umständen ein wenig länger andauern. Junge Chinchillas kommen mit geschlossenen Augen auf die Welt, sind vollständig entwickelt und öffnen die Augen in dem Zeitraum, in dem auch ihr Fell trocknet.

> **Wussten Sie eigentlich...?**
> Die ersten Milchtropfen, das Kolostrum, sind für den Nachwuchs sehr wichtig, da sie das Immunsystem der Jungen stärken.

Nach der Geburt

Die Jungtiere suchen sich direkt nach der Geburt einen Weg unter den Bauch ihrer Mutter, um ihre erste Mahlzeit zu sich zu nehmen, die oft lediglich aus einem oder zwei Tropfen Milch besteht. Der eigentliche Milcheinschuss findet erst später statt und wird bestimmt von der Aktivität der Babys. Die Mutter putzt und wärmt ihren Nachwuchs. Auch der Vater unterstützt hierbei; gerade bei größeren Würfen ist er eine große Hilfe. Sind die Babys trocken und erstversorgt, verziehen sich einige Chinchillaweibchen erst einmal in den oberen Bereich des Käfigs, um sich ein wenig zu entspannen. Die Babys bleiben dann entweder alleine oder beim Vater.

Der Züchter sollte die gesamten Entwicklungen der Tiere gut beobachten, aber nur eingreifen, wenn es wirklich erforderlich ist. Das Gewicht neu geborener Chinchillas liegt zwischen 30 und 60 g. Es gibt natürlich auch kleinere oder größere Jungtiere. Sobald die Babys trocken sind, und sofern die Mutter hierdurch nicht zu sehr gestresst wird, kann man die Jungtiere vorsichtig herausnehmen, von allen Seiten begutachten, wiegen und danach wieder zur Mutter zurücksetzen. Das Wiegen ist sinnvoll, damit man die Gewichtsentwicklung kontrollieren kann. Alle Gewichte sollten natürlich notiert wer-

Wussten Sie eigentlich...?
Der Vater hilft bei der Versorgung der Jungen während der Geburt und auch danach. Ist das Männchen zu aufdringlich oder nervös, vertreibt die Mutter ihn in der Regel. Bei übermäßigem Stress für die Mutter sollte der Bock unbedingt von ihr getrennt werden.

Chinchilla im Alter von zwei Monaten Foto: K. Aretz

den. Babys unter 30 g haben es schwerer, wobei die Winzlinge manchmal wahre Kämpfernaturen sind und sich gut entwickeln. Bei Babys über 60 g kann es ebenfalls zu Problemen kommen, wobei auch die Größe der Mutter eine wichtige Rolle spielt. Bei mittelgroßen oder kleineren Chinchillaweibchen kann es aber durch großen Nachwuchs zu einer Verzögerung bei der Geburt und einem Sauerstoffmangel des Babys kommen, der ein Grund dafür sein kann, dass große Babys in den ersten Lebenstagen ohne erkennbaren Grund versterben. Somit erfordern sehr kleine und sehr große Jungtiere erhöhte Aufmerksamkeit. Es kann vorkommen, dass in einem Wurf sehr starke Größenunterschiede bei den Jungen auftreten. Durch die zwei Gebärmutterhörner kann es passieren, dass durch eine doppelte Befruchtung sowohl links als auch rechts Babys liegen, die sich in unterschiedlichen Entwicklungsstadien befinden.

Der Züchter sollte nach der Geburt darauf achten, dass die Babys aktiv sind. Sind sie sehr wackelig und schaffen es nicht ihr Schwänzchen zu heben, kann es erforderlich sein, eine Wärmequelle anzubieten. Natürlich darf diese nicht zu heiß sein, und die Jungen müssen die Möglichkeit haben, selber zu entscheiden, ob sie es warm haben wollen oder nicht. Etwa drei Stunden nach der Geburt sollten die Babys munter und unternehmungslustig sein, tagsüber kann dies natürlich, bedingt durch den Lebensrhythmus, länger dauern.

Säugezeit

Die Säugezeit ist sehr belastend für die Weibchen. Aus diesem Grund ziehen sich viele Chinchillamütter während der ersten Tage in die oberen Käfigregionen zurück, die für die Jungen noch nicht erreichbar sind. Dort haben sie ihre Ruhe, können sich von der Trächtigkeit und Geburt erholen und auf die stressige Zeit vorbereiten, wenn die Jungtiere ihnen überallhin folgen können. Während der ersten 1–3 Tage haben Chinchillamütter noch wenig Milch, die dafür aber sehr gehaltvoll ist, dementsprechend fallen die Säugezeiten ein wenig kürzer aus als im späteren Verlauf, und die meisten Neugeborenen verlieren in diesen Tagen ungefähr 10–20 % ihres Geburtsgewichtes. Das ist normal und kein Grund zur Beunruhigung, solange die Jungen munter und gesund wirken. Erst durch das Saugen der Jungtiere wird der Milchfluss mehr angeregt. Ab dem 3. Tag ist der Milcheinschuss normalerweise vollzogen, und die Gewichte der Jungtiere steigen. Nach jeder Mahlzeit putzen die Mütter die Jungen. Das regt die Darmtätigkeit an und fördert den Kotabsatz.

Wie fast alle Babys verbringen Chinchillas ihre erste Zeit mit Fressen und Schlafen. Allerdings klettern junge Chinchillas

> **Tipp!**
> Bei jungen Chinchillababys besteht die Gefahr, dass sie von den oberen Gehegeregionen herunterfallen. Ist der Käfig mit Einstreu ausgelegt, dann dämpft dies ihren Sturz, und sie fallen weich, ohne sich dabei zu verletzen. Dadurch lernen sie, sich anders zu bewegen, um künftig Stürze zu vermeiden. Können sie auf harte Gegenstände oder Kanten fallen, kann dies sehr gefährlich werden. Daher sollten alle potentiellen Gefahrenquellen entfernt werden.

Säugezeit

schon wenige Stunden nach der Geburt auf kleinere Erhöhungen wie Häuser, Steine oder erreichbare Kletteräste. Mit jedem Tag werden ihre Unternehmungen mutiger. Nach 3–4 Tagen beobachten die Jungtiere genau, was die Eltern tun, um dies nachzumachen, wobei vieles zuerst sehr unbeholfen wirkt. So folgen viele Junge ihren Eltern auch in das Sandbad. Das Baden scheint ein Instinkt zu sein, da die Jungtiere sofort anfangen zu buddeln, sobald sie Sand unter den Füßen spüren, und auch junge Chinchillas ohne Vorbilder das Sandbad nutzen.

Die Mutter säugt und putzt ihre Jungen Foto: T. Jonca

Die Säugezeit ist überaus wichtig für das Sozialverhalten. Es wird oft unterschätzt, dass die in dieser Zeit gemachten Erfahrungen ein Chinchilla fürs Leben prägen und auch über Ängstlichkeit, Vorsicht und Neugier entscheiden. Es ist Aufgabe des Züchters, dafür zu sorgen, dass den Jungtieren so wenig Stress wie möglich widerfährt, sie aber auch die Möglichkeit haben, eine Vielzahl positiver Erfahrungen zu sammeln. Hierbei darf ein Baby aber nicht überfordert werden. Deswegen ist es sinnvoll, die Tiere erst nach und nach mit Auslauf, Spielzeug und Veränderungen der Inneneinrichtung zu konfrontieren. In den ersten Tagen sollte ein Chinchillababy gar keinen Auslauf bekommen, innerhalb der ersten beiden Lebenswochen können die Tiere nach und nach an den Freilauf auf begrenztem Raum gewöhnt werden. Dies fördert das Selbstbewusstsein der Jungen, da zu viel Raum die Tiere überfordern würde. Ein überfordertes Baby wird unsicher, und diese Unsicherheit verliert es später nur schwer wieder. Da die Mütter sich über Auslauf oft sehr freuen und ich überzeugt bin, dass er sie in dieser anstrengenden Phase unterstützt, öffne ich immer die Tür und lasse die Eltern laufen, lasse durch entsprechende Absperrungen den Jungtieren aber nur wenig Raum vor dem Gehege. Viele Jungtiere nutzen die Gelegenheit und springen aus dem Gehege heraus, wobei sie nach ihrer Mutter fiepen und dabei

> **Wichtig!**
> Die erste Woche nach der Geburt neigen viele Chinchillamütter zu Verstopfungen. Das Fressen der Nachgeburt, die für den Organismus eine ungewohnte Nahrungsquelle darstellt, ist hierfür ein Auslöser wie auch der Geburtsvorgang an sich. Hinzu kommt, dass sich die Weibchen am Ende der Trächtigkeit und während der ersten Phase der Stillzeit nicht mehr so viel bewegen und dies die Darmtätigkeit beeinflusst. In solchen Fällen unterstützt die Gabe von ein wenig frischem Apfel oder Leinsamen die Verdauung.

etwas unsicher und vorsichtig wirken. Schritt für Schritt entfernen sie sich mit zunehmendem Alter mehr und mehr vom Käfig und erkunden die Umgebung. Die Mutter kommt in regelmäßigen kurzen Abständen und zeigt den Jungtieren, dass sie noch da ist. Auch der Vater oder mögliche Gruppenmitglieder schauen regelmäßig vorbei und stupsen die Babys kurz an, was sehr ermutigend wirkt. Oft dauert es bei den ersten Ausflügen nur 5–10 Minuten und die Jungen sind erschöpft. Einige klettern von sich aus wieder zurück in den Käfig, andere setzt man am besten zurück, sobald sie Anzeichen zeigen, dass sie hineinwollen, und wieder andere nutzen den Menschen als Wärmequelle. Das Erkunden des Menschen fördert auch die Bindung. Es ist unbedingt erforderlich, den Tieren die Wege nicht aufzuzwingen, sondern sie alleine bestimmen zu lassen, wie weit sie sich Unternehmungen zutrauen. Dies sorgt für (Selbst-) Vertrauen. Es sollte allerdings darauf geachtet werden, dass es nicht zu einer Fehlprägung kommt. Deswegen ist der Kontakt zum Menschen nicht zu übertreiben.

Hinweis!
Ein frühes Absetzen von der Mutter ist nicht anzuraten. Jeder Tropfen Muttermilch und jede Erziehung durch die Eltern fördert die Tiere für ihr späteres Leben.

Die Entwicklung der Jungen

Zum Ende der ersten Lebenswoche haben die Jungtiere etwa 30 % ihres Geburtsgewichts zugenommen, wobei es je nach Wurfgröße und Körpergröße der

Liebevolle Interaktion zwischen Mutter und Jungtier Foto: K. Aretz

Säugezeit

Achtung!
Nicht ratsam ist es, dauernd in den Käfig zu greifen, die Jungtiere ständig einzufangen oder anzufassen. Die Ängste, die sich dadurch aufbauen können, bleiben nicht selten ein Leben lang. Oberste Regel sollte also sein: Die Babys bestimmen, wie weit der Kontakt zum Menschen gehen darf.

Hinweis!
Für die Jungtiere ist der Mensch in der Phase ab der sechsten Lebenswoche eher uninteressant und wird nur noch kurz untersucht, bevor wieder weitergesprungen wird. Wenn die Kleinen nun dem Menschen gegenüber vorerst wieder mit Ablehnung reagieren, ist dies normal und hat nichts damit zu tun, dass zwischen Mensch und Chinchillababy kein Vertrauen besteht, sondern es liegt an ihrem Bedürfnis, die eigenen Grenzen auszutesten und individuellen Freiraum zu schaffen. Es ist quasi der Beginn ihrer Pubertät.

Mutter zu Schwankungen kommt. Mit 2–3 Wochen sind Chinchillas schon recht selbstständig, mit vier Wochen kaum noch zu bremsen. Sie springen viel und sind sehr aktiv. Der Raum für den Freilauf kann nun langsam vergrößert werden. Es ist aber darauf zu achten, dass die Tiere wegen Selbstüberschätzung ständig in Gefahr geraten können. Deswegen sollten sie nie unbeobachtet bleiben. Beim Freilauf ist es sehr wichtig, dass es keine schmalen Ecken gibt, in denen die Jungtiere sich verschanzen können. Zwischen der 6. und 10. Lebenswoche machen die Tiere eine körperliche Umstellung durch. Während zuvor Milch als Hauptmahlzeit diente und nur kleinere Mengen Heu und Pellets geknabbert wurden, wird festes Futter zum Hauptnahrungsmittel. In dieser Phase sind die Tiere oftmals auch empfindlicher. Ihr Immunsystem scheint sich ebenfalls umzustellen, da der Schutz über die Muttermilch eingeschränkt wird. Auch im Wesen verändert sich nun einiges. Das Tollpatschige ist fast vollständig verschwunden, und die Jungen besitzen viel Übermut. Eltern, Geschwister und mögliche Gruppenmitglieder werden nun herausgefordert. Mütter reagieren schnell genervt und schubsen die Jungtiere auch mal weg. Dies ist auch kein Wunder, versuchen die Jungen doch ständig, auf den Rücken zu krabbeln, in die Ohren zu zwicken und sämtliche Grenzen auszutesten. Die Erziehungsmaßnahmen sind sehr streng und werden von den Jungtieren mit einem jammervollen Fiepen beantwortet, obwohl sie sich dadurch nur kurzfristig bremsen lassen. Das Säugen wird nun richtig anstrengend, und Ruhe haben die Mütter fast gar nicht mehr. Die Jungtiere rupfen ungeduldig am Fell und an den Zitzen, woraufhin das Muttertier teilweise mit den Zähnen knattert. Manche Mütter sehen nun richtig zerpflückt aus. Einige Muttertiere verlieren während der Säugezeit ein wenig an Gewicht. Bis zu 50 g können je nach Grundgewicht normal sein. Bei einem höheren Gewichtsverlust sollte der Tierarzt befragt werden.

Da auch der Mensch dem Übermut der Jungtiere zum Opfer fällt, sollte er mit in die „Erziehung" eingreifen. Rupfen die Jungtiere kräftig an Kleidung und Haut, dann hilft gezieltes, leises Schimpfen. Die jungen Chinchillas sollten ruhig, aber bestimmt weggesetzt werden, wenn sie etwas kaputt machen oder zu kräftig in die Haut gezwickt haben. Wichtig ist, dass all dies behutsam geschieht. Kommen die Chinchillas allerdings, um durch liebevolles Knabbern Zuneigung zu zeigen, kann man dies mit vorsichtigen Streicheleinheiten und sanften Worten belohnen. Es ist sinnvoll, zuerst nur einen Finger einzusetzen, da die ganze Hand immer noch Angst auslösen kann. Nach und nach können die Streicheleinheiten intensiviert werden, bis die Angst vor der Hand des Menschen verschwunden ist. Ab der 8. Woche wird auch spielerisch die Rangordnung ausgetestet, indem die Jungtiere versuchen, Eltern, Geschwister oder Gruppenmitglieder zu besteigen. Das ist normal und hat noch nichts mit dem Sexualtrieb zu tun, wobei sie natürlich auch diesbezüglich schon lernen, wie sie sich Artgenossen nähern müssen. Abgesetzt, also von der Mutter getrennt, werden die Tiere zwischen der 10. und 14. Lebenswoche. Bei männlichen Babys kann man, sofern sie bis dahin keine Angst dem Menschen gegenüber mehr aufweisen, ab der 10. Woche regelmäßig und vorsichtig nach den Hoden tasten. Dazu gehört allerdings Übung, und wer dies noch nicht getan hat, sollte es sich vorher zeigen lassen. Sind diese im Unterbauch zu erfühlen, dann steht ihre Geschlechtsreife kurz bevor, sodass sie vorzeitig abgesetzt werden müssen. Bei weiblichen Nachkommen ist der Beginn der ersten Hitze leicht zu erkennen, sofern man die Möglichkeit hat, durch das Anheben des Schwänzchens einen Blick auf den vaginalen Bereich zu werfen. Auch dies sollte nur geschehen, wenn die Nachkommen bis dahin ausreichend Vertrauen zum Menschen gefasst haben.

Nachdecken

Zwei Trächtigkeiten kurz hintereinander werden von Chinchillaweibchen zwar gut verkraftet, sind aber nicht sinnvoll, da das Säugen genau wie eine Trächtigkeit eine körperliche Belastung darstellt. Vor allem wenn ein Weibchen Probleme bei der ersten Trächtigkeit hatte und es gleich im Anschluss zu einer erneuten Trächtigkeit kommt, kann eine völlige Entkräftung der Mutter auftreten, die sogar zum Tode führen kann. Ist ein Muttertier neu in der Zucht, ist es deshalb ratsam, den ersten Wurf erst einmal abzuwarten, um zu sehen, wie es Trächtigkeit und Stillzeit verkraftet. Wenn es nur

Chinchillajungtiere sind sehr aktiv und neugierig Foto: K. Aretz

Tipp!
Als Faustregel sollte gelten: Wird ein Chinchillaweibchen nach der Trächtigkeit sofort erneut wieder trächtig, sollte der Bock zukünftig immer kurz vor der Geburt von der werdenden Mutter getrennt werden.

gering an Gewicht verliert und keine Verhaltensauffälligkeiten zeigt und sich die Jungtiere zudem sehr gut entwickeln, kann bei einer erneuten Geburt der Bock beim Weibchen gelassen werden. Gibt es aber Auffälligkeiten, ist es besser, wenn der Bock erst wieder zur Mutter kommt, nachdem sie sich von der Anstrengung erholt hat. Je nach Konstitution der Mutter kann dies bis zu sechs Monate nach Geburt der Jungen dauern.

Komplikationen bei Trächtigkeit, Geburt und Aufzucht

Komplikationen sind selten, müssen aber rechtzeitig erkannt werden, um Abhilfe zu schaffen. Dazu ist es wichtig, das normale Verhalten der Zuchttiere einschätzen zu können und sich über den Verlauf der Trächtigkeit viele Notizen zu machen. Sollte es zu Problemen kommen, ist es wichtig, einen guten Tierarzt zu kennen, der stets erreichbar ist. Langes Warten kann für Mutter und Babys tödlich enden. Um ein trächtiges Chinchillaweibchen nicht zu sehr unter Stress zu setzen, ist es gut, wenn der Tierarzt ins Haus kommen kann. Ein Transport sollte nur für Untersuchungen oder Operationen in Betracht gezogen werden, die in der Praxis besser durchzuführen sind (z. B. Ultraschall oder ein möglicherweise notwendiger Kaiserschnitt).

Ein Holzhäuschen dient als Versteck für die ganze Familie
Foto: K. Aretz

Übertragen/Frühgeburt

Chinchillaweibchen sind eigentlich sehr pünktlich, was den Geburtstermin betrifft. Schwankungen von ein oder zwei Tagen sind selten. Trotzdem kann es passieren, dass Babys zu früh auf die Welt kommen oder übertragen werden. Um zu wissen, ob ein Weibchen über dem Wurfdatum liegt, sollte natürlich der Deckzeitpunkt bekannt sein. Ansonsten kann man sich nur auf Vermutungen verlassen, und dabei kann man sich oft täuschen. Anzeichen für ein Übertragen können Bewegungsunlust der Mutter, Appetitlosigkeit und fehlende Kindsbewegungen sein. Sind die Jungtiere zu lange in der

Gebärmutter, besteht die Gefahr, dass sie sterben. Dann ist ein Kaiserschnitt notwendig. Zwei Tage über dem Stichtag gelten als normal, ab dem dritten Tag sollte die Mutter genau beobachtet werden, und ab dem vierten Tag ist es ratsam, den Tierarzt zu Rate zu ziehen. Der Tierarzt wird bei Bedarf versuchen, die Geburt einzuleiten oder einen Kaiserschnitt durchzuführen. Der Zeitpunkt des Eingreifens kann über das Leben des oder der Jungen entscheiden.

Ein zu frühes Eingreifen wiederum ist schädlich. Zu früh geborene Babys haben schlechte Überlebenschancen. Liegt der Geburtstag ein oder zwei Tage vor dem eigentlichen Geburtstermin, ist dies im Regelfall nicht weiter tragisch. Zu einem

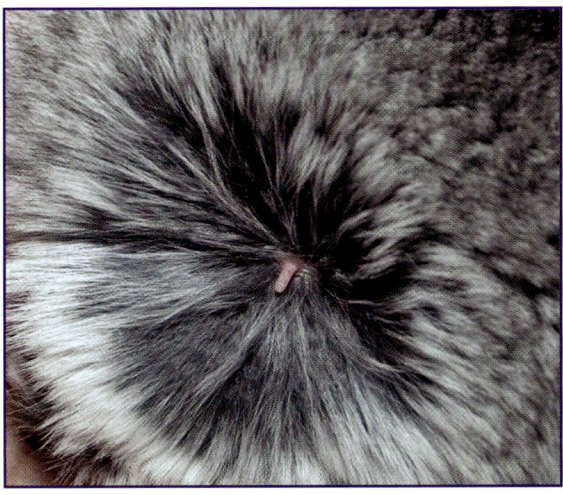

Zitzen eines säugenden Weibchens
Foto: T. Jonca

früheren Zeitpunkt sind die Jungen aber zu klein und zu schwach, und ihre Lungen funktionieren noch nicht richtig. Auch die Körpertemperatur kann schlecht gehalten werden. Um die Jungen durchzubekommen, braucht man in diesem Fall eine Wärmequelle und viel Ruhe. Es kann auch erforderlich sein, die Mutter mit dem Nachwuchs in einen Käfig zu setzen, in dem das Weibchen nicht in den oberen Teil des Käfigs ausweichen kann. Ansonsten hat es ein so kleines Jungtier schwer genügend Muttermilch zu bekommen. Sollte den Jungtieren die Kraft zum Trinken fehlen, kann es helfen zuzufüttern. Allerdings sind die Chancen hierbei gering. Es gibt auch Chinchillamütter, die solche Jungtiere töten. Was auf uns brutal wirkt, ist von der Natur geregelt, und nur selten hat man die Gelegenheit rechtzeitig einzugreifen.

Geburtsstillstand

Verschiedene Auslöser können für einen Geburtsstillstand verantwortlich sein. Sollte ein Weibchen über Stunden in den Wehen liegen, ohne dass sich etwas tut, dann deutet dies darauf hin, dass es Probleme gibt, bei denen ein Tierarzt zu Rate gezogen werden sollte. Sind die Wehen nicht stark genug, kann der Tierarzt ein Medikament spritzen, das die Wehen verstärkt. Ist das Jungtier allerdings zu groß für den Geburtskanal oder liegt es quer, kann ein Kaiserschnitt nötig sein. Manchmal hat das Junge den Großteil des Weges schon geschafft, und das Näschen schaut heraus. Dann ist Eile geboten, da es ersticken kann. Mit sehr sanften Fingern kann der Tierarzt vorsichtig versuchen, dem Jungen während einer Wehe herauszuhelfen.

Bei einer Steißgeburt kann sich das Baby im Geburtskanal verkeilen, auch hier ist tierärztliche Hilfe dringend erforderlich. Gelegentlich kann es passieren, dass ein

Chinchilla erst starke Wehen hat, die dann aber plötzlich aufhören. In vielen solcher Fälle liegt ein Junges quer und passt nicht durch den Geburtskanal, sodass dringend ein Tierarzt aufgesucht werden muss. Der Züchter darf auf keinen Fall unruhig werden. Das überträgt sich nämlich auf die Tiere und verzögert die Geburt. Chinchillas, die über Stunden in den Wehen liegen, können schnell an den Punkt gelangen, an dem sie vollkommen erschöpft sind, mit der Folge, dass der Kreislauf zusammenbricht. Daher darf bei möglichen Komplikationen nicht zu lange gewartet werden.

Geschlossene Augen

Mitunter werden Chinchillajungtiere mit geschlossenen Augen geboren. Meist tritt dies bei Babys auf, die ein wenig zu früh auf die Welt gekommen sind. Das ist nicht weiter tragisch, und meist öffnen sich die Augen nach 1–3 Tagen. Sollte dies nicht der Fall sein, kann man mit einem weichen, fusselfreien und angefeuchtetem Tuch ganz sanft über die Augen streichen – von innen nach außen – und vorsichtig versuchen, die Lider zu öffnen. Keinesfalls darf der Druck hierbei zu stark sein, und die Augen dürfen nicht aufgerissen werden, da sonst eine Erblindung droht. Im Zweifelsfall kann ein Tierarzt helfen.

Probleme bei der Nachgeburt

Es kann zu Problemen mit der Nachgeburt kommen. Die Plazenta, die unter normalen Umständen nach der Geburt eines Babys ausgestoßen wird, kann in der Gebärmutter verbleiben. Die Ursachen sind unterschiedlich, meist lassen die Wehentätigkeiten vorzeitig nach, und häufig passiert dies nach Totgeburten. Da der Züchter die Nachgeburt nur selten zu sehen bekommt, weil Chinchillas diese auffressen, sollte die Mutter nach der Geburt gut beobachtet werden. Entdeckt man nach der Geburt Blutspuren, ist die Nachgeburt im Regelfall auch ausgestoßen worden, fehlen diese, sollte ein Tierarzt das Tier untersuchen. Dieser kann dann ein Wehen förderndes Medikament verabreichen, damit die Nachgeburt oder Reste davon ausgeschieden werden. Verbleiben diese in der Gebärmutter, kann es zur schweren Vergiftungen der Mutter kommen, die Gebärmutter kann sich entzünden, und im schlimmsten Falle droht der Tod.

Totgeburten

Versterben Jungtiere im Mutterleib, werden sie meist kurze Zeit später geboren. Gelegentlich verbleiben sie aber im Mutterleib. Da Chinchillas in der Lage sind, Nachkommen zu resorbieren, finden Züchter im darauf folgenden Wurf oft die sogenannte „Steinfrucht", die ein im späteren Stadium gestorbenes und zum Teil resorbiertes Fötus ist. Der Name „Steinfrucht" ist entstanden, weil diese Jungen zu einem Gebilde verklumpen und dunkel sowie sehr hart sind. Sie werden vom Körper abgekapselt, um die Mutter vor einer Vergiftung zu schützen. Funktioniert dieser natürliche Mechanismus nicht, verwesen die Föten im Mutterleib. Bakterien verteilen sich erst in der Gebärmutter und breiten sich recht schnell auf den ganzen Körper aus, wodurch es zur Vergiftung des Muttertieres kommt, die in diesem Stadium dann auch nur selten zu retten ist. Deswegen sollten Chinchillaweibchen, die beim Bock sitzen, regelmäßig auf eine mögliche Trächtigkeit kontrolliert werden, damit der Züchter überhaupt bemerkt, dass es zu einer Trächtigkeit gekommen ist. Kommt es zu Auffälligkeiten oder bemerkt man eine Trächtigkeit, die ohne Geburt bleibt, dann sollte der Tierarzt dringend aufgesucht werden.

Trächtigkeitstoxikose

Eine Trächtigkeitstoxikose hat verschiedene Ursachen. Häufig tritt diese bei übergewichtigen Chinchillas oder Weibchen mit zu wenig Bewegung auf. Der Stoffwechsel entgleist, und es kommt zur Vergiftung des Körpers. Zuerst sterben die Föten und im Anschluss die Mutter. Eine Heilung ist nur schwer möglich, und deswegen ist die Vorbeugung am wichtigsten. Ein gesund ernährtes Chinchilla, das täglich seinen Auslauf bekommt und zudem einen recht großen Käfig zur Verfügung hat, gerät seltener in Gefahr als ein Weibchen, welches fett gefüttert wird

Das Chinchillaweibchen säugt ihr Jungtier Foto: K. Aretz

und keinen Auslauf bekommt. Insbesondere eine Getreidefütterung begünstigt diesen Umstand. Ebenso können aber auch Mangelerscheinungen und Stress eine Ursache sein. Die Toxikose tritt meist im letzten Drittel der Trächtigkeit auf, gelegentlich aber auch bis zu vier Tage nach der Geburt. Erste Anzeichen sind Bewegungsunlust, eine schwankende Gangart und Appetitlosigkeit. Krampfanfälle treten ebenfalls recht schnell auf. Bei möglichen Symptomen sollte umgehend ein Tierarzt aufgesucht werden. Rechtzeitig erkannt, kann der Tierarzt mit Traubenzuckerlösung, Aminyn, Vitamin B_{12} und Vitamin C sowie mit gezielten Medikamentengaben versuchen, das Chinchilla zu retten. Die Erfolgsaussichten sind aber gering.

Probleme beim Säugen

Spätestens drei Tage nach der Geburt der Jungen sollte der Milcheinschuss voll eingetreten sein. Ist dies nicht der Fall, ist es nötig, die Babys zuzufüttern oder gegebenenfalls per Hand aufzuziehen. Es ist wichtig, nicht zu früh einzugreifen, da nur das Saugen der Babys die Milchproduktion steuert. Bei größeren Würfen kann es geschehen, dass die Mutter nicht ausreichend Milch produziert. Anzeichen dafür sind streitende Babys, die sich hierbei sogar verletzen können, Gewichtsverlust oder ein länger andauernder Stillstand bei der Gewichtszunahme. In solch einem Fall ist es ratsam, erst einmal die kräftigeren Babys zu Beginn der Säugezeit zu entfernen und erst nach 10–30 Minuten wieder zur Mutter zu setzen, da die kleineren Geschwistertiere dann getrunken haben und die kräftigeren Babys die Milchproduktion mit ihrem Trinken weiter steigern. Gezielt eingesetzte Kräuter und Kräutertees können die Mutter bei der Milchproduktion unterstützen. Grundsätzlich ist das Trinkverhalten der Mutter sehr wichtig. Trinkt sie zu wenig und löst dies die Probleme beim Säugen aus, habe ich die Erfahrung gemacht, dass ein Schuss naturbelassener Apfelsaft im

Chinchillababys suchen instinktiv Sandbäder auf
Foto: K. Aretz

Trinkwasser hilfreich ist. Auch ein Spritzer Apfelessig im Trinkwasser bewirkt m. E. bei einigen Chinchillas ein gesteigertes Trinkverhalten. Außerdem ist der erhöhte Vitamin- und Mineralstoffbedarf zu beachten.

Werden Babys zugefüttert, trinken sie weniger, und die Mutter produziert auch weniger Milch. Es kann sogar zu einem kompletten Abstillen kommen. Dementsprechend sollte man sich sicher sein, dass die Kleinen tatsächlich nicht ausreichend versorgt werden, bevor man den Schritt des Zufütterns einleitet. Die Milchmenge steigert sich mit dem Bedarf der Jungtiere und ihrem Wachstum. Es gibt keine grundsätzlichen Aussagen, wann der richtige Zeitpunkt fürs Zufüttern gekommen ist, da es von Baby zu Baby variiert. Man sollte sich nur bewusst sein, dass die Natur vieles gut geregelt hat und wir mit dem Eingreifen die Verantwortung über den weiteren Verlauf übernehmen.

> **Hinweis!**
> Da sich die Zusammensetzung der Milch mit den Wachstumsphasen der Jungtiere verändert, sollten die Jungen einer möglichen Amme im selben Alter sein. Wird ein junges Chinchilla zu älteren gesetzt, funktioniert dies meist, und die Milch ist immer noch gesünder als Ersatznahrung, aber wenn ein älteres Baby zu einer Mutter mit noch jungen Nachkommen gesetzt wird, dann würde es zum einen den kleineren Jungtiere die Milch wegtrinken, und zum anderen würde der Nährstoffgehalt der Milch nicht ausreichen.

Teilweise kommt es zum Milchstau. Ausgelöst werden kann dies, wenn die Jungen zu früh von der Mutter weggenommen werden und diese den Abstillprozess nicht beenden konnte. Es kann gerade bei Erstmüttern dazu kommen, dass mehr Milch produziert als abgetrunken wird. Ein Milchstau ist nicht ungefährlich. Er kann eine Entzündung auslösen, die im Verlauf auch die Mutter vergiften kann. Es ist anzuraten, die Zitzen regelmäßig nach Verhärtungen abzutasten. Bilden sich unter der Haut im Zitzenbereich Knoten, kann es helfen, die Milch vor jedem Säugen durch Wärme zu lösen und die Zitzen nach jedem Säugen zu kühlen. Trockene Wärme und trockene Kälte sind wichtig, Feuchtigkeit schadet. Ein Quarkumschlag kann der Mutter Linderung verschaffen. In jedem Fall sollte zuvor aber ein Tierarzt aufgesucht werden!

Ammensuche

Für den Fall, dass die Mutter verstirbt oder keine Milch hat, ist es für die Babys das Beste, wenn sie von einer Amme aufgezogen werden. Auch bei einer möglichen Überforderung der Mutter, bei der sie auch die eigenen Jungtiere töten könnte, ist eine Amme eine gute Wahl. Da Chinchillas häufig im Frühjahr und Herbst ihre Jungen zur Welt bringen, kann in dem Fall, dass man selber kein weiteres Weibchen mit Nachwuchs bei sich hat, eventuell ein befreundeter Züchter aushelfen und die Jungtiere einem seiner Weibchen unterschieben. Chinchillas sind in der Regel sehr behutsam, auch mit fremden Jungtieren. Trotzdem muss das Verhalten natürlich genau beobachtet werden, da es auch immer wieder Weibchen gibt, die fremde Jungen töten.

Handaufzucht

Falls die Mutter erkrankt, stirbt oder zu wenig Milch hat und keine Amme zur Verfügung steht, dann müssen Babys zugefüttert oder mit der Hand aufgezogen werden. Dies ist nicht ganz einfach, und je nachdem, zu welchem Zeitpunkt man anfangen muss sie zu füttern, sind die Erfolgsaussichten besser oder schlechter.

Junge Chinchillas, die das Glück hatten, zumindest die ersten Tage Muttermilch zu bekommen, haben einen wesentlich besseren Start, da über die ersten Tropfen Muttermilch auch das Immunsystem gestärkt worden ist.

Hinweis!
Bei Jungtieren, die komplett ohne Muttermilch auskommen müssen, sind die Überlebenschancen nicht groß, aber mit viel Geduld und einer Portion Glück werden auch aus ihnen kräftige und gesunde Chinchillas.

Ich habe Jungtiere bisher mit Säuglingsmilch aufgezogen. Hierzu nutze ich „PreAptamil" von Milupa und steige im Verlauf um auf „Aptamil 1". Auch andere Säuglingsnahrung ist dafür geeignet, wobei mir mit Sojamilch keine Erfahrungswerte vorliegen. Mit Kuhmilch, egal ob als Dosenmilch, H-Milch oder frischer Milch, habe ich keine guten Erfahrungen gemacht. Es kam häufig zu Durchfällen, die die Jungen stark entkräftet haben. Vor allem bei Dosenmilch kann der hohe Laktosegehalt schweren Durchfall auslösen. Andere Züchter haben mit Dosenmilch gute Erfahrung gemacht und sogar Ei und Sahne daruntergemischt. Hochwertige Katzenaufzuchtmilch ist ebenfalls eine Alternative. Diese ist aber nur über den Tierarzt zu beziehen. Die Milch sollte lauwarm sein, aber keinesfalls zu heiß. Die Temperatur lässt sich am besten testen, indem man einen Tropfen auf die eigene Wange gibt. Ist die Milch zu kalt, wird sie oft nicht getrunken. Im Kühlschrank kann Säuglingsmilch bis zu zwölf Stunden gelagert werden. Nach der Zubereitung darf sie ein Mal neu erwärmt werden, sollte aber nicht länger als 30 Minuten stehen gelassen werden.

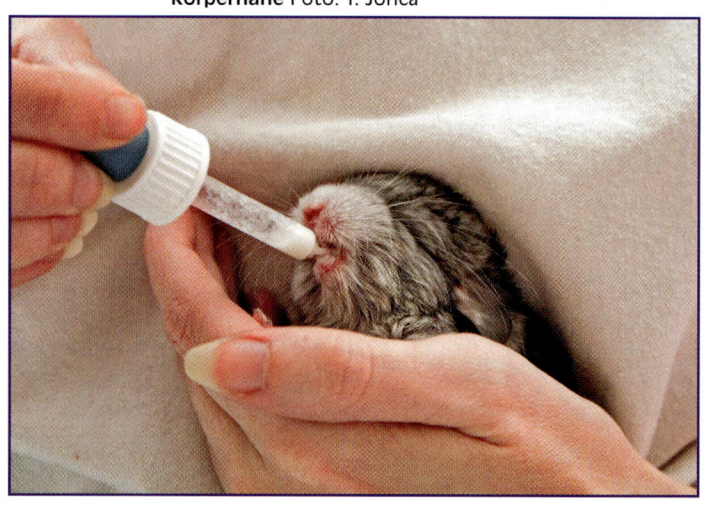

Dieses Baby bevorzugt beim Trinken aus der Flasche Körpernähe Foto: T. Jonca

Die Fütterungszeiten sind zu Beginn sehr stressig. Es ist keinesfalls leicht, Chinchillas aufzuziehen. Die Jungtiere sollten möglichst jede Stunde gefüttert werden, Tag und Nacht. In den ersten Tagen reichen ihnen oft wenige Tropfen, ab dem 3. Tag steigert man die Menge langsam. Füttert man zu viel Milch, entstehen manchmal Aufgasungen mit Bauchweh und andere Darmprobleme. Dadurch werden die Jungen so stark geschwächt, dass sie auch sterben können. Bei mir haben die Tiere immer sehr deutlich gezeigt, dass sie satt sind, sodass ich es als Richtlinie genommen habe, wenn sie aufgehört haben zu trinken. Große Abstände zwischen den Mahlzeiten können Krampfanfälle auslösen und sollten unbedingt vermieden werden. Man kann die Milch auf verschiedene Weise anbieten. Es gibt im Handel inzwischen winzige Fläschchen für Jungtiere, alternativ können auch 1-ml-Spritzen ohne Nadel verwendet werden. Ich bevorzuge kleine Glaspipetten, da die Babys die Milch aus ihnen heraussaugen können.

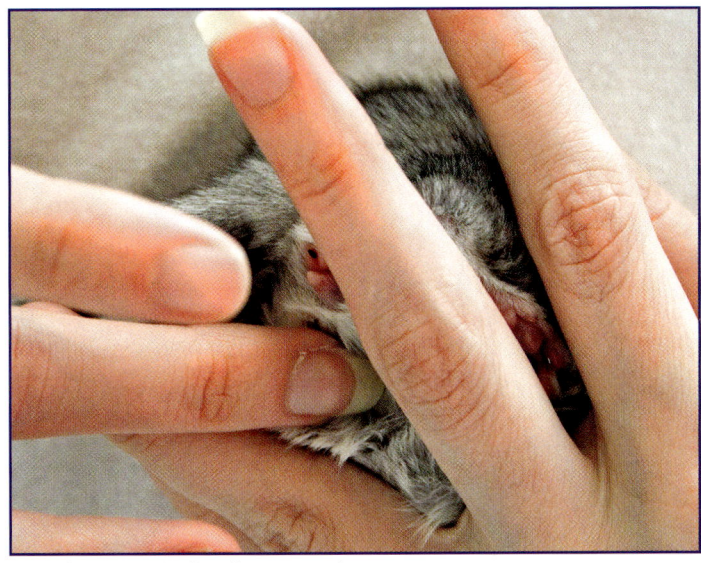

Nach jeder Mahlzeit müssen Bauchmassagen vorgenommen werden Foto: T. Jonca

Anfangs ist es möglich, dass die Kleinen mit Ablehnung reagieren. Hier kann es helfen, zuerst einen kleinen Tropfen Milch auf den Finger zu geben und diesen den Jungtieren vor die Nase zu halten, sodass der Duft sie zum Trinken anregt. Es kann mehrere Mahlzeiten dauern, bis sie gelernt haben, die Ersatzmilch anzunehmen. Danach klappt die Fütterung in der Regel problemlos. Es gibt allerdings Unterschiede im Trinkverhalten. Einige Junge bevorzugen es, beim Trinken auf dem Rücken zu liegen, wie auch bei der Mutter, andere stehen lieber aufrecht. Einige benötigen dazu Körperwärme, andere möchten lieber auf Abstand gefüttert werden. Dies muss ausgetestet werden.

Nach einigen Tagen kann man die Abstände zwischen den Mahlzeiten langsam auf zwei bis maximal drei Stunden verlängern, je nachdem wie kräftig die Jungen sind. Nach jeder Mahlzeit muss sanft der Bauch massiert werden, um die Darmtätigkeit anzuregen. Normalerweise putzt die Mutter ihre Jungen und unterstützt auf diese Weise den Kotabsatz. Man streicht hierzu mit einem weichen Tuch sanft von der Bauchmitte zum After.

Wichtig!
Bei den Mahlzeiten besteht die Gefahr, dass die Babys sich verschlucken. Es ist sehr wichtig, darauf zu achten, dass insbesondere ganz kleine Jungtiere Tropfen für Tropfen trinken. Bei einem Verschlucken kann die Milch meist nur schlecht abgehustet werden und in der Lunge eine Entzündung auslösen, die kaum zu behandeln ist.

Die meisten Jungtiere signalisieren, dass sie ausgestrichen werden wollen, indem sie fiepen. Das kann leise sein, aber auch recht energisch. Einige drehen sich auch von alleine um oder heben das Schwänzen mit samt dem Hinterteil an. In den ersten Tagen funktioniert der Darm noch nicht richtig, und der erste Kot ist oft sehr schmierig und fest. Nach drei Tagen bekommt er eine rundere Form und sieht fast aus wie der Kot adulter Tiere, nur eben kleiner. Unterlässt man die Darmmassage, können die Babys sterben.

Normalerweise würde die Darmflora der Jungtiere durch die Muttermilch schneller aufgebaut. Wenn die Muttermilch fehlt, kann es nötig sein, die Darmflora mit entsprechenden Medikamenten zu unterstützen. Dies sollte aber nicht ohne Rücksprache mit einem Tierarzt geschehen.

Nach fünf Tagen trinken die Kleinen teilweise bis zu 5 ml pro Mahlzeit. Je nach Entwicklung kann man nun langsam die Abstände zwischen den Mahlzeiten vergrößern. Hierbei sollten man bitte nicht zu schnell vorgehen und immer abwarten, wie sich diese Abstände auswirken. Nach einer Woche brauchen die Babys oft nur noch alle zwei Stunden Milch, nach 14 Tagen ca. alle drei Stunden. Ab der zweiten Lebenswoche kann man die Säuglingsmilch ein wenig dicker anrühren, da der Bedarf der Jungen nun steigt. Es kann nötig sein, ein wenig Mineralstoffpulver und/oder zusätzliche Vitamine in die Milch zu geben. Das hängt davon ab, wie schnell die Kleinen wachsen und muss ihrem Bedarf angepasst werden. Wenn den Jungtieren die Mutter als Vorbild fehlt, tun sie sich gelegentlich schwer damit, feste Nahrung zu probieren. Man sollte den Babys auf jeden Fall regelmäßig Heu und Pellets anbieten. Auch ein Sandbad benötigen die Kleinen. Es hilft ihnen, sich zu entspannen. Selbst ohne Vorbild drehen sie sich schon genüsslich im Sand. Wie lange Tiere aus einer Handaufzucht Ersatzmilch benötigt, ist verschieden. Bei mir haben die meisten bis zur 14. oder 16. Woche Milch getrunken. Ich lasse es grundsätzlich die Jungtiere entscheiden, wie lange sie Milch bekommen.

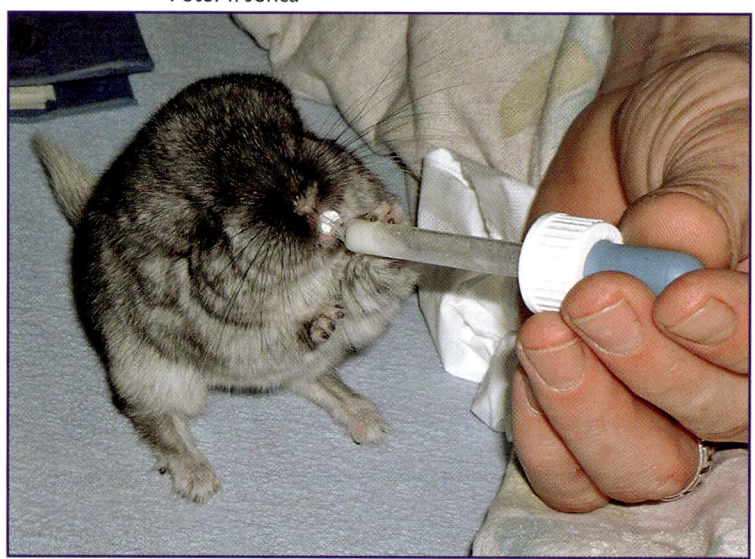

Dieses Jungtier trinkt die Ersatzmilch aufrecht stehend
Foto: T. Jonca

Abschließende Worte

In meinen nun 20 Jahren Chinchillahaltung konnte ich eine ganze Menge lernen. Vor allem aber, dass man nie vor Überraschungen sicher ist und sich immer wieder Situationen ergeben, die man nicht einplanen kann. Durch die Individualität jedes Tieres ergeben sich auch immer wieder Ereignisse, die einen erfreuen oder sehr traurig machen können. Die Geburt eines Chinchillababys ist z. B. unglaublich schön, der Tod wiederum extrem erschreckend, und meist tritt er auch unerwartet auf und trifft einen sehr.

Das Leben mit Chinchillas kann einem Menschen sehr viel geben. Sie sind klein und fügen sich dementsprechend in unserem Lebensraum gut ein, andererseits haben sie aber eine sehr hohe Lebenserwartung, sodass man jedes einzelne Tier sehr gut kennen lernen und eine tiefe Bindung aufbauen kann.

Durch den Menschen wurden wild lebend Chinchillas inzwischen fast komplett ausgerottet und ihr Lebensraum zerstört. Der Mensch sollte nun versuchen, ihre Ursprünglichkeit zu bewahren und ihren Lebensraum wieder herstellen. Halter und Züchter sollten ihre Erfahrungen teilen und aus Fehlern lernen.

Danksagung

In erster Linie möchte ich meiner Familie danken, die mir die Zeit eingeräumt hat, dieses Buch zu verfassen. Ohne ihre Geduld und ihre Unterstützung hätte ich das Projekt wohl nie in Angriff genommen oder gar beendet. Dann möchte ich den Züchtern danken, die mir über die vielen Jahre meiner Haltung und Zucht mit dem Austausch an Wissen sehr geholfen haben, darunter vor allem Herrn Petersen und Herrn Hansen. Beiden möchte ich auch dafür danken, dass ich einige meiner Fotos erstellen konnte. Auch zwei Tierärzten gilt mein Dank, da ich ohne sie nie so viel hätte lernen können: Herrn Dr. H. Wenzel, der seit vielen Jahren geduldig meine Fragen beantwortet und mir viele neue Wege aufgezeigt hat, sowie Herrn M.-N. Klingberg, der mich insbesondere mit Material für die medizinischen Berichte sehr unterstützt hat. Dann möchte ich meinen Freunden danken, die mir mit Bildern, Motiven und vielen Fragen geholfen haben, möglichst umfangreich die Themen aufzugreifen, die einen Halter oder auch Züchter interessieren können: Frau E. Wiemer, Frau N. Pfeil, Frau J. Passmann, Herr M. Trefflich, Herr S. Bolte, Frau D. Schmidt und Frau T. Teubl. Weiterhin gilt mein Dank Frau N. Fuchs und Frau K. Aretz, die mir Bildmaterial zur Verfügung gestellt haben, und Herrn W. Fischer, dem ich das Foto aus den Anden zu verdanken habe. Ebenfalls möchte ich mich bei allen Haltern und Züchtern, darunter natürlich alle Stammuser meines

Forums, bedanken, die mich mit ihren Fragen über viele Jahre dazu angeregt haben, noch viel mehr zu lernen und vieles zu hinterfragen.

Für ihre Geduld, ihre Arbeit und ihre Anregungen möchte ich mich bei Kathrin Aretz, Ralf Sistermann und Mike Zawadzki bedanken, die dieses Buch lektoriert haben.

Zu guter Letzt möchte ich natürlich meinen Tieren danken. Besonders meinen wunderschönen Weibchen Kiyo-i, Schneefee, Ko-Shin, Moni, Jaja-Uma, Naice, Chelsea, Chrissy, Cordy, Voodoo, Rik-ka, Kasumi und Isuta, aber auch meinen lieben Böcken Snow, Happosai, Sammy, Phil, Tommy, Beniko, Aj Jaku und Harry. Auch vier Chinchillas, die inzwischen nicht mehr bei mir leben, möchte ich stellvertretend für alle anderen Chinchillas, die mich in meinem Leben schon begleitet haben, für die gemeinsame Zeit danken: Ikasu, mein dicker Wonneproppen, Shampoo, meine schwarze Göttin, Philly, meine „dicke" Mama, und natürlich meine Jenny, die mir durch die Pubertät geholfen und mich so viele Jahre begleitet hat.

Literatur

BICKEL, E. (1962): Südamerikanische Chinchillas. – Albrecht Philler Verlag, Minden.
– (1977): Südamerikanische Chinchillas. – Albrecht Philler Verlag, Minden.
BOCKSCH, M. (1989): Heilpflanzen. – Büchergilde Gutenberg, BLV Verlagsgesellschaft mbH, München.
BOERSMA, A.A. (1994): Untersuchungen zur Bewegungsaktivität und Körpertemperatur beim Chinchilla (*Chinchilla laniger*). – Dissertation, Ludwig-Maximilians-Universität München.
BOHNE, B. & DIETZE, P. (2005): Taschenatlas Heilpflanzen. – Verlag Eugen Ulmer KG, Stuttgart.
BREM, M. (1982): Untersuchung über Erkrankungen des Magen-Darm-Kanals bei Chinchillas. – Dissertation, Ludwig-Maximilians-Universität, München.
CREMER, S. (2002): Das große Chinchilla-Handbuch. – Books on Demand GmbH, Norderstedt.
ECKHARDT, H. (1963): Das große Handbuch der Chinchillazucht. – Verlag Harry Eckardt, Miltenberg/Main.
ENNET, D. & H.D. REUTER (1998): Lexikon der Heilpflanzen. – Nikol Verlagsgesellschaft, Hamburg.
– & – (2004): Lexikon der Heilpflanzen. Wirkung. Anwendung. Botanik. Geschichte. – Nikol Verlagsgesellschaft, Hamburg.
GRAF, K. (1986): Klima und Vegetationsgeographie der Anden: Grundzüge Südamerikas und pollenanalytische Spezialuntersuchung Boliviens. – Universität Zürich-Irchel.
HÄNSEL, R., K. KELLER, H. RIMPLER & G. SCHNEIDER (1992–1994): Hagers Handbuch der Pharmazeutischen Praxis – Drogen. – Springer-Verlag Berlin.
HILLER, K. & M.F. MELZIG (1999): Arzneipflanzen und Drogen. – Spektrum akademischer Verlag, Heidelberg.
HOLZINGER, F. (1963): Die Grundlagen der Vererbungslehre und der praktischen Zuchtmethodik. – Roland Verlag, München.
IUCN (2009): The IUCN Red List of Threatened Species. – www.iucnredlist.org/.
KAMPHUES, J. & D. SCHNEIDER & J. LEIBETSEDER (2002): Supplemente zu Vorlesung und Übung in der Tierernährung. – Verlag M. & H. Schaper, Alfeld-Hannover.
KLINE, A. (ohne Jahresangabe): Basic Genetics and History of Mutation Chinchillas. – Mutation Chinchilla Breeders Association, USA.
KRAFT, H. (1994): Krankheiten der Chinchillas. – Enke Verlag, Stuttgart.
KRUG, S. (1983): Systematik, Naturgeschichte, Haltung, Jugendentwicklung und Möglichkeiten der Altersbestimmung beim Chinchilla. – Dissertation, Justus-Liebig-Universität Gießen.

KÜHNER, H. (1980): Chinchillas – Ein Pelztier als Heimtier. – Albrecht Philler Verlag, Lehrmeister Bücherei, Minden.
KÜHNER, H. (1989): Das Chinchilla – Mehr Freude mit Heimtieren. – Blüchel und Philler, Minden.
KÜRSCHNER, M. (1992): Unser Chinchilla. – Franckh-Kosmos Verlag, Stuttgart.
– (2004): Liebenswerte Chinchillas. – Franckh-Kosmos Verlags-GmbH & Co, Stuttgart.
LANDBUCH VERLAGSGESELLSCHAFT MBH (Hrsg.) (1952–2002): Chinchillapost. – Landbuch Verlagsgesellschaft mbH, Hannover.
LANGE-ERNST, M.-E. & S. ERNST (1997): Lexikon der Heilpflanzen. – Honos Verlag, Köln.
MABAY, R. (1993): Das neue BLV Buch der Kräuter. – BLV Verlagsgesellschaft mbH, München.
MANNSTAEDT, N. (1981): Variabilität biologischer Merkmale bei Meerschweinchen nach Ernährung mit unterschiedlichen Alleinfuttermitteln verschiedener Hersteller. – Dissertation, Freie Universität Berlin.
MENHOFER, X. (1991): Die Vegetation des Hochlandes von Ulla-Ulla und angrenzender Hänge der Apolobamba-Kordillere in den bolivianischen Anden. – Dissertation, Ludwig-Maximilians-Universität München.
METTLER, M. (1997): Alles über Chinchillas und Degus. – Falken-Verlag, Niedernhausen.
MÖßLACHER, E. (1980): Chinchillazucht für jeden verständlich gemacht. – Roland-Verlag, München.
– (1993): Chinchillazucht für jeden verständlich gemacht. – Landbuch Verlag, Hannover.
MÜLLER, K. (2005): Chinchillas – Verhalten, Pflege, Ernährung. – Bella Vista Verlag, Köln.
NIEWISCH, H. (1964): Die in Westdeutschland beobachteten Krankheiten der Chinchillas: unter besonderer Berücksichtigung der Erkrankungen des Magen-Darm-Kanals. – Dissertation, Tierärztliche Hochschule Hannover.
NOWAK, R.M. (1999): Walker's Mammals oft the World. 6th Edition. – Johns Hopkins University Press, Baltimore, 1.936 S.
OLBORTH, H. (1963): Zur Anatomie des Bewegungsapparates der Chinchilla (postkranialer Bereich). – Dissertation, Ludwig-Maximilians-Universität München.
PRELL, H. (1934): Die gegenwärtig bekannten Arten der Gattung Chinchilla Bennet. – Sonderdruck aus „Zoologischer Anzeiger" Akademische Verlagsgesellschaft mbH., Leipzig.
PRELL, H. (1935): Die Chinchilla-Arten. – Zoologisches Institut der Forstlichen Hochschule Tharandt.
RÖDER-THIEDE, M. (1990): Chinchillas – Gräfe und Unzer GmbH, München.
– (2000): Chinchillas als Heimtiere. – Gräfe und Unzer GmbH, München.
– (2003): Chinchillas – glücklich und gesund. – Gräfe und Unzer GmbH, München.
SCHÄUFFELEN, O. (1959): Zur Anatomie des Chinchillaschädels. – Dissertation, Ludwig-Maximilians-Universität München.
SCHMIDT-RÖDER, H. (2005): Chinchillas – aktiv, possierlich und flink. – Verlag Eugen Ulmer KG, Stuttgart.
SCHÖNFELDER, P. (2001): Der neue Kosmos Heilpflanzenführer. – Franckh-Kosmos Verlags-GmbH & Co, Stuttgart.
SCHREIBER, G. (1981): Zuchtanleitung für Chinchillas. – Albrecht Philler Verlag, Minden.
– (1993): Zuchtanleitung für Chinchillas. – Landbuch Verlag, Hannover.
SCHWEIGART, G. (1995): Chinchilla – Heimtier und Patient. – Gustav Fischer Verlag, Jena.
SPANNL, M. (1987): Blutwerte vom Chinchilla. – Dissertation, Ludwig-Maximilians-Universität München.
STENGEL, H. (1980): Grundriss der menschlichen Erblehre. – Einführung in die Genetik des Menschen. – Wissenschaftliche Verlagsgesellschaft, Stuttgart.
VAN ACKEREN, H. (1976): Temperaturregulation, Stoffwechsel und Nierenfunktion beim Chinchilla (*Chinchilla laniger* MOLINA, 1782) und beim Viscacha (*Lagostomus maximus* BROOKES, 1828). – Dissertation, Eberhard Karls Universität Tübingen.
WENZEL, U.D. (1990): Das Pelztierbuch. – Verlag Eugen Ulmer KG, Stuttgart.
WOLF, J. (1966): Das Chinchillazüchterpraktikum. – Roland-Verlag, München.
WOODS, C.A. & C.W. KILPATRICK (2005): Infraorder Hystricognathi. – S. 1538–1600 in: WILSON, D.E. & D.M. REEDER (Hrsg.): Mammal Species of the World. A Taxonomic and Geographic Reference. 3rd Edition. – Johns Hopkins University Press, 2.142 S.

Bücher für Ihr Hobby

Weitere Titel aus der „Leben-mit"-Serie

Dieser Ratgeber zeigt Ihnen, wie Sie Ihre Meerschweinchen artgerecht unterbringen, beschäftigen und fit halten können. Er liefert alle Basisinformationen und an vielen Stellen zusätzlich weiterführende Expertentipps. Sigrid Tooson ist seit Jahren als erfolgreiche Meerschweinchen-Züchterin bekannt, Christian Ehrlich war lange der Redakteur des Kleinsäuger-Fachmagazins RODENTIA. Zusammen vermitteln sie dem Leser dieses Ratgebers alles Wissenswerte über die Biologie, Haltung und Zucht der intelligenten Nager in leicht verständlicher und äußerst fachkundiger Art und Weise. Mit einem Kapitel über „Gesunderhaltung und Krankheiten" von Prof. Dr. Michael Fehr.

Im Gegensatz zu anderen Ratgebern stellt „Leben mit Kaninchen" die Bedürfnisse der Tiere an erster Stelle und damit vor die Bequemlichkeit des Halters. Hierbei gibt das Fachbuch – neben neuesten wissenschaftlichen Erkenntnissen – viele praktische Tipps, die aus langjährigen persönlichen Erfahrungen der Autorin und einem regen Austausch mit anderen Kaninchenexperten stammen. Besonders umfangreich befasst sich der Ratgeber mit den wichtigen Themen kaninchengerechte Unterbringung in Wohnung und Garten, gesunde Ernährung, Vergesellschaftung von Kaninchen und Krankheiten. Aber auch Biologie, Verhalten, sinnvolle Beschäftigung, Pflegemaßnahmen und vieles mehr kommen nicht zu kurz.

Leben mit Meerschweinchen
S. Tooson, C. Ehrlich
184 Seiten, zahlreiche Abbildungen
Format: 16,8 x 21,8 cm
ISBN 978-3-937285-54-2

19,80 €

Leben mit Kaninchen
C. Wilde
184 Seiten, zahlreiche Abbildungen
Format: 16,8 x 21,8 cm
ISBN 978-3-86659-071-7

19,80 €

Natur und Tier - Verlag GmbH
An der Kleimannbrücke 39/41 · 48157 Münster
Telefon: 0251-13339-0 · Fax: 0251-13339-33
E-Mail: verlag@ms-verlag.de

www.ms-verlag.de